Python

数据可视化
科技图表绘制

芯 智 编著

清华大学出版社

北京

内 容 简 介

本书结合编者多年的数据分析与科研绘图经验，详细讲解Python语言及包括Matplotlib在内的多种可视化包在数据分析与科研图表制作中的使用方法与技巧。本书分为两部分，共11章，第1部分主要讲解Python语言的基础知识，包括基本语法结构、控制语句、函数、数据处理与清洗等，尤其对Matplotlib、Seaborn、Plotnie库进行较为详细的讲解。第2部分结合Python及其附加包的数据可视化功能，分别讲解类别比较数据、数值关系数据、层次关系数据、局部整体型数据、分布式数据、时间序列数据、多维数据、网络关系数据的可视化实现方法。本书可帮助读者尽快掌握利用Python及可视化库进行科技图表的制作与数据展示。

本书注重基础，内容翔实，突出示例讲解，既适合广大科研工作者、工程师和在校学生等不同层次的读者自学使用，也可以作为大中专院校相关专业的教学参考书。

图书在版编目（CIP）数据

Python数据可视化：科技图表绘制 / 芯智编著.

北京：清华大学出版社，2024.7（2024.12重印）. -- ISBN 978-7-302
-66780-3

Ⅰ. TP311. 561

中国国家版本馆CIP数据核字第20245TK347号

责任编辑：王金柱
封面设计：王　翔
责任校对：闫秀华
责任印制：宋　林
出版发行：清华大学出版社
　　　　　网　　　址：https://www.tup.com.cn，https://www.wqxuetang.com
　　　　　地　　　址：北京清华大学学研大厦A座　　　　邮　　编：100084
　　　　　社 总 机：010-83470000　　　　　　　　　　邮　　购：010-62786544
　　　　　投稿与读者服务：010-62776969，c-service@tup.tsinghua.edu.cn
　　　　　质量反馈：010-62772015，zhiliang@tup.tsinghua.edu.cn
印 装 者：三河市铭诚印务有限公司
经　　销：全国新华书店
开　　本：185mm×235mm　　　印　　张：20.75　　　字　　数：498千字
版　　次：2024年8月第1版　　　印　　次：2024年12月第2次印刷
定　　价：129.00元

产品编号：108432-01

前　言

数据可视化是数据科学和数据分析的重要组成部分，它允许我们将复杂的数据变得更加容易理解和有意义。本书的目标是帮助读者掌握数据可视化的艺术，并深入了解如何利用 Python 及其强大的 Matplotlib 库等工具创建引人入胜的图形和可视化。

Python 是一种强大的开源数据分析和建模工具，备受数据科学家、研究人员和业界专业人士的喜爱。它的灵活性、扩展性和丰富的数据处理能力使其成为数据可视化的理想平台。

在 Python 中，Matplotlib 是最受欢迎的数据可视化库之一，它提供了丰富的绘图功能和灵活的接口。通过 Matplotlib，用户可以创建各种类型的图表，从简单的线图到复杂的三维图形，满足不同需求的可视化任务。

本书将引导读者逐步学习如何使用 Python 及其可视化库来创建令人印象深刻的科技图表。本书分为两部分，共 11 章，具体章节安排如下：

　　本书提供了大量绘图示例，这些示例为读者提供了绘图思路，并展示了 Python 及相关绘图库的强大功能，读者可以在此基础上进一步美化练习操作。本书内容可以起到抛砖引玉的作用，各绘图包的详细功能读者可以参考对应的说明文件深入学习。

　　本书编写过程中重点参考了 Python 可视化库的系列帮助文档，大部分数据采用公开数据集。读者在学习过程中如果需要本书的原始数据，请关注"算法仿真"公众号，并发送关键词 **108432** 来获取数据下载链接。为帮助读者学习，在"算法仿真"公众号中会不定期提供综合应用示例帮助读者进一步提高作图水平。

　　Python 及附属库本身是一个庞大的资源库与知识库，本书所讲难窥其全貌，虽然在本书编写过程中力求叙述准确、完善，但由于水平有限，书中欠妥之处在所难免，希望读者和同仁能够及时指出，共同促进本书质量的提高。

　　本书结构合理、叙述详细、实例丰富，既适合广大科研工作者、工程师和在校学生等不同层次的读者自学使用，也可以作为大中专院校相关专业的教学参考书。

　　本书提供配套资源文件，需要读者用微信扫描下面的二维码下载。如果下载有问题，可发送邮件至 booksaga@126.com，邮件主题为"Python 数据可视化：科技图表绘制"。

　　最后，感谢您选择了本书，希望您在阅读过程中获得乐趣，并能够从中获益。在学习过程中，如果发现问题或有疑问，可以访问"算法仿真"公众号获取帮助。

编　者

2024 年 5 月

目　录

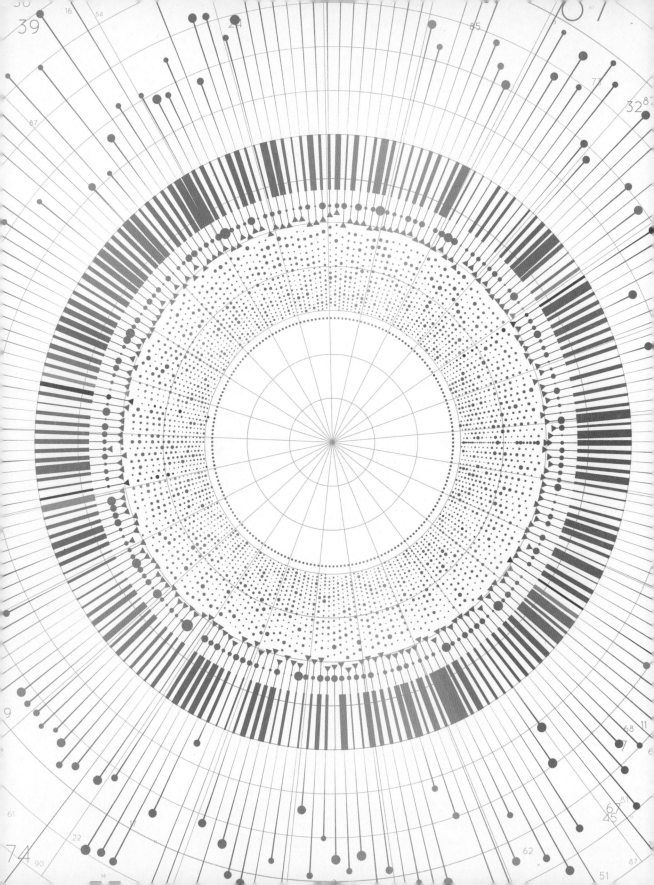

第1章

Python 基础知识

Python 作为一种功能强大的开源编程语言和环境,成为数据分析与数据可视化领域的重要工具。Python 的灵活性、可扩展性和丰富的功能吸引了越来越多的数据科学家、统计学家和研究人员选择使用它来处理和分析数据。本章旨在帮助读者快速掌握 Python 的基本概念和技巧,以便他们能够在数据分析和建模方面发挥出 Python 的强大功能。

1.1 Python 语言概述

Python 是一种高级、通用、解释型的编程语言,广泛应用于数据科学、人工智能、自动化、网络编程等各个领域。其发展迅速、社区活跃,是当前最受欢迎的编程语言之一。

1.1.1 Python 的诞生

Python 是由荷兰计算机科学家 Guido van Rossum 于 1989 年圣诞节期间开始开发的。Python 的早期版本是用 C 语言实现的,并于 1991 年发布了第 1 个公开版本 Python 0.9.0。随后的几年里,Python 经历了多个版本的迭代和改进,其中最具有里程碑意义的版本是 1994 年发布的 Python 1.0。

随着时间的推移，Python 语言逐渐发展成为一种功能丰富、易学易用的编程语言，并且逐渐赢得了开发者和用户的青睐。在 2000 年初期，Python 2.x 版本成为主流版本，而在 2008 年发布的 Python 3.0 版本中引入了一些不兼容的改变，为了提高语言的清晰度和一致性，Python 3.x 逐渐取代 Python 2.x 成为主要的发行版本。

Python 的发展不局限于语言本身，还包括丰富的生态系统和社区支持。Python 社区拥有庞大的开发者和用户群体，他们贡献了大量的开源项目、文档、教程和支持资源，使得 Python 成为一个受欢迎的编程语言和开发者社区。

至今，Python 已经成为一种广泛应用于各个领域的编程语言，包括 Web 开发、数据科学、人工智能、自动化、网络编程等。其简单易学、功能丰富、灵活性强等特点，使得 Python 成为许多开发者和组织的首选编程语言之一。Python 的发展还在不断进行中，未来将继续发展壮大，并为全球的开发者社区提供更多可能性。

1.1.2 Python 的特点

Python 作为一种功能丰富、易学易用、灵活性强的编程语言，广泛应用于各个领域，成为许多开发者和组织的首选编程语言之一。Python 主要有以下特点。

- 简单易学：Python 的语法设计简洁清晰，易于理解和学习，使得它成为初学者入门编程的理想选择。Python 的代码通常更简洁、更直观，相比其他编程语言更容易上手。
- 可读性强：Python 强制要求代码块使用统一的缩进风格，而不是使用花括号或者关键字来表示代码块，这种特性使得 Python 代码具有良好的可读性，易于维护和理解。
- 功能丰富：Python 拥有庞大的标准库和第三方库，涵盖各种领域的功能需求，包括但不限于数据处理、网络编程、图形图像处理、科学计算、机器学习等。这些库使得开发者能够快速构建各种应用程序，并且可以利用现有的工具和资源。
- 灵活性强：Python 支持多种编程范式，包括面向对象编程、函数式编程、过程式编程等，适用于不同的编程场景和需求。开发者可以根据项目特点和需求选择适合的编程风格。
- 社区活跃：Python 拥有一个庞大而活跃的社区，社区成员贡献了大量的开源项目、文档、教程和支持资源，这使得 Python 成为一个受欢迎的开发者社区。

Python 借助外在的包和模块可以实现数据分析、数据可视化、机器学习、深度学习、网络爬虫等诸多功能。其中，常用于数据分析与数据可视化的包如下。

（1）高性能数据处理工具：NumPy、Pandas、DASK、Numba。

（2）数据分析与建模工具：SciPy、StatsModel、scikit-learn。

（3）数据可视化工具：Matplotlib、Seaborn、Plotnine、Bokeh、Datashader、HoloViews。

（4）机器学习与深度学习工具：scikit-learn、PyTorch、TensorFlow、Theano。

1.1.3　Python 绘图系统

Python 提供了多种绘图系统和库，用于创建各种类型的图表和进行数据可视化，通过这些绘图系统能够帮助用户轻松创建各种类型的图表和进行数据可视化。Python 中常用的绘图系统如下：

（1）Matplotlib 是 Python 中最流行和最广泛使用的绘图库之一，它提供了类似于 MATLAB 的绘图接口，使得用户可以轻松创建各种类型的静态图表，如散点图、直方图、饼图等。Matplotlib 的设计目标是创建出版物质量的图表，因此它具有高度的定制性和灵活性，用户可以自定义图表的每个细节。

（2）Seaborn 是基于 Matplotlib 的高级数据可视化库，专注于统计可视化。它提供了简洁而高级的 API，使得用户能够轻松创建各种统计图表，如箱线图、热力图、小提琴图等。Seaborn 的优点之一是它提供了美观的默认样式，使得用户能够更快速地创建具有专业外观的图表。

（3）Plotly 是一个交互式的数据可视化库，可以用于创建各种交互式图表，如折线图、散点图、饼图、地图等。Plotly 提供了 Python API 和 JavaScript API，使得用户能够在 Python 环境中创建交互式图表。Plotly 的一个重要特点是用户可以通过鼠标悬停、缩放和拖动等方式与图表进行交互，适用于需要展示动态数据或需要与用户进行互动的场景。

（4）Bokeh 是另一个交互式数据可视化库，专注于创建现代化的 Web 可视化应用。Bokeh 提供了丰富的图表类型和工具，可以用于创建交互式仪表盘、数据报告和演示文稿等。Bokeh 的一个重要特点是它可以将图表渲染为 HTML 文件或嵌入 Web 应用中，使得用户能够轻松地在 Web 环境中展示图表。

（5）ProPlot 是一个基于 Matplotlib 的 Python 绘图库，它旨在简化绘图过程，同时提供更美观、更易于理解的图形。ProPlot 引入了一系列改进和便捷功能，比如简化的绘图接口、改进的颜色映射和颜色循环、更灵活的图表布局选项以及对数据框架的直接支持。这些特性使得 ProPlot 在数据可视化领域非常有用，尤其是在科学研究和数据分析方面。

除以上提到的绘图系统外，还有一些其他库，如 Altair、ggplot 等，它们也提供了丰富的功能和灵活的接口，用户可以根据需求选择合适的绘图系统进行数据可视化。

1.2 Python 的获取与安装

Python 的安装包可以在官网下载，通过官网读者可以下载相应的 Python 版本并进行安装。针对 Windows、macOS 和 Linux/UNIX 等平台，官网提供了相应的安装包，读者根据自己的系统平台选择下载安装即可。下面以 Windows 平台为例，向读者介绍 Python 的下载与安装。

1.2.1 安装程序下载

步骤 01 在 IE 浏览器中输入网址（https://www.python.org/），按 Enter 键后进入 Python 官网，在官网中单击 Downloads 按钮，进入下载页面，如图 1-1 所示。

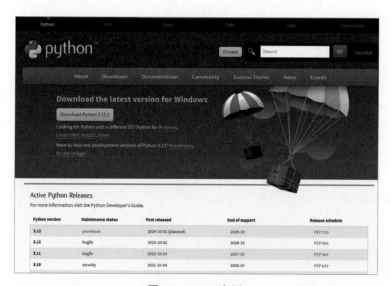

图 1-1 Python 官网

步骤 02 在页面中单击 Download Python 3.12.2 按钮，弹出如图 1-2 所示的"新建下载任务"对话框，单击"下载"按钮即可下载该版本的安装包。

图 1-2 "新建下载任务"对话框

> 提示　读者也可以单击 Download Python 3.12.2 按钮下的 Windows、macOS 和 Linux/ UNIX 超链接，进入下一个页面选择需要的版本。

1.2.2 安装与启动

步骤 01　双击下载完成的安装包 🐍 python-3.12.2-amd64，或者右击该安装包，在弹出的快捷菜单中执行"以管理员身份运行"命令。

步骤 02　在弹出的安装提示框中，Install Now 表示选择默认安装，Customize installation 表示自定义安装，这里选择默认安装。单击 Install Now，进入下一个页面。

> 说明　安装时请勾选 Add Python.exe to PATH 复选框，这样可以将 Python 的命令工具所在目录添加到系统 Path 环境变量中，方便后续开发程序或运行 Python 命令。如不勾选该复选框，后续可能会遇到需要设置环境变量的问题。

步骤 03　安装完成后，弹出安装成功提示框，表示安装完成，如图 1-3 所示。单击 Close 按钮退出安装界面。

（a）安装提示框

（b）安装进度

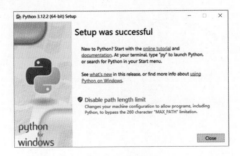
（c）安装完成

图 1-3　安装 Python

步骤 04 在 Windows 开始菜单中找到刚刚安装的 Python 3.12 并单击，即可启动 Python，首次启动后的 Python 主界面如图 1-4 所示，能够正常启动说明安装成功。

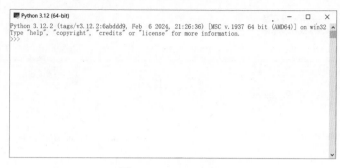

图 1-4 Python 主界面

步骤 05 在 Windows 开始菜单中找到刚刚安装的 IDLE（Python 3.12 64-bit）并单击，即可启动与 Python 集成的开发环境 IDLE Shell，如图 1-5 所示。

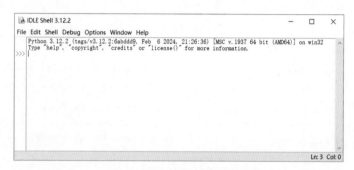

图 1-5 IDLE 集成开发环境

IDLE Shell 的上方为菜单栏，下方为 Python 运行的控制台，Python 运行的输入和输出均在此操作。

Python 的运行均由语句实现，使用时在提示符"＞＞＞"后输入语句，每次可以输入一条语句，也可以连续输入多条语句，语句之间用分号";"隔开，语句输入完成后，按 Enter 键 Python 就会运行该语句并输出相应的结果。

【例 1-1】在控制台进行命令的输入示例。依次输入以下代码，并观察输出结果。

```
>>> 3+8                          # 在提示符后输入命令，按 Enter 键
      11
>>> print('Hello Ding')
      Hello Ding
>>> a=1
>>> b=2
>>> print(a+b)
      3
>>> c=4 ; d=2
>>> print(c*d)
      8
>>> exit()                       # 输入该命令，按 Enter 键即可退出交互式编程环境
```

> 🎮➕ **说明** 后文在讲解过程中只给出代码，不给出输出结果，部分结果会在注释中给出，读者可自行运行查看结果。

1.2.3 辅助开发工具

Python 自带的开发环境相对简单，伴随着 Python 的广泛应用，众多的 Python 辅助工具应运而生。其中最具代表性的为 Anaconda、PyCharm 等，但在不同的使用场景下，它们的受欢迎程度可能会有所不同。

Anaconda 用于进行大规模的数据处理、预测分析、科学计算，致力于简化包的管理和部署。使用 Anaconda 可以直接组合安装 Python、Jupyter Notebook 和 Spyder。基于此，本书采用 Anaconda 作为集成开发环境。

1. Anaconda 的下载与安装

步骤 01 在 IE 浏览器中输入网址（https://www.anaconda.com/），按 Enter 键后进入 Anaconda 官网。在页面右上角找到并单击 Free Download 按钮，在进入的下一页面中下载软件。

> 🎮➕ **说明** 当前版本为 Anaconda3-2024.02-1-Windows-x86_64。

步骤 02 双击刚下载完成的安装包 ⊙ Anaconda3-2024.02-1-Windows-x86_64，或者右击该安装包，在弹出的快捷菜单中执行"以管理员身份运行"命令。

步骤 03 在弹出的"Rstudio 安装"对话框中单击 Next 按钮进入安装设置过程，随后依次单击 I Agree→Next→Next→Install→Next→Next 按钮完成安装（全部采用默认设置即可）。

步骤 04 安装完成后，在系统开始菜单中会出现如图 1-6 所示的与 Anaconda 相关的 6 个快捷启动菜单。对于数据分析与数据可视化工作人员，最常用的是 Anaconda Prompt 与 Spyder。

图 1-6 快捷启动菜单

在 Windows 系统中，执行"开始"菜单栏中的 Anaconda Prompt 命令，即可启动 Anaconda Prompt，首次启动后的界面如图 1-7 所示。该界面的操作与 Python 自带的启动界面类似，这里不过多讲解。

图 1-7 Anaconda Prompt 界面

2．启动 Spyder 及偏好设置

Spyder 是一个基于 Python 的科学计算与数据分析的集成开发环境（Integrated Development Environment，IDE）。在 Windows 系统中，执行"开始"菜单栏中的 Spyder 命令，即可启动 Spyder，首次启动后的界面如图 1-8 所示。该界面默认为英文版，暗黑色，读者可以根据自己的喜好进行设置。

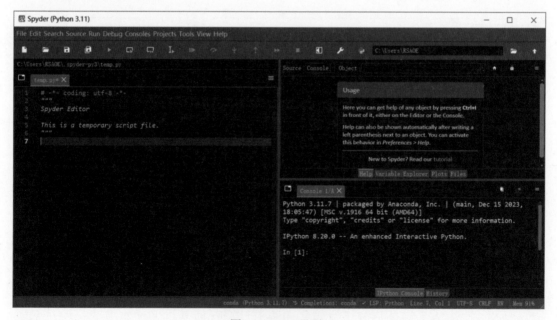

图 1-8 Spyder界面

步骤 01 执行菜单栏中的 Tools → Preferences 命令，即可打开 Preferences 对话框。

步骤 02 在该对话框左侧选择 Application 选项，在右侧选择 Advanced settings 选项卡，将 Language 设置为"简体中文"，如图 1-9 所示。

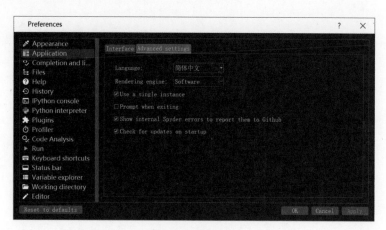

图 1-9 语言设置

步骤 03 单击 Apply 按钮，弹出 Information 提示框，单击 Yes 按钮，重新启动 Spyder，此时的界面变为中文版。

步骤 04 执行菜单栏中的"工具"→"偏好"命令，可打开如图 1-10 所示的"偏好"对话框。

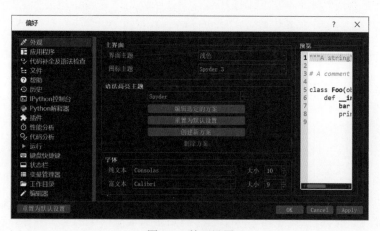

图 1-10 外观设置

步骤 05 在左侧选择"外观"选项，在右侧主界面选项组下选择界面主题为"浅色"，语法高亮主题选择 Spyder。

步骤 06 单击 Apply 按钮，弹出"信息"提示框，单击 Yes 按钮，重新启动 Spyder，此时的界面如图 1-11 所示。

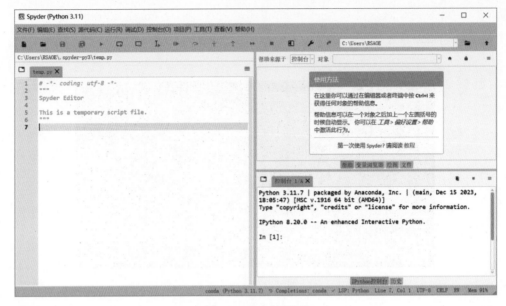

图 1-11 中文版界面

3．Spyder 主界面介绍

Spyder 提供了一个功能丰富的工作环境，旨在帮助用户更轻松地进行数据处理、模型建立、数据可视化等工作。下面是 Spyder 主界面的完整介绍。

（1）菜单栏。Spyder 的菜单栏包含许多功能丰富的功能命令，从编辑、运行到调试，以及帮助的获取等，使用户能够方便地访问各种工具和功能。

（2）工具栏。工具栏位于主界面的顶部，包含常用的操作按钮，如运行、停止、保存等。用户可以通过工具栏快速执行常用的操作，提高工作效率。

（3）编辑器区域。Spyder 的主编辑器区域提供了一个代码编辑器，用户可以在此处编写 Python 代码。这个编辑器支持语法高亮、代码补全、自动缩进、代码折叠等功能，让用户编写代码更加方便。

（4）变量浏览器。变量浏览器显示了当前 Python 命名空间中的所有变量，包括变量名称、类型和值。通过变量浏览器，用户可以轻松地监视和调试代码中的变量。

（5）文件浏览器。文件浏览器显示了项目文件夹的目录结构，使用户可以方便地导航和管理文件。用户可以在文件浏览器中浏览文件夹、创建新文件、重命名文件等。

（6）绘图浏览器。绘图浏览器是一个方便的工具，用于查看和管理在 IPython 控制台或脚本中生成的图形。它可以实现图形显示、图形管理、交互式操作、导出图形、保存图形状态等。

（7）帮助窗口。帮助窗口显示了当前选择的函数或方法的帮助文档。用户可以在帮助窗口中查找函数的用法、参数等信息，帮助他们更好地理解和使用 Python 库和函数。

（8）IPython 控制台。IPython 控制台是一个交互式的 Python 解释器控制台，用户可以直接在其中执行 Python 代码并查看结果。IPython 控制台提供了丰富的功能，如代码补全、历史记录、对象检查等，帮助用户更轻松地进行交互式计算。

（9）状态栏。状态栏位于主界面的底部，显示了当前工作环境，以及 Python 解释器版本、行号、字符数等信息。用户可以通过状态栏了解当前工作环境的状态，以及代码编辑器中光标位置的相关信息。

通过这些功能组件，Spyder 提供了一个功能齐全的 Python 开发环境，帮助用户更轻松地进行科学计算和数据分析工作。

1.2.4　包的安装与加载

在 Python 中，包是用于组织和管理代码的一种机制，它将相关功能的模块组织在一起，并提供了命名空间以避免命名冲突。Python 的包由目录和一个特殊的 __init__.py 文件组成。

1. 包的安装

在 Python 中，可以使用不同的工具来安装包。

（1）使用 pip 安装。pip 是 Python 的包管理工具，可以轻松地安装、卸载和管理 Python 包。要安装一个包，可以使用以下命令：

```
pip install package_name        # 从 Python Package Index(PyPI) 中下载并安装包
```

（2）使用 conda 安装。在 Anaconda 或 Miniconda 环境下，可以使用 conda 来安装包。conda 是一个综合性的包管理器，可以管理 Python 及其他语言的包。使用 conda 安装包的命令如下：

```
conda install package_name       # 从 Anaconda 仓库或者其他指定的仓库中下载并安装包
```

另外，conda-forge 是一独立的 conda 渠道，它提供了大量的开源软件包。指定安装包渠道的命令如下：

```
conda install -c conda-forge package_name        # 从 conda-forge 渠道安装包
```

（3）手动安装。有些包可能无法通过 pip 或 conda 安装，或者需要安装本地的包，这时可以手动下载包并解压，然后使用命令行安装。例如在 Arduino 中：

```
python setup.py install          # 运行包的安装脚本，安装到 site-packages 目录下
```

2. 包的加载

安装包之后，可以在 Python 代码中通过 import 语句来加载包。例如：

```
import package_name                              # 整个模块被加载
```

或者按需导入包中的模块或对象：

```
from package_name import module_name
from package_name.module_name import function_name
```

下面是导入模块的一些方法，可供参考。

```
import module_name as alias_name        # 导入模块并指定别名，以访问模块中的内容
from module_name import object_name      # 导入模块中的特定对象
from module_name import *                # 导入模块中的所有对象，不推荐
from module_name import*as alias_name    # 导入模块中的所有对象并指定别名
```

> **说明** 使用操作符 "-" 可以访问模块中的变量、函数或类。

Python 的包可以按照一定的搜索路径来查找。这些路径包括当前目录、Python 的安装目录以及环境变量 PYTHONPATH 所指定的目录等。当使用 import 语句时，Python 会按照搜索路径顺序查找相应的包或模块。

> **注意** 加载一个包时，Python 会首先查找该包下的 __init__.py 文件，执行其中的代码，然后加载包中的模块，这样可以实现对包的初始化操作。

3. 查看已安装的包

在 Python 中，可以使用不同的工具来查看已安装的包。

（1）使用 pip 管理工具。使用 pip 管理工具的 list 命令可以列出当前 Python 环境中已安装的所有包。在命令行中执行以下命令：

```
pip list                      # 列出所有已安装的包及其版本信息
```

（2）使用 conda 查看。在 Anaconda 或 Miniconda 环境下，可以使用 conda 命令来查看已安装的包。在命令行中执行以下命令：

```
conda list                    # 列出通过 conda 安装的所有包及其版本信息
```

4．卸载已安装的包

在 Python 中，可以使用不同的工具来卸载已安装的包。

（1）使用 pip 卸载包。如果使用 pip 进行包管理，则使用以下命令卸载已安装的包：

```
pip uninstall package_name                # 从 Python 环境中卸载指定的包
```

（2）使用 conda 卸载包。如果使用 conda 进行包管理，则使用以下命令卸载已安装的包：

```
conda uninstall package_name              # 从 conda 环境中卸载指定的包
```

1.3　Python 的基础语法

在正式讲解 Python 数据可视化之前，先来介绍 Python 的基础语法。

1.3.1　标识符

简单地理解，Python 标识符就是一个名字，就好像每个人都有属于自己的名字一样，它的主要作用是作为变量、函数、类、模块以及其他对象的名称。在 Python 中，标识符的命名不是随意的，而是要遵守一定的命令规则：

（1）标识符是由字符（A~Z 及 a~z）、下画线和数字组成的，但第一个字符不能是数字。

（2）标识符不能和 Python 中的关键字相同，所有 Python 的关键字只包含小写字母。关键字包括 and、exec、not、assert、finally、or、break、for、pass、class、from、print、continue、global、raise、def、if、return、del、import、try、elif、in、while、else、is、with、except、lambda、yield 等。

（3）标识符中不能包含空格、@、% 以及 $ 等特殊字符。例如 WYID、home、tcp12、good_student 等均为合法的标识符，4dogs（数字开头）、if（保留字）、$money（包含特殊字符）等均为不合法的标识符。

（4）标识符中的字母严格区分大小写，也就是说，两个同样的单词，如果大小写不一样，所代表的意义是完全不同的。例如：

```
name='Lilei'
Name='Lilei'
NAME='Lilei'
```

这 3 个变量彼此之间是相互独立的个体，相互之间无任何关系。

1.3.2 注释

Python 代码的注释用于解释代码，增强代码的可读性。代码的注释主要有单行注释和多行注释两种注释方式。

（1）Python 中的单行注释以 "#" 开头，"#" 后面的部分不执行，用于解释和理解 Python 程序。

（2）多行注释用 3 个单引号 ''' 或者 3 个双引号 """ 将注释引起来，注释中的代码不执行。

【例 1-2】注释示例。依次输入以下代码，并观察输出结果。

```
# 这是单行注释
print("This is a comment!")              # 执行print语句，输出：This is a comment!

"""                                      # 这是多行注释的起始处
a=1
b=4
print("This is a comment!")              # 注释部分，不参与运行
...
"""                                      # 这是多行注释的结尾处
print("These are multiple comments!")    # 输出：These are multiple comments!
```

1.3.3 续行

Python 语句中一般以新行作为语句的结束符。当语句较长时，可以使用反斜杠（\）将一行语句分为多行显示。当语句中包含 []、{} 或 () 时，不需要使用续行符。

【例 1-3】注释示例。依次输入以下代码，并观察输出结果。

```
item_01_ding=2; item_02_zhang=6; item_03_liu=4
# 使用多行连接符
total=item_01_ding+  \
      item_02_zhang+  \
      item_03_liu
print(total)                                    # 输出：12

days=['Monday','Tuesday','Wednesday',           # 不需要使用多行连接符
      'Thursday','Friday']
print(days)       # 输出：['Monday','Tuesday','Wednesday','Thursday','Friday']
```

1.3.4 输入 / 输出函数

在 Python 中，常见的输入 / 输出函数包括用于输出信息的 print() 函数，以及用于接收用户输入的 input() 函数。

【例 1-4】输入 / 输出示例。依次输入以下代码，并观察输出结果。

```
# 输出字符串
print("Hello,world!")                           # 输出：Hello,world!

# 输出变量
x=10
y=20
print("The value of x is:",x)                   # 输出：The value of x is:10
print("The value of y is:",y)                   # 输出：The value of y is:20

# 格式化输出
name="Alice"
age=30
print("My name is {} and I am {} years old.".format(name,age))
                                # 输出：My name is Alice and I am 30 years old.

# 接收用户输入
name=input("Please enter your name:")           # 按提示输入：Ding
print("Hello,",name)                            # 输出：Hello,ding

# 将输入的字符串转换为整数
age=int(input("Please enter your age:"))        # 按提示输入：12
print("Your age is:",age)                       # 输出：Your age is: 12

# 连续输入多个值并以空格分隔
values=input("Please enter multiple values separated by space:")
                                    # 按提示输入：Ding Zhang  Liu
values_list=values.split()          # 将输入的字符串分割为列表
print("You entered:",values_list)
                            # 输出：You entered: ['Ding','Zhang','Liu']

# 连续输入多个值并以逗号分隔
values=input("Please enter multiple values separated by comma:")
                                # 按提示输入：Bin,Zhi,Lan
values_list=values.split(",")       # 将输入的字符串分割为列表
print("You entered:",values_list)   # 输出：You entered: ['Bin','Zhi','Lan']
```

提示 input() 函数会将用户输入的内容作为字符串返回，如果需要其他类型的数据，可以使用类型转换函数（如 int()、float()）进行转换。

1.3.5 运算符

Python 运算符主要分为算术运算符、比较运算符、赋值运算符、逻辑运算符、位运算符、成员运算符和身份运算符七大类，运算符之间是有优先级的。

【例 1-5】运算符应用示例。依次输入以下代码，并观察输出结果。

```python
# 算术运算符：用于执行基本的数学运算，如加法、减法、乘法等
a=10; b=5
print("Addition:",a+b)              # 加法，输出：Addition: 15
print("Subtraction:",a-b)           # 减法，输出：Subtraction: 5
print("Multiplication:",a*b)        # 乘法，输出：Multiplication: 50
print("Division:",a/b)              # 除法，输出：Division: 2.0
print("Modulus:",a%b)               # 取余，输出：Modulus: 0
print("Exponentiation:",a**b)       # 幂运算，输出：Exponentiation: 100000
print("Floor Division:",a//b)       # 地板除法，输出：Floor Division: 2

# 比较运算符：用于比较两个值之间的关系，返回布尔值（True 或 False）
print("a>b:",a>b)                   # 输出：a>b:True
print("a<b:",a<b)                   # 输出：a<b:False
print("a==b:",a==b)                 # 输出：a==b:False
print("a!=b:",a!=b)                 # 输出：a!=b:True
print("a>=b:",a>=b)                 # 输出：a>=b:True
print("a<=b:",a<=b)                 # 输出：a<=b:False

# 赋值运算符：用于给变量赋值
x=5; y=10
x+=y                                # 等价于x=x+y
print("x:",x)                       # 输出：x:15
x-=y                                # 等价于x=x-y
print("x:",x)                       # 输出：x:5
x*=y                                # 等价于x=x*y
print("x:",x)                       # 输出：x:50
x/=y                                # 等价于x=x/y
print("x:",x)                       # 输出：x:5.0
x%=y                                # 等价于x=x%y
print("x:",x)                       # 输出：x:5.0
x**=y                               # 等价于x=x**y
print("x:",x)                       # 输出：x:9765625.0
x//=y                               # 等价于x=x//y
print("x:",x)                       # 输出：x:976562.0

# 逻辑运算符：用于在多个条件之间进行逻辑运算，返回布尔值
x=True; y=False
```

```
print("x and y:",x and y)              # 输出：x and y:False
print("x or y:",x or y)                # 输出：x or y:True
print("not x:",not x)                  # 输出：not x:False

# 位运算符：用于对整数进行位操作
a=60; b=13
print("Bitwise AND:",a & b)            # 按位与，输出：Bitwise AND:12
print("Bitwise OR:",a | b)             # 按位或，输出：Bitwise OR 61
print("Bitwise XOR:",a ^ b)            # 按位异或，输出：Bitwise XOR:49
print("Bitwise NOT:",~a)               # 按位取反，输出：Bitwise NOT:-61
print("Bitwise Left Shift:",a << 2)     # 左移 2 位：Bitwise Left Shift:240
print("Bitwise Right Shift:",a >> 2)    # 右移 2 位：Bitwise Right Shift:15

# 成员运算符：用于检查一个值是否在序列中
my_list=[1,2,3,4,5]
print("Is 3 in my_list:",3 in my_list)      # 输出：Is 3 in my_list:True
print("Is 6 not in my_list:",
        6 not in my_list)                   # 输出：Is 6 not in my_list:True
# 身份运算符：用于检查两个对象是否引用同一个内存地址
x=5; y=5
print("x is y:",x is y)                     # 输出：x is y:True
print("x is not y:",x is not y)             # 输出：x is not y:False
```

1.3.6 数据结构

在 Python 中，数据结构是用于组织和存储数据的一种方式，它允许以特定的方式访问和操作数据。Python 提供了多种内置的数据结构，每种都有其特定的特点和用途。

1. 列表

列表（List）是 Python 中最常用的数据结构之一，它可以存储任意类型的数据，并且可以根据需要动态改变大小。列表使用方括号"[]"来定义，元素之间用逗号分隔。列表支持索引访问、切片操作、迭代等功能。

【例 1-6】列表示例。依次输入以下代码，并观察输出结果。

```
my_list=[1,2,3,4,5]              # 创建一个列表

print(my_list[0])               # 访问列表元素，输出：1
print(my_list[2])               # 访问列表元素，输出：3
print(my_list[1:3])             # 切片操作，输出：[2,3]

my_list.append(6)               # 添加元素
print(my_list)                  # 输出：[1,2,3,4,5,6]
my_list[0]=0                    # 修改元素
```

```
print(my_list)                        # 输出：[0,2,3,4,5,6]
del my_list[1]                        # 删除元素
print(my_list)                        # 输出：[0,3,4,5,6]
```

2. 元组

元组（Tuple）是一个不可变的数据结构，类似于列表，但元组中的元素不能被修改。元组使用圆括号"()"来定义，元素之间用逗号分隔。元组常用于存储不变的数据集合，如坐标、配置信息等。

【例1-7】元组示例。依次输入以下代码，并观察输出结果。

```
my_tuple=(1,2,3,4,5)                  # 创建一个元组

print(my_tuple[0])                    # 访问元组元素，输出：1
print(my_tuple[2])                    # 访问元组元素，输出：3
print(my_tuple[1:3])                  # 切片操作，输出：(2,3)
```

3. 集合

集合（Set）是一个无序的数据结构，其中不允许重复的元素。集合使用花括号"{}"来定义，元素之间用逗号分隔。集合支持集合操作，如并集、交集、差集等。

【例1-8】集合示例。依次输入以下代码，并观察输出结果。

```
my_set={1,2,3,4,5}                    # 创建一个集合
my_set.add(6)                         # 添加元素
print(my_set)                         # 输出：{1,2,3,4,5,6}
my_set.remove(3)                      # 删除元素
print(my_set)                         # 输出：{1,2,4,5,6}
```

4. 字典

字典（Dictionary）是一种键-值（key-value）对映射的数据结构，用于存储具有唯一键的数据。字典使用花括号"{}"来定义，每个键-值对之间用冒号":"分隔，键-值对之间用逗号分隔。字典允许通过键来快速查找和访问对应的值。

【例1-9】字典示例。依次输入以下代码，并观察输出结果。

```
my_dict={'name':'Alice','age':30,'city':'New York'}      # 创建一个字典
print(my_dict['name'])                # 访问字典元素，输出：'Alice'
print(my_dict['age'])                 # 访问字典元素，输出：30

my_dict['age']=31                     # 修改字典元素
print(my_dict)
                    # 输出：{'name':'Alice','age':31,'city':'New York'}
```

```
my_dict['gender']='Female'                              # 添加新元素
print(my_dict)
        # 输出: {'name':'Alice','age':31,'city':'New York','gender':'Female'}
del my_dict['city']                                     # 删除元素
print(my_dict)
        # 输出: {'name':'Alice','age':31,'gender':'Female'}
```

5. 字符串

字符串（String）是由字符组成的不可变序列，用于存储文本数据。字符串使用单引号"''"或双引号"""来定义，也可以使用三重引号"'''"或""" """定义多行字符串。字符串支持索引访问、切片操作、拼接、格式化等功能。

【例 1-10】字符串示例。依次输入以下代码，并观察输出结果。

```
my_string="Hello,world!"                    # 创建字符串

print(my_string[0])                         # 访问字符串中的字符，输出: H
print(my_string[7])                         # 访问字符串中的字符，输出: w
print(my_string[2:5])                       # 切片操作，输出: llo
print(len(my_string))                       # 字符串长度，输出: 13

new_string=my_string + " How are you?"      # 字符串连接
print(new_string)                           # 输出: Hello,world! How are you?

# 字符串格式化
name="Alice"
age=30
formatted_string="My name is {} and I am {} years old.".format(name,age)
print(formatted_string)    # 输出: My name is Alice and I am 30 years old.

print(my_string.find("world"))              # 字符串查找，输出: 7
new_string=my_string.replace("world","Python")   # 字符串替换
print(new_string)                           # 输出: Hello,Python!

# 字符串转换为大写或小写
print(my_string.upper())                    # 输出: HELLO,WORLD!
print(my_string.lower())                    # 输出: hello,world!

words=my_string.split(",")                  # 字符串分割
print(words)                                # 输出: ['Hello','world!']

my_string_with_spaces="  Hello,world!  "    # 字符串去除空格
print(my_string_with_spaces.strip())        # 输出: Hello,world!
```

1.3.7 序列

在 Python 中，序列是一种有序的数据集合，其中的元素按照固定的顺序排列。序列是 Python 中最基本的数据结构之一，它提供了一种方便的方式来存储和访问多个元素。常见的序列类型包括列表（List）、元组（Tuple）、字符串（String）、字节数组（Bytearray）、range 对象以及其他一些第三方库提供的序列类型。

除内置序列类型外，还可以使用第三方库提供的其他序列类型，如 NumPy 库中的数组（Array）类型、Pandas 库中的数据框（DataFrame）类型等。

Python 提供了丰富的序列操作方法和函数，如索引、切片、迭代、拼接、排序等，用于对序列进行各种操作和处理。下面介绍常见的序列操作方法和函数。

【例 1-11】序列应用示例。依次输入以下代码，并观察输出结果。

（1）索引（Index）：使用索引可以访问序列中的特定元素。序列中的索引从 0 开始，可以使用正整数表示从左到右的索引，使用负整数表示从右到左的索引。

```
my_list=[1,2,3,4,5]
print(my_list[0])              # 输出：1
print(my_list[-1])             # 输出：5
```

（2）切片（Slice）：使用切片可以获取序列中的子序列。切片操作通过指定起始索引、结束索引和步长来确定子序列的范围（通用格式为 [start:end]、[start:end:step]）。

```
my_list=[1,2,3,4,5]
print(my_list[1:4])            # 输出：[2,3,4]
print(my_list[::2])            # 输出：[1,3,5]
```

（3）长度（Length）：使用 len() 函数可以获取序列的长度，即序列中包含的元素个数。

```
my_list=[1,2,3,4,5]
print(len(my_list))            # 输出：5
```

（4）追加（Append）：使用 append() 方法可以向列表末尾添加一个元素。

```
my_list=[1,2,3]
my_list.append(4)
print(my_list)                 # 输出：[1,2,3,4]
```

（5）拼接（Concatenate）：使用 + 运算符或 extend() 方法可以将两个序列拼接成一个新的序列。

```
list1=[1,2,3]
list2=['a','b','c']
new_list=list1+list2
print(new_list)                              # 输出：[1,2,3,'a','b','c']
```

（6）重复（Repeat）：使用 * 运算符可以重复一个序列中的元素。

```
my_list=[1,2]
repeated_list=my_list*3
print(repeated_list)                         # 输出：[1,2,1,2,1,2]
```

（7）查找（Find）：使用 index() 方法可以查找序列中某个元素的索引。

```
my_list=[1,2,3,4,5]
index=my_list.index(3)
print(index)                                 # 输出：2
```

（8）计数（Count）：使用 count() 方法可以统计序列中某个元素的出现次数。

```
my_list=[1,2,2,3,3,3]
count=my_list.count(2)
print(count)                                 # 输出：2
```

（9）删除（Delete）：使用 del 语句或 remove() 方法可以删除序列中的某个元素。

```
my_list=[1,2,3,4,5]
del my_list[0]
print(my_list)                               # 输出：[2,3,4,5]

my_list.remove(3)
print(my_list)                               # 输出：[2,4,5]
```

（10）排序（Sort）：使用 sort() 方法可以对序列进行排序，默认是升序排序。

```
my_list=[3,1,4,1,5,9,2]
my_list.sort()
print(my_list)                               # 输出：[1,1,2,3,4,5,9]
```

1.4　程序控制语句

　　Python 中的控制语句包括条件语句（if 语句）、循环语句（for 循环和 while 循环）、以及与之相关的其他语句（break、continue 语句等）。

1.4.1 条件语句

在 Python 中，条件语句（if 语句）用于根据条件的真假来执行不同的代码块。这是控制程序流程的一种关键机制。条件语句的基本语法如下：

```
if condition:
        # 如果条件为真，则执行此代码块
elif another_condition:
        # 如果上一个条件为假，但是这个条件为真，则执行此代码块（可选）
else:
        # 如果所有条件都为假，则执行此代码块（可选）
```

> 说明 if 关键字引导条件语句，后面跟着一个条件表达式。elif 关键字用于在前一个条件为假时检查另一个条件，可以有零个或多个 elif 部分。else 关键字用于指定在所有上述条件都为假时要执行的代码块。

【例 1-12】条件语句示例。依次输入以下代码，并观察输出结果。

（1）简单的 if 语句：

```
x=10
if x>5:
    print("x 大于 5")                               # 输出：x 大于 5
```

（2）if-else 语句：

```
x=3
if x>5:
    print("x 大于 5")
else:
    print("x 不大于 5")                             # 输出：x 不大于 5
```

（3）if-elif-else 语句：

```
x=3
if x>5:
    print("x 大于 5")
elif x==5:
    print("x 等于 5")
else:
    print("x 小于 5")                               # 输出：x 小于 5
```

（4）嵌套的 if 语句：

```
x=10
if x>5:
    print("x 大于 5")
    if x==10:
        print("x 等于 10")
else:
    print("x 不大于 5")
                                                    # 输出：x 大于 5
                                                    # x 等于 10
```

（5）单行 if 语句：

```
x=10
if x>5:print("x 大于 5")                              # 输出：x 大于 5
```

> 说明　在 Python 中，条件语句的代码块必须缩进，并且一般采用 4 个空格作为缩进。如果条件语句只包含一个简单的语句，则可以将其写在同一行上，但会降低可读性。

1.4.2　for 循环语句

在 Python 中，for 循环语句用于迭代遍历序列（例如列表、元组、字符串等）中的元素，并对每个元素执行相应的操作。for 循环语句的语法如下：

```
for item in sequence:
    # 在每次迭代中执行的代码块
```

> 说明　关键字 for 引导循环语句，后面跟着一个变量名（循环变量）和一个可迭代的序列。在每次迭代中，循环变量会依次取序列中的每个元素，并执行相应的代码块。sequence 可以是列表、元组、字符串等任何可迭代的对象。

【例 1-13】for 循环语句示例。依次输入以下代码，并观察输出结果。

> 说明　自本例之后，代码的输出不再展示，请读者自行输入观察输出结果。

（1）遍历列表：

```
fruits=["apple","banana","cherry"]
for fruit in fruits:
    print(fruit)
```

（2）遍历字符串：

```
for char in "Python":
    print(char)
```

（3）使用 range() 函数生成数值序列：

```
for i in range(5):
    print(i)
```

（4）嵌套循环：

```
adj=["red","big","tasty"]
fruits=["apple","banana","cherry"]

for ad in adj:
    for fruit in fruits:
        print(ad,fruit)
```

（5）循环遍历字典的键 - 值对：

```
person={"name":"Alice","age":30,"city":"New York"}
for key,value in person.items():
    print(key+":",value)
```

在 for 循环中，可以使用 break 语句提前退出循环，也可以使用 continue 语句跳过当前循环的剩余代码，直接进入下一次循环。

```
for x in range(10):
    if x==3:
        continue
    if x==5:
        break
    print(x)
```

for 循环是 Python 中控制流程的重要构建块之一，它使得对序列中的每个元素进行迭代处理变得简单而直观。

1.4.3 while 循环语句

在 Python 中，while 循环语句用于在条件为真时重复执行一段代码块，直到条件不再为真为止。while 循环的基本语法如下：

```
while condition:          # 在条件为真时执行的代码块
```

说明 while 关键字引导循环语句，后面跟着一个条件表达式。在每次循环迭代时，都会检查条件表达式的值。如果条件为真，则执行循环体中的代码块；如果条件为假，则退出循环。循环体中的代码块必须缩进。

【例 1-14】while 循环语句示例。依次输入以下代码，并观察输出结果。

（1）简单的 while 循环：

```
x=0
while x<5:                    # 打印出 0 ～ 4 的数字，在 x 小于 5 的条件下，循环会一直执行
    print(x)
    x+=1
```

（2）读取用户输入：

```
password=""
while password !="secret":    # 不断让用户输入密码，直到输入的密码正确为止
    password=input("请输入密码：")
print("密码正确，登录成功！")
```

（3）计算斐波那契数列：

```
a,b=0,1
while a<100:                  # 打印出斐波那契数列中小于 100 的所有数字
    print(a,end=",")
    a,b=b,a+b
```

（4）处理用户输入错误：

```
valid_input=False
while not valid_input:        # 要求用户输入一个整数，直到用户输入一个有效的整数为止
    try:
        num=int(input("请输入一个整数："))
        valid_input=True
    except ValueError:
        print("输入错误，请输入一个整数！")
```

在 while 循环中，可以使用 break 语句提前退出循环，也可以使用 continue 语句跳过当前循环的剩余代码，直接进入下一次循环。

```
x=0
while x<10:                   # 打印出 1 ～ 10 的奇数
    x+=1
    if x % 2==0:
```

```
        continue
    print(x)
```

while 循环通常用于在不确定迭代次数的情况下重复执行一段代码块，直到满足某个特定条件为止。

1.4.4 其他语句

在 Python 中，除常见的条件语句（if 语句）、循环语句（for 循环和 while 循环）外，还有一些控制流语句，如 break、continue、pass 等，它们用于在特定情况下控制程序的执行流程。

1. break 语句

break 语句用于跳出最近的包围循环（for 循环或 while 循环），直接结束循环执行。通常在满足某个条件时使用。

下面的示例中，当 i 等于 3 时，break 语句被执行，导致程序直接跳出循环，不再继续执行后续的迭代。

```
for i in range(5):
    if i==3:
        break
    print(i)
```

2. continue 语句

continue 语句用于跳过当前循环中剩余的代码，直接进入下一次循环的执行。通常在满足某个条件时，不需要执行当前循环中的其余代码时使用。

下面的示例中，当 i 等于 2 时，continue 语句被执行，导致当前循环中的 print(i) 语句被跳过，直接进入下一次循环的执行。

```
for i in range(5):
    if i==2:
        continue
    print(i)
```

3. pass 语句

pass 语句是一个空语句，不进行任何操作，只起到占位符的作用。通常在语法上需要一条语句，但逻辑上不需要执行任何操作时使用。

下面的示例中，当 i 等于 2 时，pass 语句被执行，不进行任何操作，直接进入下一次循环的执行。在其他情况下，print(i) 语句会被执行。

```
for i in range(5):
    if i==2:
        pass
    else:
        print(i)
```

说明　控制流程语句可以帮助读者更灵活地控制程序的执行流程，根据具体的需求选择合适的语句来实现所需的逻辑。

除 break、continue、pass 外，Python 中还有一些其他的控制语句和语法结构。

4. else 语句与循环

Python 中的循环语句（for 循环和 while 循环）可以包含 else 语句块，用于在循环正常结束时执行一段代码块，但在循环被 break 语句终止时不执行。

下面的示例中，如果循环正常完成（没有被 break 语句中断），则会打印出"循环正常结束"。但如果循环被 break 语句中断，则不会执行这部分代码。

```
for i in range(5):
    print(i)
else:
    print(" 循环正常结束 ")
```

5. with 语句

with 语句用于简化资源的管理，如文件操作或数据库连接等。它能够在代码块执行完毕后自动关闭资源，无论是否出现异常。

下面的示例中，open() 函数用于打开文件，with 语句会在代码块执行完毕后自动关闭文件，即使出现异常也不例外。

```
with open("example.txt","r")as f:
    data=f.read()
    print(data)
```

6. try…except…else…finally 语句

这是异常处理的一种语法结构，用于捕获和处理可能发生的异常。它包括 try、except、else 和 finally 四个部分，其中 else 和 finally 是可选的。

下面的示例中，try 语句块用于执行可能出现异常的代码，except 语句块用于捕获特定类型的异常并处理，else 语句块用于处理未发生异常的情况，finally 语句块用于无论是否发生异常都要执行的清理工作。

```
try:
    result=10/0
except ZeroDivisionError:
    print(" 除以零错误 ")
else:
    print(" 没有发生异常 ")
finally:
    print(" 无论是否发生异常，都会执行这里的代码 ")
```

除上述几个常见的控制语句外，Python 还有一些其他的语句和语法结构，但在日常编程中，通常用到的是上述提到的这些。

1.5 函数

在 Python 中，函数是一段可重复使用的代码块，用于执行特定的任务或操作。函数可以接受参数（即函数的输入），并且可以返回一个结果（即函数的输出）。

1.5.1 定义函数

函数使得代码模块化，可维护性更强，并且可以避免重复编写相同的代码。函数的基本语法如下：

```
def function_name(parameters):
    """
    文档字符串（可选）：描述函数的功能、参数、返回值等信息
    """
    # 函数体，即函数要执行的代码块
    # 可以包含零个或多个语句
    return expression        # 可选，可以包含多个 return，用于返回函数的结果
```

说明 关键字 def 用于定义函数，后面跟着函数名和参数列表。函数名 function_name 是函数的标识符，用于调用函数。参数列表 parameters 是函数的输入，可以有零个或多个参数，多个参数之间用逗号分隔。

函数体是函数要执行的代码块，可以包含零个或多个语句。return 语句用于返回函数的结果，可以返回一个值或多个值（以元组的形式返回）。

【例 1-15】函数应用示例。依次输入以下代码，并观察输出结果。

（1）定义一个简单的函数：

```python
def greet():
    print("Hello,world!")

greet()                                # 调用函数
```

（2）定义带参数的函数：

```python
def greet(name):
    print("Hello,"+name+"!")

greet("Alice")                         # 调用函数，并传入参数
```

（3）定义带返回值的函数：

```python
def add(a,b):
    return a+b

result=add(3,5)                        # 调用函数，并接收返回值
print(result)
```

（4）函数参数的默认值：

```python
def greet(name="world"):
    print("Hello,"+name+"!")

greet()                                # 没有传入参数时，使用默认值
greet("Alice")                         # 传入参数时，使用传入的值
```

（5）使用 *args 和 **kwargs 处理可变数量的参数：

```python
def sum_all(*args):
    total=0
    for num in args:
        total+=num
    return total

print(sum_all(1,2,3,4,5))              # 输出：15
```

1.5.2　调用函数

函数调用是指在程序中使用函数来执行特定任务的过程。在 Python 中，函数调用通常通过函数名称后跟括号来完成，括号中可以包含参数列表（如果函数需要参数的话）。函数调用的基本语法如下：

```
function_name(argument1,argument2,…)
```

其中，function_name 是函数的名称，用于标识要调用的函数；argument1,argument2,…是传递给函数的参数，参数可以是变量、常量或表达式等。

1）位置参数

在函数调用中，参数的传递顺序与函数定义时的参数顺序一致。这种传递方式称为位置参数。

下面的示例中，函数 greet 期望一个参数 name，在函数调用时传递了一个字符串"Alice"作为 name 的值，这就是位置参数。

```
def greet(name):
    print("Hello,",name)
greet("Alice")
```

2）关键字参数

通过指定参数名称来传递参数，而不必依赖于它们在函数参数列表中的位置。这种方式称为关键字参数。

下面的示例中，name 和 message 都是关键字参数。在函数调用时指定了参数的名称，这样参数的顺序就不再重要。

```
def greet(name,message):
    print("Hello,",name)
    print(message)
greet(message="How are you?",name="Alice")
```

3）混合使用位置参数和关键字参数

可以混合使用位置参数和关键字参数，但是位置参数必须在关键字参数之前。

下面的示例中，name 是位置参数，message 是关键字参数。位置参数 Alice 必须在关键字参数 message="How are you?" 之前。

```
def greet(name,message):
    print("Hello,",name)
    print(message)

greet("Alice",message="How are you?")
```

4）默认参数

可以在函数定义时为参数指定默认值，这样在函数调用时如果没有提供对应参数的值，则使用默认值。

下面的示例中，message 参数具有默认值"How are you?"。如果在函数调用时不提供 message 参数的值，则使用默认值。

```
def greet(name,message="How are you?"):
    print("Hello,",name)
    print(message)

greet("Alice")
```

5）不定数量的参数

可以定义接受任意数量参数的函数。在函数定义中，可以使用 *args 来表示接受任意数量的位置参数，使用 **kwargs 来表示接受任意数量的关键字参数。

下面的示例中，*args 将接受位置参数 1、2、3，**kwargs 将接受关键字参数 a=4 和 b=5。

```
def my_function(*args,**kwargs):
    print("Positional arguments:",args)
    print("Keyword arguments:",kwargs)

my_function(1,2,3,a=4,b=5)
```

函数调用是程序中组织逻辑的重要方式，它允许将代码分解成可重用的块，并使代码更加模块化和易于维护。

1.5.3 匿名函数（Lambda 函数）

在 Python 中，匿名函数也称为 Lambda 函数，是一种特殊的函数，它可以在一行代码中定义，并且通常用于一些简单的函数操作。

与普通函数不同，匿名函数没有函数名称、文档字符串和正式的函数定义，它使用 lambda 关键字来创建。匿名函数的基本语法为：

```
lambda arguments:expression
```

其中，arguments 是参数列表，可以包含零个或多个参数；expression 是一个表达式，用于计算并返回函数的结果。匿名函数可以接受任意数量的参数，但是只能包含一个表达式。

【例 1-16】匿名函数示例，演示一个接受两个参数并返回它们的和的匿名函数。

```
add_numbers=lambda x,y:x+y      # 定义匿名函数，接受参数 x 和 y，并返回它们的和

# 调用匿名函数
result=add_numbers(3,5)         # 将匿名函数赋值给变量 add_numbers，并调用该函数
print("The sum is:",result)
```

匿名函数通常与内置函数 map()、filter()、sorted() 等结合使用，以提供更简洁的代码。例如，可以在 map() 函数中使用匿名函数来对一个列表中的每个元素执行特定操作。

下面的示例中，map() 函数使用一个匿名函数来计算列表中每个元素的平方，并将结果存储在 squared_numbers 中。最后，使用 list() 函数将 map 对象转换为列表并打印出来。

```
numbers=[1,2,3,4,5]
squared_numbers=map(lambda x:x ** 2,numbers)
print(list(squared_numbers))
```

说明 匿名函数在某些情况下可以提供简洁的解决方案，但由于其缺乏函数名和文档字符串，可能会降低代码的可读性。因此，在编写复杂的逻辑或需要多行代码的函数时，尽量使用常规的命名函数。

1.6 本章小结

本章首先介绍了 Python 及其相关工具包的安装和应用。在基础语法方面，探讨了标识符、注释、输入输出、运算符、数据结构和序列等内容。随后，深入讨论了程序设计的要点，包括条件语句、循环语句和其他常见语句的使用方法。最后，详细解释了函数的定义、调用以及 Lambda 函数的应用。通过本章的学习，读者将掌握 Python 基础知识，为后续科技图表的绘制提供必要的基础。

第 2 章

数据处理与清洗

数据处理和数据清洗是为了准备数据以便进行后续的分析、建模和可视化。数据处理是将原始数据转换为可用于分析的形式的过程，包括数据的清洗、转换、整合和修复等，以确保数据的质量和一致性，并使其适合用于后续的分析和建模。数据清洗是数据处理的一个重要步骤，专注于检测和修复数据集中的错误、不一致性和缺失值等问题。清洗数据的目标是确保数据的质量和一致性，以减少错误对后续分析的影响。

2.1 NumPy：数值计算

NumPy（Numerical Python）是 Python 中用于科学计算的一个开源库，提供了一个强大的多维数组对象（Ndarray），以及一系列用于数组操作的函数。NumPy 是许多科学计算和数据分析库的基础，包括 SciPy、Pandas、Matplotlib 等。

2.1.1 数组的创建

NumPy 数组的创建可以通过多种方式实现，以下是一些常用的方法。

（1）从列表创建：使用 numpy.array() 函数可以从 Python 列表创建 NumPy 数组。

【例 2-1】从列表创建数组。依次输入以下代码，并观察输出结果。

```
import numpy as np

arr1=np.array([1,2,3,4,5])                    # 从列表创建一维数组
arr2=np.array([[1,2,3],[4,5,6]])              # 从列表创建二维数组
```

（2）使用特定函数创建：NumPy 提供了一些特定的函数用于创建特定类型的数组，如表 2-1 所示。

表2-1 选项说明

功　能	描　述
全0数组	numpy.zeros(shape,dtype=float,order='C') 创建一个指定形状和数据类型的全零数组
全1数组	numpy.ones(shape,dtype=None,order='C') 创建一个指定形状和数据类型的全1数组
指定形状的常数数组	numpy.full(shape,fill_value,dtype=None,order='C') 创建一个指定形状、常数值和数据类型的数组
单位矩阵	numpy.eye(N,M=None,k=0,dtype=<class 'float'>,order='C') 创建一个N×N的单位矩阵，对角线元素为1，其余为0
对角矩阵	numpy.diag(v,k=0) 从一维数组中创建一个对角矩阵或获取对角线元素
等间隔数组	numpy.arange([start,]stop,[step,]dtype=None) 创建一个指定范围内的等间隔的一维数组
均匀分布数组	numpy.linspace(start,stop,num=50,endpoint=True,retstep=False,dtype=None,axis=0) 创建一个在指定范围内均匀分布的一维数组
随机数组	numpy.random.rand(d0,d1,…,dn) 创建一个指定形状的随机数组，元素取值在[0,1]之间
随机数组	numpy.random.randn(d0,d1,…,dn) 创建一个指定形状的随机数组，元素取值符合标准正态分布

【例 2-2】利用特定函数创建数组。依次输入以下代码，并观察输出结果。

```
import numpy as np

zeros_arr=np.zeros((3,3))                     # 创建全为 0 的数组
ones_arr=np.ones((2,2))                       # 创建全为 1 的数组
```

```
full_arr=np.full((2,3),7)          # 创建指定形状的常数数组
eye_arr=np.eye(3)                  # 创建单位矩阵
diag_arr=np.diag([1,2,3])          # 创建对角矩阵

range_arr=np.arange(0,10,2)        # 创建一维数组，取值范围是 [0,10)，步长为 2
linspace_arr=np.linspace(0,1,5)    # 创建一个在 [0,1] 范围内均匀分布的数组，共 5 个元素
rand_arr=np.random.rand(2,3)       # 创建一个形状为 (2,3) 的随机数组
randn_arr=np.random.randn(2,3)     # 创建一个形状为 (2,3) 的随机数组
```

2.1.2　数组的索引与切片

在 NumPy 中，数组的索引和切片操作是非常重要的，基于此可以访问数组的特定元素或子集。索引和切片操作使得对数组的操作变得非常灵活和高效，可以方便地访问数组的特定元素或子集。

【例 2-3】数组的索引与切片应用示例。依次输入以下代码，并观察输出结果。

（1）一维数组的索引和切片：对于一维数组，可以使用整数索引来访问单个元素，使用切片来访问子数组。

```
import numpy as np

arr=np.array([1,2,3,4,5])
# 一维数组的索引
print(arr[0])                      # 输出：1
print(arr[-1])                     # 输出：5
# 一维数组的切片
print(arr[1:4])                    # 输出：[2 3 4]
```

（2）多维数组的索引和切片：对于多维数组，可以使用逗号分隔的索引元组来访问特定元素，也可以对不同维度进行切片。

```
arr=np.array([[1,2,3],
              [4,5,6],
              [7,8,9]])
# 多维数组的索引
print(arr[0,0])                    # 输出：1
print(arr[1,2])                    # 输出：6
# 多维数组的切片
print(arr[0:2,1:3])                # 输出：[[2 3]
                                   #       [5 6]]
```

（3）布尔索引：使用布尔数组可以进行索引，从而选择满足特定条件的元素。

```
arr=np.array([1,2,3,4,5])
# 布尔索引
mask=arr>2
print(arr[mask])                          # 输出：[3 4 5]
```

（4）花式索引：使用整数数组或整数列表可以进行索引，从而选择特定位置的元素。

```
arr=np.array([1,2,3,4,5])
# 花式索引
indices=[0,2,4]
print(arr[indices])                       # 输出：[1 3 5]
```

（5）切片的默认值：在切片操作中，如果省略了起始索引，则默认为 0；如果省略了结束索引，则默认为数组的长度；如果省略了步长，则默认为 1。

```
arr=np.array([1,2,3,4,5])

print(arr[:3])                            # 输出：[1 2 3]
print(arr[2:])                            # 输出：[3 4 5]
print(arr[::2])                           # 输出：[1 3 5]
```

2.1.3 数组的变换

我们可以灵活地改变数组的形状、维度、顺序和内容，以满足不同的数据处理和分析需求。在 NumPy 中，数组的变换指的是改变数组的形状、维度或顺序的操作。NumPy 提供了丰富的函数和方法来进行数组的变换操作。

【例 2-4】数组的变换应用示例。依次输入以下代码，并观察输出结果。

（1）改变形状。利用 reshape() 函数可以改变数组的形状，返回一个具有新形状的数组，但不改变原始数组。利用 flatten() 可以将多维数组变为一维数组。

```
import numpy as np                        # 导入 NumPy 库，并使用别名 np
arr=np.arange(9)                          # 创建一个包含 0 ～ 8 的一维数组
print(arr)
reshaped_arr=arr.reshape((3,3))           # 将一维数组重塑为 3×3 的二维数组
print(reshaped_arr)

flattened_arr=arr.flatten()              # 将多维数组变为一维数组
print(flattened_arr)
```

⚙️➕ 说明 要查看变量的输出结果，请参照本例采用 print() 函数，本书后续将不再给出查看变量输出结果的代码。

（2）转置。利用 transpose() 函数可以对数组的维度进行转置。.T 属性的功能与 transpose() 相同，其使用更简洁。

```
transposed_arr=arr.transpose()       # 对数组进行转置操作
transposed_arr=arr.T                 # 简洁方式，使用.T属性进行转置操作
```

（3）扩展维度。利用 newaxis 属性可以在数组的特定位置增加一个维度。

```
arr=np.array([1,2,3])
expanded_arr=arr[:,np.newaxis]
```

（4）连接和分裂。利用 concatenate() 函数可以连接多个数组。

```
arr1=np.array([[1,2],[3,4]])
arr2=np.array([[5,6]])
concatenated_arr=np.concatenate((arr1,arr2),axis=0)
```

利用 split() 函数可以将数组分裂为多个子数组。

```
subarrays=np.split(arr,3)
```

（5）重复和堆叠：利用 repeat() 函数可以重复数组中的元素。利用 tile() 函数可以将数组沿指定轴堆叠。

```
repeated_arr=np.repeat(arr,3)
tiled_arr=np.tile(arr,(2,3))
```

（6）排序：利用 sort() 函数可以对数组进行排序。

```
sorted_arr=np.sort(arr)
```

2.1.4　基本运算

NumPy 中的基本运算指的是对数组进行算术运算、逻辑运算和数学函数运算等操作。NumPy 提供了丰富的函数和运算符来对数组进行操作。

【例 2-5】基本运算示例。依次输入以下代码，并观察输出结果。

（1）算术运算：NumPy 允许对数组执行标准的算术运算，如加法、减法、乘法和除法等。这些运算可以逐元素进行，也可以与标量进行运算。

```
import numpy as np
arr1=np.array([1,2,3])
arr2=np.array([4,5,6])
```

```
sum_arr=arr1+arr2                    # 加法运算，同 np.add(arr1,arr2)
diff_arr=arr1-arr2                   # 减法运算，同 np.subtract(arr1,arr2)
prod_arr=arr1*arr2                   # 乘法运算，同 np.multiply(arr1,arr2)
div_arr=arr1/arr2                    # 除法运算，同 np.divide(arr1,arr2)
```

（2）逻辑运算：NumPy 允许对数组进行逻辑运算，如逻辑与、逻辑或和逻辑非等。

```
arr=np.array([True,False,True])
arr2=np.array([False,True,False])

and_arr=arr & arr2                   # 逻辑与，同 np.logical_and(arr,arr2)
or_arr=arr | arr2                    # 逻辑或，同 np.logical_or(arr,arr2)
not_arr=~arr                         # 逻辑非，同 np.logical_not(arr)
```

（3）数学函数运算：NumPy 提供了大量的数学函数，如平方函数、开方函数、指数函数、对数函数等，这些函数可以逐元素应用于数组。

```
arr=np.array([1,2,3])

squared_arr=np.square(arr)           # 平方函数
sqrt_arr=np.sqrt(arr)                # 开方函数
exp_arr=np.exp(arr)                  # 指数函数
log_arr=np.log(arr)                  # 对数函数
```

2.2 Pandas：数据处理

Pandas 是基于 NumPy 构建的一个强大的 Python 数据分析库，提供了灵活且高效的数据结构，用于处理结构化数据。Pandas 提供了丰富的函数和方法来进行数据处理和清洗，包括数据选择、过滤、排序、合并、重塑、缺失值处理、重复值处理等。

另外，Pandas 与 Matplotlib、Seaborn 等可视化库集成良好，可以直接使用 DataFrame 中的数据进行可视化分析，快速生成各种图表和图形。

2.2.1 数据结构

Pandas 提供了 Series 和 DataFrame 两种主要的数据结构。Series 类似于一维数组的数据结构，每个元素都有对应的标签（索引）。DataFrame 类似于二维表格的数据结构，由多个 Series 组成，每个 Series 共享相同的索引。

1. Series 数据结构

在 Pandas 中，Series 是一种一维的数据结构，类似于数组或列表，但它附带了索引（Index），可以通过标签来访问数据。Series 可以存储任意数据类型的元素，包括整数、浮点数、字符串、布尔值等。Series 的基本构造方式是使用 pd.Series() 函数。

【例 2-6】Series 的构造方法示例。依次输入以下代码，并观察输出结果。

（1）创建 Series：使用 pd.Series() 函数创建一个 Series 对象，传入一个列表或 NumPy 数组。

```python
import pandas as pd
data=[1,2,3,4,5]
series=pd.Series(data)                          # 从列表创建 Series

import numpy as np
data_np=np.array([1,2,3,4,5])
series_np=pd.Series(data_np)                     # 从 NumPy 数组创建 Series
```

（2）索引：Series 对象具有索引，通过索引可以访问和操作数据。

```python
series_default_index=pd.Series(data)             # 使用默认索引

custom_index=['a','b','c','d','e']               # 自定义索引
series_custom_index=pd.Series(data,index=custom_index)  # 使用自定义索引
```

（3）访问数据：通过索引或位置可以访问 Series 中的数据。

```python
print(series[0])                                 # 通过位置访问数据，输出：1
print(series_custom_index['b'])                  # 通过标签访问数据，输出：2
```

（4）数据操作：Series 支持类似于 NumPy 数组的运算和操作。

```python
result=series*2                                  # 算术运算
result=np.sqrt(series)                           # 应用数学函数
mask=series>3                                    # 布尔运算
```

（5）缺失值处理：Series 支持缺失值（NaN）处理。

```python
# 创建带有缺失值的 Series
data_with_nan=[1,2,np.nan,4,5]
series_with_nan=pd.Series(data_with_nan)

mask_nan=series_with_nan.isnull()                # 检测缺失值
series_filled=series_with_nan.fillna(0)          # 填充缺失值
```

（6）名称和属性：Series 对象可以具有名称，也可以具有一些其他的属性，如索引、数据类型等。

```
series_with_name=pd.Series(data,name='MySeries')    # 设置名称
index=series.index                                   # 获取索引
dtype=series.dtype                                    # 获取数据类型
```

2. DataFrame 数据结构

DataFrame 是一个二维的、大小可变的表格数据结构，它类似于电子表格或 SQL 表，每一列可以是不同的数据类型（整数、浮点数、字符串等）。DataFrame 提供包括数据的读取、写入、处理、分析在内的多种实用功能。

【例 2-7】创建 DataFrame 数据示例。依次输入以下代码，并观察输出结果。

（1）创建 DataFrame：使用 Pandas 的 DataFrame() 构造函数创建一个 DataFrame 对象。

> 说明 大多数情况下，需要从外部数据源（如 CSV 文件、数据库查询等）中读取数据并转换成 DataFrame，导入数据的方式后文会详细介绍。

```
import pandas as pd
# 从字典创建 DataFrame
data={'Name':['Alice','Bob','Charlie'],
      'Age':[25,30,35],
      'Score':[90,85,88]}
df=pd.DataFrame(data)

# 从列表创建 DataFrame
data=[['Alice',25,90],['Bob',30,85],['Charlie',35,88]]
df=pd.DataFrame(data,columns=['Name','Age','Score'])

# 从外部数据源读取，可以包含路径
df=pd.read_csv('data.csv')              # 如 'D:/DingJB/PyData/mpg.csv'
```

（2）查看 DataFrame。创建 DataFrame 后，可以使用一系列方法来查看数据的结构、内容和摘要统计信息。

```
print(df.head())                        # 查看头部几行数据
print(df.tail())                        # 查看尾部几行数据
print(df.shape)                         # 查看数据的维度
print(df.columns)                       # 查看列名
print(df.index)                         # 查看索引
print(df.describe())                    # 查看数据摘要统计信息
print(df.dtypes)                        # 查看数据类型
```

（3）数据访问。读者可以使用不同的方法来访问 DataFrame 中的数据。

```
print(df['Name'])                                   # 访问列
print(df.iloc[0])                                   # 使用整数位置进行行访问
print(df.loc[0])                                    # 使用标签进行行访问
print(df.at[0,'Name'])                              # 使用标签访问特定行列的值
print(df.iat[0,0])                                  # 使用整数位置访问特定行列的值
```

（4）数据操作。对 DataFrame 可以进行包括增加、删除、修改数据等在内的各种操作。

```
df['New_Column']=[1,2,3]                            # 添加列
df.drop('New_Column',axis=1,inplace=True)           # 删除列
df.at[0,'Age']=26                                   # 修改数据
selected_data=df[df['Age']>25]                      # 根据条件选择数据
df.sort_values(by='Age',ascending=False,inplace=True)  # 对数据进行排序
```

（5）数据分析。Pandas 提供了包括统计计算、聚合、分组在内的各种数据分析功能。

```
print(df.mean())                                    # 计算平均值
grouped=df.groupby('Age')
print(grouped.mean())                               # 分组统计

print(df['Age'].sum())                              # 总和
print(df['Age'].max())                              # 最大值
print(df['Age'].min())                              # 最小值
print(df['Age'].median())                           # 中位数
```

2.2.2　数据类型

在 Pandas 中，数据类型包括整数类型（int）、浮点类型（float）、字符串类型（Object）、布尔类型（bool）、日期时间类型（datetime）和分类类型（category）。其中的分类型用于表示有限个数的离散值。

1．数据类型分类

【例 2-8】数据类型分类示例。依次输入以下代码，并观察输出结果。

（1）整数类型（int）：用于表示整数值，通常使用 int64 类型。整数类型在 Pandas 中被广泛使用，用于表示数量、计数等离散数值数据。

```
import pandas as pd

s=pd.Series([1,2,3,4,5])                            # 创建一个整数 Series
print(s.dtype)                                      # 输出：int64
```

（2）浮点类型（float）：用于表示浮点数值，通常使用 float64 类型。浮点类型在 Pandas 中常用于表示实数数据，比如温度、经纬度等连续数值数据。

```
s=pd.Series([1.0,2.5,3.7,4.2,5.9])          # 创建一个浮点数 Series
print(s.dtype)                              # 输出 float64
```

（3）字符串类型（object）：用于表示字符串，也可以表示 Python 对象。字符串类型在 Pandas 中常用于表示文本数据、类别数据等。

```
s=pd.Series(['apple','banana','grape','kiwi'])     # 创建一个字符串 Series
print(s.dtype)                                     # 输出 object
```

（4）布尔类型（bool）：用于表示布尔值，即 True 或 False。布尔类型在 Pandas 中常用于表示逻辑值，进行条件过滤、掩码操作等。

```
s=pd.Series([True,False,True,False])          # 创建一个布尔 Series
print(s.dtype)                                # 输出 bool
```

（5）日期时间类型（datetime）：用于表示日期和时间信息，通常使用 datetime64 类型。日期时间类型在 Pandas 中常用于时间序列数据的处理和分析。

```
# 创建一个日期时间 Series
s=pd.Series(['2024-03-10','2024-03-11','2024-03-12'])
s=pd.to_datetime(s)
print(s.dtype)                                # 输出 datetime64[ns]
```

（6）分类类型（category）：用于表示有限个数的离散值，比如性别、地区、学历等。分类类型在 Pandas 中可以提高性能和内存利用率。后面会详细介绍该数据类型。

```
# 创建一个分类 Series
s=pd.Series(['male','female','female','male'])
s=s.astype('category')
print(s.dtype)                                # 输出 category
```

2. 分类类型

在 Pandas 中，分类类型用于表示具有有限个数的离散值的数据。在某些情况下，数据集中的某些列可能只包含一组有限的值，比如性别、地区、学历等。使用分类类型可以有效地管理这些离散值，并在一定程度上提高数据的存储和处理效率。

【例 2-9】分类类型示例。依次输入以下代码，并观察输出结果。

（1）创建分类类型数据。使用 pd.Categorical() 函数将一个数组或 Series 转换为分类类型。

```
import pandas as pd

data=['A','B','C','A','B','C']
s=pd.Series(data)                          # 创建一个 Series
cat_series=pd.Categorical(s)               # 将 Series 转换为分类类型
```

（2）分类变量的属性。categorical 对象具有多个属性，这有助于更好地理解和处理数据。其中，categories 返回分类的唯一值列表，codes 返回每个元素在分类中的位置索引。

```
print(cat_series.categories)               # 查看分类的唯一值列表
print(cat_series.codes)                    # 查看每个元素在分类中的位置索引
```

（3）指定分类变量的顺序。使用 ordered 参数指定分类变量的顺序。默认情况下，分类变量是无序的。

```
# 指定分类变量的顺序
cat_series=pd.Categorical(s,categories=['C','B','A'],ordered=True)
```

（4）使用分类类型数据。分类类型在许多 Pandas 操作中都得到了支持，比如聚合、排序和分组等操作。此外，还可以利用分类类型进行分类变量的比较和筛选。

```
cat_series=cat_series.sort_values()        # 使用分类类型进行排序
grouped=df.groupby('Category')             # 使用分类类型进行分组
```

> 说明　分类类型的主要用途是在大数据集中减少内存使用和提高性能。当某个列中的数据具有有限个数的离散值时，使用分类类型可以将数据存储为整数码，从而减少占用内存。此外，分类类型还可以更方便地分析和处理分类变量。
>
> ```
> df['Gender']=df['Gender'].astype('category')     # 将列转换为分类类型
> ```

3. 数据类型转换

在 Pandas 中，使用 astype() 方法可以将数据列的数据类型转换为指定的类型。

【例 2-10】数据类型转换示例。依次输入以下代码，并观察输出结果。

```
df['column']=df['column'].astype(float)              # 将整数转换为浮点数
# 将字符串转换为日期时间类型
df['date_column']=pd.to_datetime(df['date_column'])
# 将日期时间类型转换为字符串
df['date_column']=df['date_column'].astype(str)
# 将分类类型转换为字符串类型
df['category_column']=df['category_column'].astype(str)
# 将分类类型转换为整数类型
df['category_column']=df['category_column'].astype(int)
```

```
# 将整数或字符串列转换为分类类型
df['numeric_column']=df['numeric_column'].astype('category')
# 将布尔类型转换为整数类型
df['bool_column']=df['bool_column'].astype(int)
# 将字符串列转换为分类类型并指定顺序
df['string_column']=df['string_column'].astype('category',ordered=True,
                        categories=['low','medium','high'])
```

2.2.3　数据的导入与导出

Pandas 可以轻松地从多种文件格式中导入数据，如 CSV、Excel、JSON、SQL、HTML 等，也可以将数据导出为这些格式。

1. CSV 格式数据的导入与导出

（1）使用 pd.read_csv() 函数从 CSV 文件中读取数据，并将其转换为 DataFrame。

```
import pandas as pd
df=pd.read_csv('file.csv')
```

其中，file.csv 是要导入的 CSV 文件的路径。如果 CSV 文件与 Python 脚本文件在同一目录下，则只需提供文件名即可；否则，需要提供完整的文件路径。

pd.read_csv() 函数有许多可选参数，用以调整数据导入的方式，如文件分隔符、数据类型、日期解析等。

```
df=pd.read_csv('file.csv',sep=',',header=0,dtype={'column1':int,'column2':float})
```

其中，sep 参数指定了 CSV 文件中的分隔符，默认为逗号（,）；header 参数指定了用作列名的行，默认为 0，表示使用第一行作为列名；dtype 参数指定了每列的数据类型，此处将 'column1' 指定为整数类型（int），将 'column2' 指定为浮点类型（float）。

（2）使用 DataFrame 的 to_csv() 方法将 DataFrame 中的数据保存为 CSV 文件。

```
df.to_csv('output.csv',index=False)
```

其中，output.csv 是要导出的文件名，index=False 表示不包含行索引。如果希望包含行索引，可以将 index 参数设置为 True。

to_csv() 方法也有许多可选参数，帮助调整导出的方式，如分隔符、是否包含列名等。

```
df.to_csv('output.csv',sep='\t',index=False,header=True)
```

其中，sep 参数指定了导出的 CSV 文件中的分隔符，默认为逗号；index 参数指定是否包含行索引，默认为 True；header 参数指定是否包含列名，默认为 True。

2．TXT 格式数据的导入与导出

（1）使用 pd.read_csv() 函数导入 TXT 格式的数据，只需要指定正确的分隔符即可。

```
import pandas as pd
df=pd.read_csv('file.txt', sep='\t')
```

其中，file.txt 是要导入的 TXT 文件的路径，sep='\t' 指定了文件中的分隔符为制表符。

pd.read_csv() 函数的其他参数也可以按照需要进行设置。

```
df=pd.read_csv('file.txt',sep='\t',header=0,dtype={'column1':int,'column2':float})
```

其中，header 参数指定了用作列名的行，默认为 0，表示使用第一行作为列名。

（2）使用 DataFrame 的 to_csv() 方法将数据保存为 TXT 文件，同样需要指定正确的分隔符。

```
df.to_csv('output.txt',sep='\t',index=False)
```

其中，output.txt 是要导出的文件名；sep='\t' 指定了导出的文件中的分隔符为制表符；index=False 表示不包含行索引。

to_csv() 方法的其他参数也可以按照需要进行设置。

```
df.to_csv('output.txt',sep='\t',index=False,header=True)
```

其中，header 参数指定是否包含列名，默认为 True。

3．Excel 格式数据的导入与导出

（1）使用 pd.read_excel() 函数从 Excel 文件中读取数据，并将其转换为 DataFrame。

```
import pandas as pd
df=pd.read_excel('file.xlsx',sheet_name='Sheet1')
```

其中，file.xlsx 是要导入的 Excel 文件的路径，sheet_name 参数指定了要读取的工作表的名称或索引，默认为第 1 个工作表。

pd.read_excel() 函数的其他参数也可以按照需要进行设置，如读取特定范围的数据、跳过特定行或列等。

```
df=pd.read_excel('file.xlsx',sheet_name='Sheet1',header=0,skiprows=2)
```

其中，header 参数指定了用作列名的行，默认为 0，表示使用第一行作为列名；skiprows 参数指定了跳过前几行的数据，默认为 0。

（2）使用 DataFrame 的 to_excel() 方法将数据保存为 Excel 文件。

```
df.to_excel('output.xlsx',sheet_name='Sheet1',index=False)
```

其中，output.xlsx 是要导出的文件名；sheet_name 参数指定了工作表的名称；index=False 表示不包含行索引。

to_excel() 方法的其他参数也可以按照需要进行设置，如指定要导出的范围、是否包含列名等。

```
df.to_excel('output.xlsx',sheet_name='Sheet1',startrow=2,header=True)
```

其中，startrow 参数指定数据从哪一行开始写入，默认为第一行；header 参数指定是否包含列名，默认为 True。

> 说明 在 Pandas 中，可以使用 pandas.read_stata() 和 pandas.read_spss() 函数来导入 Stata 和 SPSS 格式的数据，同时也可以使用 DataFrame 的 to_stata() 和 to_spss() 方法来导出数据为 Stata 和 SPSS 格式。使用方法同上。

2.2.4 合并数据

在 Pandas 中，可以使用不同的方法合并数据，包括 merge()、concat() 和 join() 等。

1）使用 merge() 方法合并数据

merge() 方法用于按照一列或多列的值将两个 DataFrame 合并。默认情况下，merge() 方法会将共同列的列名作为键进行合并。

```
merged_df=pd.merge(df1,df2,on='key_column')
```

2）使用 concat() 方法合并数据

concat() 方法用于沿着指定轴将多个 DataFrame 连接在一起。它可以沿着行或列方向进行连接。

```
concatenated_df=pd.concat([df1,df2],axis=0)        # 沿着行方向连接
```

3）使用 join() 方法合并数据

join() 方法用于将两个 DataFrame 按照它们的索引进行合并。这个方法适用于索引之间的合并。

```
joined_df=df1.join(df2,how='inner')
```

此处，how 参数指定了合并的方式，包括 inner（内连接）、outer（外连接）、left（左连接）和 right（右连接）。

2.2.5　数据选择

数据选择允许从数据集中选择所需的部分，以便进行后续的分析和处理。

（1）按列选择数据：使用 DataFrame 的列标签来选择数据列。

```
selected_column=df['column_name']
```

（2）按行选择数据：使用 .loc[] 或 .iloc[] 方法来选择特定行的数据。

```
# 使用.loc[] 根据标签进行选择
selected_row=df.loc[0]                    # 选择索引为 0 的行数据
# 使用.iloc[] 根据位置进行选择
selected_row=df.iloc[0]                   # 选择第一行数据
```

（3）同时选择行和列：使用 .loc[] 或 .iloc[] 方法来选择特定行和列的数据。

```
# 使用.loc[] 根据标签进行选择
selected_data=df.loc[0,'column_name']     # 选择索引为 0 行、column_name 列数据
# 使用.iloc[] 根据位置进行选择
selected_data=df.iloc[0,1]                # 选择第 1 行、第 2 列数据
```

（4）使用布尔索引选择数据：使用布尔索引根据指定条件选择数据。

```
filtered_data=df[df['column']>5]          # 过滤出 'column' 列值大于 5 的数据
```

2.2.6　数据过滤

数据过滤是根据特定的条件筛选出所需的数据。

（1）按条件过滤数据：使用布尔索引来根据指定条件过滤数据。根据需要可以使用不同的条件进行过滤，如 <、>、==、!= 等。

```
filtered_data=df[df['column']>5]          # 过滤出 'column' 列值大于 5 的数据
```

（2）使用多个条件进行过滤：使用 &（与）、|（或）等逻辑运算符结合多个条件进行过滤。

```
filtered_data=df[(df['column1']>5)& (df['column2']=='value')]
```

（3）使用 isin() 方法过滤数据：使用 isin() 方法过滤数据列中包含特定值的行。

```
filtered_data=df[df['column'].isin(['value1','value2'])]
```

（4）使用 query() 方法进行过滤：使用 query() 方法根据查询表达式对数据进行过滤。query() 方法可以更方便地编写复杂的查询条件。

```
filtered_data=df.query('column1>5 and column2=="value"')
```

（5）使用 filter() 方法过滤列：使用 filter() 方法根据列名模式过滤列。

```
filtered_columns=df.filter(like='column')          # 过滤包含 'column' 的列
```

2.2.7 数据排序

数据排序是根据特定的条件对数据进行排序。

（1）按列排序：使用 sort_values() 方法按照指定列的值对数据进行排序。

```
sorted_df=df.sort_values(by='column_name',ascending=True)
                                          # 按 'column_name' 列升序排序
```

其中，by 参数指定按照哪一列的值进行排序。ascending 参数指定排序顺序，True 表示升序，False 表示降序。

（2）按多列排序：同时按照多个列的值进行排序。

```
sorted_df=df.sort_values(by=['column1','column2'],ascending=[True,False])
```

其中，先按照 column1 列的值进行升序排序，然后在相同值的情况下，按照 column2 列的值进行降序排序。

（3）按索引排序：使用 sort_index() 方法按照索引对数据进行排序。默认按照索引进行升序排序。

```
sorted_df=df.sort_index()
```

（4）使用 nlargest() 和 nsmallest() 方法：可以快速获取最大值和最小值。

```
largest_values=df.nlargest(n=5,columns='column_name')
                        # 获取 'column_name' 列的前 5 个最大值
smallest_values=df.nsmallest(n=5,columns='column_name')
                        # 获取 'column_name' 列的前 5 个最小值
```

2.2.8 数据合并

数据合并是将多个数据集合并为一个数据集。合并方式如下。

（1）按列合并：使用 pd.concat() 方法按照列方向合并多个 DataFrame。

（2）按行合并：使用 pd.concat() 方法按照行方向合并多个 DataFrame。

（3）按照键合并：使用 pd.merge() 方法按照一列或多列的值将两个 DataFrame 合并。

（4）按索引合并：使用 pd.merge() 方法按照索引将两个 DataFrame 合并。

（5）指定合并方式：使用 how 参数指定合并的方式，包括 inner（内连接）、outer（外连接）、left（左连接）和 right（右连接）。

```
merged_df=pd.concat([df1,df2],axis=1)        # 按列（axis=1）合并 df1 和 df2
merged_df=pd.concat([df1,df2],axis=0)        # 按行（axis=0）合并 df1 和 df2
merged_df=pd.merge(df1,df2,on='key_column')
                # 按照 'key_column' 列的值进行合并，on 参数指定用作合并键的列名
merged_df=pd.merge(df1,df2,left_index=True,right_index=True)
                # left_index=True 和 right_index=True 指定按照索引进行合并
merged_df=pd.merge(df1,df2,on='key_column',how='inner')
```

2.2.9　数据重塑

数据重塑是重新组织数据的结构，使其更适合后续的分析和可视化。

（1）透视表：使用 pivot_table() 方法创建透视表，对数据进行汇总。

```
pivot_table=df.pivot_table(index='row_column',columns='column_column',
                            values='value_column',aggfunc=np.mean)
```

其中，index 参数指定透视表的行，columns 参数指定透视表的列，values 参数指定要聚合的值，aggfunc 参数指定聚合函数。

（2）堆叠和非堆叠：使用 stack() 和 unstack() 方法进行堆叠和非堆叠操作。

```
# 堆叠：将 DataFrame 的列标签转换为行索引
stacked_data=df.stack()
# 非堆叠：将 DataFrame 的行索引转换为列标签
unstacked_data=df.unstack()
```

（3）多级索引：使用多级索引来组织和表示复杂的数据结构。

```
# 创建多级索引
multi_index_df=df.set_index(['index_column1','index_column2'])
# 访问多级索引的数据
data=multi_index_df.loc[('value1','value2')]
```

（4）透视表和分组：使用 groupby() 方法对数据进行分组，然后创建透视表。

```
grouped_data=df.groupby(['group_column']).agg({'value_column':np.mean})
pivot_table=grouped_data.pivot_table(index='row_column',
        columns='column_column',values='value_column')
```

（5）数据堆叠：使用 melt() 方法将宽格式数据转换为长格式数据。

```
melted_data=pd.melt(df,id_vars=['id_column'],
            value_vars=['value_column1','value_column2'],
            var_name='variable_name',value_name='value')
```

2.2.10 缺失值处理

大多数真实世界的数据都存在缺失值。Pandas 提供了多种方法来处理缺失值，包括删除、填充、插值等，使得数据的缺失值处理变得更加灵活和可控。

（1）检测缺失值：使用 isnull() 方法检测缺失值，返回一个布尔类型的 DataFrame，其中缺失值为 True，非缺失值为 False。

```
missing_values=df.isnull()
```

（2）删除缺失值：使用 dropna() 方法删除包含缺失值的行或列。

```
# 删除包含缺失值的行
df_cleaned=df.dropna(axis=0)
# 删除包含缺失值的列
df_cleaned=df.dropna(axis=1)
```

（3）填充缺失值：使用 fillna() 方法填充缺失值，可以使用固定值、前向填充、后向填充或者使用插值等。

```
# 使用固定值填充缺失值
df_filled=df.fillna(value)
# 使用前向填充（用前一个非缺失值）填充缺失值
df_filled=df.fillna(method='ffill')
# 使用后向填充（用后一个非缺失值）填充缺失值
df_filled=df.fillna(method='bfill')
# 使用插值方法填充缺失值
df_filled=df.interpolate(method='linear')
```

（4）使用均值、中位数或众数填充缺失值。

```
mean_value=df['column_name'].mean()
df_filled=df.fillna(mean_value)

median_value=df['column_name'].median()
```

```
df_filled=df.fillna(median_value)

mode_value=df['column_name'].mode()[0]
df_filled=df.fillna(mode_value)
```

2.2.11 重复值处理

重复值可能会导致分析结果的偏差，因此某些情况下需要对重复值进行处理。

（1）检测重复值：使用 duplicated() 方法检测重复值，返回一个布尔类型的 Series，其中重复值为 True，非重复值为 False。

```
duplicate_rows=df.duplicated()
```

（2）删除重复值：使用 drop_duplicates() 方法删除重复行。drop_duplicates() 方法默认会将完全相同的行视为重复行，并删除多余的副本。如果想要根据特定列进行重复值的检测和删除，可以使用 subset 参数指定列名。

```
df_cleaned=df.drop_duplicates()
df_cleaned=df.drop_duplicates(subset=['column_name'])
```

（3）重复值计数：使用 duplicated() 方法结合 sum() 方法计算重复值的数量。

```
num_duplicates=df.duplicated().sum()
```

（4）保留重复值：使用 keep 参数保留重复值中的某个副本，默认为 first（保留第 1 个出现的副本），也可以为 last（保留最后一个出现的副本）或 False（删除所有重复的副本）。

```
df_cleaned=df.drop_duplicates(keep='last')
```

2.3 本章小结

本章重点讲解数据处理与清洗的关键工具 NumPy 和 Pandas。首先，讲解 NumPy 的基本操作，包括数组的创建、索引与切片、变换以及基本运算，为数值计算提供了强大支持。接着，探讨了 Pandas 的数据处理功能，包括数据结构、类型、导入导出、合并、选择、过滤、排序、重塑、缺失值和重复值处理等。这些工具为数据处理提供了高效、灵活的解决方案，为后续的数据可视化提供了清洗和准备数据的基础。

第 **3** 章

Python 绘图系统

绘图系统是指用于创建图形和图表的软件工具或库。这些系统允许用户将数据转换为可视化形式，以便更直观地理解和分析数据。绘图系统通常提供各种类型的图表，包括线图、柱状图、饼图、散点图等，以及各种统计图表，如箱线图、密度图等。Python 中的绘图系统包括 Matplotlib、Seaborn 和 Plotly 等，分别提供了基本图表绘制、统计可视化和交互式绘图功能，可以满足不同需求下的数据可视化任务。

3.1 Matplotlib

Matplotlib 是一用于创建高质量的静态、动态和交互式图形的 Python 绘图库。它是 Python 生态系统中最受欢迎的绘图工具之一，被广泛应用于数据分析、科学研究、工程和可视化领域。Matplotlib 提供了丰富的绘图功能，包括线图、散点图、柱状图、饼图、箱线图、热图、等高线图等。

3.1.1 图表对象

Matplotlib 图表的组成元素如图 3-1 所示，包括图形（Figure）、坐标图形（Axes）、图名（Title）、图例（Legend）、主要刻度（Major Tick）、次要刻度（Minor Tick）、主要刻度标签（Major Tick Label）、次要刻度标签（Minor Tick Label）、Y 轴名（Y Axis Label）、X 轴名（X Axis Label）、边框图（Spines）、数据标记（Markers）、网格线（Gridlines）等。

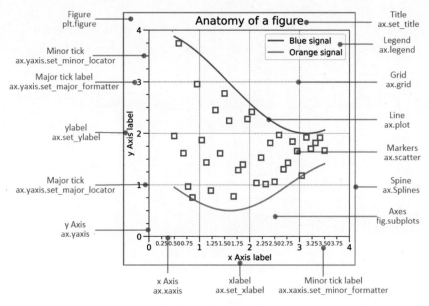

图 3-1 图表的组成

Matplotlib 主要包含基础类元素与容器类元素两类。基础类元素就是要绘制的标准对象，容器类元素则可以包含许多基础类元素并将它们组织成一个整体。

（1）基础（Primitives）类：点（Marker）、线（Line）、文本（Text）、网格（Grid）、图例（Legend）、标题（Title）、图片（Image）等。

（2）容器（Containers）类：图形（Figure）、坐标图形（Axes）、坐标轴（Axis）和刻度（Tick）。容器类元素具有图形（Figure）→坐标图形（Axes）→坐标轴（Axis）→刻度（Tick）的层级结构，各层级具有不同的功能。

- Figure 对象：整个图形即为一个 Figure 对象。Figure 对象至少包含一个子图，也就是 Axes 对象；包含一些特殊的 Artist 对象，如图名（Title）、图例（Legend）等；包含画布（Canvas）对象（一般不可见），通常无须对其直接操作，但在绘图时 Matplotlib 需要调用该对象。

- Axes 对象：Axes 是子图对象。每一个子图都有 X 轴和 Y 轴，Axes 代表这两个坐标轴所对应的一个子图对象。在绘制多个子图时，需要使用 Axes 对象。常用方法有：

① set_xlim() 和 set_ylim() 用于设置子图 X 轴和 Y 轴对应的数据范围。

② set_title() 用于设置子图的标题。

③ set_xlabel() 和 set_ylable() 用于设置子图 X 轴名和 Y 轴名。

  - Axis 对象：Axis 是坐标轴对象，主要用于控制数据轴上的刻度位置和显示数值。Axis 有 Locator 和 Formatter 两个子对象，分别用于控制刻度位置和显示数值。
  - Tick 对象：常见的二维直角坐标系（Axes）都有两条坐标轴（Axis）：X 轴（Xaxis）和 Y 轴（Yaxis）。每个坐标轴都包含刻度（容器类元素，含刻度本身和刻度标签）与标签（基础类元素，含坐标轴标签）两个元素。

【例 3-1】利用 axes() 函数在一幅图中生成多个坐标图形（Axes）。

```
import matplotlib.pyplot as plt

plt.axes([0.0,0.0,1,1])
plt.axes([0.1,0.1,.5,.5],facecolor='blue')
plt.axes([0.2,0.2,.5,.5],facecolor='pink')
plt.axes([0.3,0.3,.5,.5],facecolor='green')
plt.axes([0.4,0.4,.5,.5],facecolor='skyblue')
plt.show()
```

运行结果如图 3-2 所示。

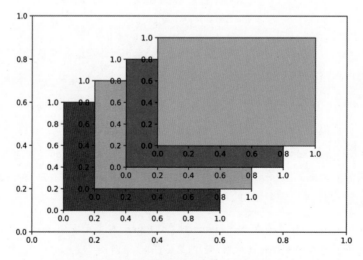

图 3-2 创建多个坐标图形（坐标系）

【例 3-2】 图 3-1 可以通过以下代码创建，通过这段代码可以了解 Python 的作图流程。

```python
import matplotlib.pyplot as plt
import numpy as np

from matplotlib.patches import Circle
from matplotlib.patheffects import withStroke
from matplotlib.ticker import AutoMinorLocator,MultipleLocator

royal_blue=[0,20/256,82/256]                          # 自定义的颜色
# 创建图形
np.random.seed(19781101)                              # 固定随机数种子，以便结果可复现

# 生成数据
X=np.linspace(0.5,3.5,100)                            # 生成等间隔的 X 值
Y1=3+np.cos(X)                                        # 第一组数据，基于余弦函数
Y2=1+np.cos(1+X/0.75)/2                               # 第二组数据，变化的余弦函数
Y3=np.random.uniform(Y1,Y2,len(X))                    # 第三组数据，Y1 与 Y2 之间的随机数

# 创建并配置图形和轴
fig=plt.figure(figsize=(7.5,7.5))                     # 创建图形，指定大小
ax=fig.add_axes([0.2,0.17,0.68,0.7],aspect=1)         # 添加轴，设置宽高比

# 设置主要和次要刻度定位器
ax.xaxis.set_major_locator(MultipleLocator(1.000))    # X 轴的主要刻度间隔
ax.xaxis.set_minor_locator(AutoMinorLocator(4))       # X 轴的次要刻度间隔
ax.yaxis.set_major_locator(MultipleLocator(1.000))    # Y 轴的主要刻度间隔
ax.yaxis.set_minor_locator(AutoMinorLocator(4))       # Y 轴的次要刻度间隔
ax.xaxis.set_minor_formatter("{x:.2f}")               # 设置次要刻度的格式

# 设置坐标轴的显示范围
ax.set_xlim(0,4)
ax.set_ylim(0,4)

# 配置刻度标签的样式
ax.tick_params(which='major',width=1.0,length=10,labelsize=14)    # 主刻度
ax.tick_params(which='minor',width=1.0,length=5,labelsize=10,
               labelcolor='0.25')                     # 次刻度

# 添加网格
ax.grid(linestyle="--",linewidth=0.5,
        color='.25',zorder=-10)                       # 设置网格样式和图层顺序

# 绘制数据
# 绘制第一组数据，设置图层顺序
```

```python
ax.plot(X,Y1,c='C0',lw=2.5,label="Blue signal", zorder=10)
ax.plot(X,Y2,c='C1',lw=2.5,label="Orange signal")            # 绘制第二组数据
# 绘制第三组数据作为散点图
ax.plot(X[::3],Y3[::3],linewidth=0,markersize=9,
        marker='s',markerfacecolor='none',markeredgecolor='C4',
        markeredgewidth=2.5)


# 设置标题和轴标签
ax.set_title("Anatomy of a figure",fontsize=20,verticalalignment='bottom')
ax.set_xlabel("x Axis label",fontsize=14)
ax.set_ylabel("y Axis label",fontsize=14)
ax.legend(loc="upper right",fontsize=14)                     # 添加图例

# 标注图形
def annotate(x,y,text,code):
        # 添加圆形标记
    c=Circle((x,y),radius=0.15,clip_on=False,zorder=10,linewidth=2.5,
            edgecolor=royal_blue+[0.6],facecolor='none',
            path_effects=[withStroke(linewidth=7,foreground='white')])
                                                # 使用路径效果突出标记
    ax.add_artist(c)

        # 使用路径效果为文本添加背景
        # 分别绘制路径效果和彩色文本，以避免路径效果裁剪其他文本
    for path_effects in [[withStroke(linewidth=7,foreground='white')],[]]:
        color='white' if path_effects else royal_blue
        ax.text(x,y-0.2,text,zorder=100,
                ha='center',va='top',weight='bold',color=color,
                style='italic',fontfamily='monospace',
                path_effects=path_effects)

        color='white' if path_effects else 'black'
        ax.text(x,y-0.33,code,zorder=100,
                ha='center',va='top',weight='normal',color=color,
                fontfamily='monospace',fontsize='medium',
                path_effects=path_effects)

# 通过调用自定义的 annotate 函数来添加多个图形标注
# 具体标注调用代码，每次调用都是标注图形的一个特定部分和相关的 Matplotlib 命令
annotate(3.5,-0.13,"Minor tick label","ax.xaxis.set_minor_formatter")
annotate(-0.03,1.0,"Major tick","ax.yaxis.set_major_locator")
annotate(0.00,3.75,"Minor tick","ax.yaxis.set_minor_locator")
annotate(-0.15,3.00,"Major tick label","ax.yaxis.set_major_formatter")
annotate(1.68,-0.39,"xlabel","ax.set_xlabel")
```

```
annotate(-0.38,1.67,"ylabel","ax.set_ylabel")
annotate(1.52,4.15,"Title","ax.set_title")
annotate(1.75,2.80,"Line","ax.plot")
annotate(2.25,1.54,"Markers","ax.scatter")
annotate(3.00,3.00,"Grid","ax.grid")
annotate(3.60,3.58,"Legend","ax.legend")
annotate(2.5,0.55,"Axes","fig.subplots")
annotate(4,4.5,"Figure","plt.figure")
annotate(0.65,0.01,"x Axis","ax.xaxis")
annotate(0,0.36,"y Axis","ax.yaxis")
annotate(4.0,0.7,"Spine","ax.spines")
# 给图形周围添加边框
fig.patch.set(linewidth=4,edgecolor='0.5')
plt.show()                                        # 显示图形
```

3.1.2　创建图形

在 Matplotlib 中创建图形是一个非常常见的操作，在一个窗口中可以展示多个图表。创建图形和子图的基本步骤如下。

步骤01　导入 Matplotlib 库：确保你已经安装了 Matplotlib。如果没有安装，可以通过 pip install matplotlib 命令来安装。

步骤02　创建图形（Figure）：图形是一个容器，它可以包含一个或多个子图（Axes）。

步骤03　添加子图（Subplots）：子图是放在图形容器中的独立图表。你可以指定子图的行数、列数和子图的位置。

步骤04　绘制数据：在每个子图上，你可以使用 Matplotlib 的绘图函数绘制想要展示的数据。

步骤05　自定义图表：可以自定义图表的各种属性，如标题、轴标签、图例等。

步骤06　显示图形：使用 plt.show() 命令显示图形。

Matplotlib 非常灵活，可以根据需要调整图形和子图的大小、布局以及其他属性。

【例 3-3】Matplotlib 创建图形示例。

```
import matplotlib.pyplot as plt
from sklearn.datasets import load_iris

# 加载 iris 数据集
iris=load_iris()
```

```
data=iris.data
target=iris.target

# 提取数据
sepal_length=data[:,0]
petal_length=data[:,2]

# 创建图形和子图
fig,axs=plt.subplots(1,2,figsize=(10,5))                    # 创建包含两个子图的图形
fig.suptitle('Sepal Length vs Petal Length',fontsize=16)    # 设置图形标题

# 第1个子图：线图
axs[0].plot(sepal_length,label='Sepal Length',color='blue',
            linestyle='-')                                  # 绘制线图
axs[0].plot(petal_length,label='Petal Length',color='green',
            linestyle='--')                                 # 绘制另一个线图
axs[0].set_xlabel('Sample')                                 # 设置 X 轴标签
axs[0].set_ylabel('Length')                                 # 设置 Y 轴标签
axs[0].legend()                                             # 添加图例
axs[0].grid(True)                                           # 添加网格线

# 第2个子图：散点图
scatter=axs[1].scatter(sepal_length,petal_length,c=target,
                       cmap='viridis',label='Data Points')  # 绘制散点图
axs[1].set_xlabel('Sepal Length')                           # 设置 X 轴标签
axs[1].set_ylabel('Petal Length')                           # 设置 Y 轴标签
axs[1].legend()                                             # 添加图例
axs[1].grid(True)                                           # 添加网格线
fig.colorbar(scatter,ax=axs[1],label='Species')            # 添加颜色条

plt.tight_layout()                                          # 自动调整子图布局
plt.show()                                                  # 显示图形
```

上述代码使用 Matplotlib 库和 scikit-learn 中的 iris 数据集，绘制了鸢尾花数据集中萼片长度与花瓣长度之间的关系。该图形包括两个子图：

- 第一个子图是线图，显示了样本的萼片长度和花瓣长度之间的关系。萼片长度用蓝色实线表示，花瓣长度用绿色虚线表示。图例显示了每条线的标签，网格线增强了图形的可读性。
- 第二个子图是散点图，显示了样本的萼片长度与花瓣长度的关系，并根据鸢尾花的种类着色。不同种类的鸢尾花用不同的颜色表示，颜色条用于解释颜色与鸢尾花种类之间的对应关系。

运行后输出的图形如图 3-3 所示。

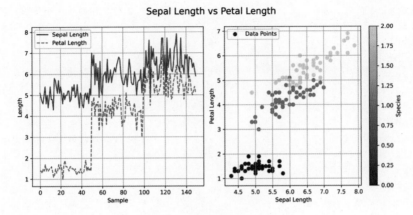

图 3-3　创建图形与子图

3.1.3 添加子图与布局

在 Matplotlib 中，添加子图（Subplots）是构建复杂图表布局的关键方法之一。子图允许在一个图表窗口中绘制多个独立的图。这对于比较多组数据或展示不同视角的数据分析特别有用。

1. plt.subplot()

plt.subplot() 函数是添加子图的基本方式，其语法结构如下：

```
plt.subplot(nrows,ncols,index)
```

其中，nrows 和 ncols 分别表示子图的行数和列数，index 是子图的索引（从左到右，从上到下计数，开始为 1）。

【例 3-4】使用 iris 数据集作为示例，演示使用 plt.subplot() 函数创建子图。每个子图展示 iris 数据集中一个特征的直方图。

```
# 安装和导入必要的库
import matplotlib.pyplot as plt
import seaborn as sns                      # seaborn 库内置了 iris 数据集

# 加载 iris 数据集并查看其结构
iris=sns.load_dataset('iris')
iris.head()                                # 输出略
plt.figure(figsize=(10,6))                 # 设置画布大小

# 第 1 个子图
```

```
plt.subplot(2,2,1)                          # 2 行 2 列的第 1 个子图
plt.hist(iris['sepal_length'],color='blue')
plt.title('Sepal Length')
# 第 2 个子图
plt.subplot(2,2,2)                          # 2 行 2 列的第 2 个子图
plt.hist(iris['sepal_width'],color='orange')
plt.title('Sepal Width')
# 第 3 个子图
plt.subplot(2,2,3)                          # 2 行 2 列的第 3 个子图
plt.hist(iris['petal_length'],color='green')
plt.title('Petal Length')
# 第 4 个子图
plt.subplot(2,2,4)                          # 2 行 2 列的第 4 个子图
plt.hist(iris['petal_width'],color='red')
plt.title('Petal Width')

plt.tight_layout()                          # 自动调整子图间距
plt.show()
```

上述代码使用 Matplotlib 和 Seaborn 库绘制了鸢尾花数据集中萼片长度、萼片宽度、花瓣长度和花瓣宽度的直方图。运行后输出的图形如图 3-4 所示。

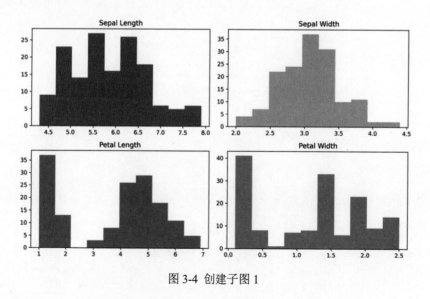

图 3-4 创建子图 1

该图形包括 4 个子图，每个子图显示了一个特征的直方图：

- 第一个子图显示了萼片长度的直方图，颜色为蓝色。
- 第二个子图显示了萼片宽度的直方图，颜色为橙色。

- 第三个子图显示了花瓣长度的直方图，颜色为绿色。
- 第四个子图显示了花瓣宽度的直方图，颜色为红色。

图形采用 2 行 2 列的布局排列，通过 plt.subplot) 函数指定子图的位置。最后调用 plt.tight_layout() 函数自动调整子图之间的间距，并使用 plt.show() 显示图形。

2．plt.subplots()

plt.subplots() 是一个更高级的函数，它可以一次性创建一个图表和一组子图。该方法返回一个 Figure 对象和一个 Axes 对象（或者是 Axes 对象的数组），可以更加灵活地操作子图。

```
fig,ax=plt.subplots(nrow,ncols [,...])        # 创建一个 nrow×ncol 的子图网格
                                              # 通过 ax 可以被索引来访问特定的子图，例如 ax[0,1]
```

使用 plt.subplots() 的优势在于它提供了更多的控制，例如共享轴、调整间距等。

【例 3-5】使用 iris 数据集作为示例，演示使用 plt.subplots() 函数创建子图。

```python
import matplotlib.pyplot as plt
import seaborn as sns

data=sns.load_dataset("iris")                            # 加载内置的 iris 数据集

# 使用 plt.subplots() 创建一个 2 行 3 列的子图布局
fig,axs=plt.subplots(2,3,figsize=(15,8))

# 第 1 个子图：绘制 sepal_length 和 sepal_width 的散点图
axs[0,0].scatter(data['sepal_length'],data['sepal_width'])
axs[0,0].set_title('Sepal Length vs Sepal Width')

# 第 2 个子图：绘制 petal_length 和 petal_width 的散点图
axs[0,1].scatter(data['petal_length'],data['petal_width'])
axs[0,1].set_title('Petal Length vs Petal Width')

# 第 3 个子图：绘制 sepal_length 的直方图
axs[0,2].hist(data['sepal_length'],bins=20)
axs[0,2].set_title('Sepal Length Distribution')

# 4 个子图：绘制 petal_length 的直方图
axs[1,0].hist(data['petal_length'],bins=20)
axs[1,0].set_title('Petal Length Distribution')

# 第 5 和第 6 个位置合并为一个大图，展示 species 的计数条形图
# 为了合并第二行的中间和最右侧位置，使用 subplot2grid 功能
plt.subplot2grid((2,3),(1,1),colspan=2)
sns.countplot(x='species',data=data)
plt.title('Species Count')
```

```
plt.tight_layout()                          # 调整子图之间的间距
plt.show()
```

上述代码使用 Matplotlib 和 Seaborn 库绘制鸢尾花数据集中的 4 个特征（萼片长度、萼片宽度、花瓣长度和花瓣宽度）的散点图和直方图，并以计数条形图展示了不同鸢尾花种类的数量分布情况。运行后输出的图形如图 3-5 所示。

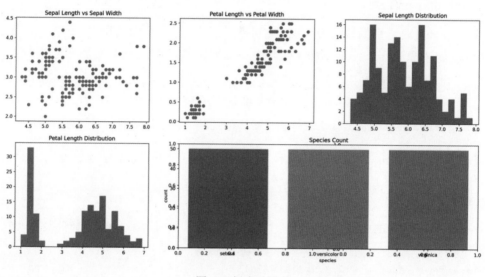

图 3-5 创建子图 2

3. figure.add_subplot()

读者还可以直接在 Figure 对象上使用 add_subplot() 方法来添加子图。figure.add_subplot() 主要有以下三种使用方式。

第一种：

```
add_subplot(nrows,ncols,index)              # 最常用的方法
```

其中，nrows 和 ncols 分别代表行数和列数，index 表示子图在网格中的位置（从左到右、从上到下编号，从 1 开始）。例如 add_subplot(2,2,1) 表示一个 2 行 2 列的布局中的第 1 个位置。

第二种：

```
add_subplot(pos)                            # 通过一个三位数的整数 pos 来指定子图的位置
```

其中，pos 第一位表示 nrows，第二位表示 ncols，第三位表示 index。例如 add_subplot(221) 相当于 add_subplot(2,2,1)。

第三种：

```
add_subplot(ax)        # 将已存在的 ax（matplotlib.axes.Axes 对象）添加到当前图形中
```

【例 3-6】演示使用 figure.add_subplot() 函数创建子图。

```
import matplotlib.pyplot as plt
fig=plt.figure(figsize=(8,4))          # 创建一个图形实例
# 添加第 1 个子图：1 行 2 列的第 1 个位置
ax1=fig.add_subplot(1,2,1)
ax1.plot([1,2,3,4],[1,4,2,3])          # 绘制一条简单的折线图
ax1.set_title('First Subplot')
# 添加第 2 个子图：1 行 2 列的第 2 个位置
ax2=fig.add_subplot(1,2,2)
ax2.bar([1,2,3,4],[10,20,15,25])       # 绘制一个条形图
ax2.set_title('Second Subplot')
# 显示图形
plt.tight_layout()                     # 自动调整子图参数，使之填充整个图形区域
plt.show()
```

上述代码创建了一个图形实例，其中包含两个子图。第一个子图是一个简单的折线图，显示了一些随机数据的变化趋势。第二个子图是一个条形图，展示了另一组数据的不同值。运行后输出的图形如图 3-6 所示。

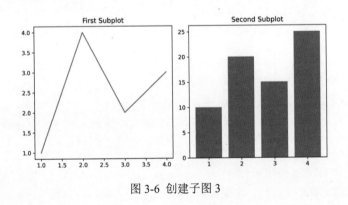

图 3-6　创建子图 3

4．subplot2grid()

subplot2grid() 提供了更灵活的网格布局，它允许子图跨越多行或多列，从而可以创建不规则的子图布局。基本语法如下：

```
ax=plt.subplot2grid(shape,loc,rowspan=1,colspan=1,fig=None,**kwargs)
```

其中，shape 是一个元组，用于指定网格布局的形状（行数和列数）。loc 是一个元组，用于指定子图左上角的位置（行、列索引）。rowspan 和 colspan 可选，分别指定子图要跨越的行数和列数，默认为 1。fig 可选，指定要在哪个图形中创建子图。若不提供，则使用当前活动的图形。

【例 3-7】使用 Matplotlib 自带的 iris 数据集作为示例，演示使用 subplot2grid() 函数创建子图。

```python
import matplotlib.pyplot as plt
from sklearn.datasets import load_iris

# 载入鸢尾花数据集
iris=load_iris()
data=iris.data
target=iris.target
feature_names=iris.feature_names
target_names=iris.target_names

grid_size=(3,3)                         # 定义网格大小为 3×3

# 第 1 个子图占据位置 (0,0)
ax1=plt.subplot2grid(grid_size,(0,0),facecolor='orange')
ax1.scatter(data[:,0],data[:,1],c=target,cmap='viridis')
ax1.set_xlabel(feature_names[0])
ax1.set_ylabel(feature_names[1])

# 第 2 个子图占据位置 (0,1)，并跨越 2 列
ax2=plt.subplot2grid(grid_size,(0,1),colspan=2,facecolor='pink')
ax2.scatter(data[:,1],data[:,2],c=target,cmap='viridis')
ax2.set_xlabel(feature_names[1])
ax2.set_ylabel(feature_names[2])

# 第 3 个子图占据位置 (1,0)，并跨越 2 行
ax3=plt.subplot2grid(grid_size,(1,0),rowspan=2,facecolor='grey')
ax3.scatter(data[:,0],data[:,2],c=target,cmap='viridis')
ax3.set_xlabel(feature_names[0])
ax3.set_ylabel(feature_names[2])

# 第 4 个子图占据位置 (1,1)，并跨越到最后
ax4=plt.subplot2grid(grid_size,(1,1),colspan=2,rowspan=2,facecolor='skyblue')
ax4.scatter(data[:,2],data[:,3],c=target,cmap='viridis')
ax4.set_xlabel(feature_names[2])
ax4.set_ylabel(feature_names[3])

plt.tight_layout()
plt.show()
```

上述代码使用 subplot2grid 函数创建了一个 3×3 的网格布局，然后在这个布局中放置了 4 个散点图子图。每个子图显示了鸢尾花数据集中不同特征之间的关系，通过颜色区分了不同类别。运行后输出的图形如图 3-7 所示。

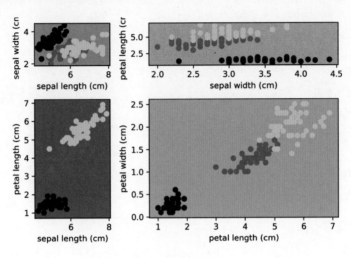

图 3-7　创建子图 4

5. gridspec.GridSpec()

gridspec.GridSpec() 函数用于创建自定义子图布局，它允许创建具有不同尺寸和位置的子图，以满足特定的可视化需求。语法如下：

```
gs=gridspec.GridSpec(nrows,ncols,height_ratios,width_ratios,hspace,wspace)
```

其中，nrows 为网格行数，ncols 为网格列数。可选参数 height_ratios 为每行的高度比例，（默认所有行高相等），width_ratios 为每列的宽度比例（默认所有列宽相等），hspace 为行间距，wspace 为列间距（默认为 0.2）。

> 说明　GridSpec 对象的索引方式类似于二维数组的索引方式，通过索引可以访问网格中的不同位置的子图。

【例 3-8】使用 iris 数据集作为示例，演示使用 gridspec.GridSpec() 函数创建子图。

```
import matplotlib.pyplot as plt
import matplotlib.gridspec as gridspec
from sklearn.datasets import load_iris

# 载入 iris 数据集
```

```
iris=load_iris()
data=iris.data
target=iris.target
feature_names=iris.feature_names
target_names=iris.target_names

# 创建一个 2×2 的子图网格
fig=plt.figure(figsize=(10,6))
gs=gridspec.GridSpec(2,2,height_ratios=[1,1],width_ratios=[1,1])

# 在网格中创建子图
ax1=plt.subplot(gs[0,0])
ax1.scatter(data[:,0],data[:,1],c=target,cmap='viridis')
ax1.set_xlabel(feature_names[0])
ax1.set_ylabel(feature_names[1])
ax1.set_title('Sepal Length vs Sepal Width')

ax2=plt.subplot(gs[0,1])
ax2.scatter(data[:,1],data[:,2],c=target,cmap='viridis')
ax2.set_xlabel(feature_names[1])
ax2.set_ylabel(feature_names[2])
ax2.set_title('Sepal Width vs Petal Length')

ax3=plt.subplot(gs[1,:])
ax3.scatter(data[:,2],data[:,3],c=target,cmap='viridis')
ax3.set_xlabel(feature_names[2])
ax3.set_ylabel(feature_names[3])
ax3.set_title('Petal Length vs Petal Width')

plt.tight_layout()                          # 调整布局
plt.show()
```

上述代码使用 GridSpec 对象创建了一个 2×2 的子图网格，并在每个子图中绘制了鸢尾花数据集的不同特征之间的关系散点图。每个子图显示了不同特征之间的关系，通过颜色区分了不同类别。运行后输出的图形如图 3-8 所示。

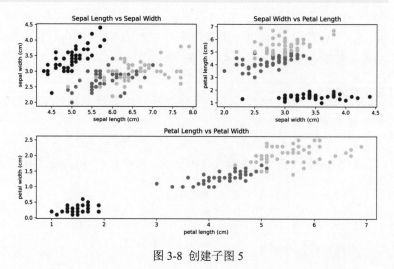

图 3-8 创建子图 5

3.1.4　图表元素函数

在 Matplotlib 中，添加图表元素是创建直观和信息丰富的视觉表示的核心部分。Matplotlib 提供了多种函数来自定义和增强图表，包括添加标题、图例、网格线、文本注释和自定义坐标轴标签等。

（1）添加标题和轴标签，帮助读者了解图表的主题和轴代表的数据类型。

```
plt.title("Title")                      # 为图表添加标题
plt.xlabel("X Axis Label")              # 为 X 轴添加标签
plt.ylabel("Y Axis Label")              # 为 Y 轴添加标签
```

（2）添加图例，以区分图表中显示的不同数据集。

```
plt.legend()                            # 添加图例
```

说明　绘图时通常需要为绘图函数指定 label 参数，Matplotlib 将使用这些标签来创建图例。

（3）添加网格线，有助于更精确地估计图表上的点值。

```
plt.grid(True)                          # 在图表中添加网格线
```

说明　该函数可以接受参数来自定义网格线的样式、宽度和颜色等。

（4）添加文本注释，用来指出图表中的特定特征或数据点。

```
plt.text(x,y,"Text")        # 在图表的指定位置 (x,y) 添加文本
plt.annotate("Text",xy=(x,y),xytext=(x2,y2),
             arrowprops=dict(arrowstyle="->"))
                            # 在图表上添加带箭头的注释，从 (x2,y2) 指向 (x,y)
```

（5）自定义坐标轴，控制图表显示的数据范围和坐标轴的精度。

```
plt.xlim([xmin,xmax])               # 设置 X 轴的显示范围
plt.ylim([ymin,ymax])               # 设置 Y 轴的显示范围
plt.xticks(ticks,[labels])
plt.yticks(ticks,[labels])          # 自定义轴上的刻度和标签
```

（6）设置样式和颜色，Matplotlib 允许通过各种参数自定义图表的样式和颜色，如 color、linewidth、linestyle、marker 等，这些参数可以用在 plt.plot()、plt.scatter() 等绘图函数中，以达到预期的视觉效果。

【例 3-9】使用 iris 数据集作为示例，演示添加图表元素。

```python
import matplotlib.pyplot as plt
import numpy as np
from sklearn.datasets import load_iris

# 载入iris数据集
iris=load_iris()
data=iris.data
target=iris.target
feature_names=iris.feature_names
target_names=iris.target_names

fig,ax=plt.subplots(figsize=(6,4))                        # 创建图形和子图
# 绘制散点图
for i in range(len(target_names)):
    ax.scatter(data[target==i,0],data[target==i,1],label=target_names[i])
ax.set_title('Sepal Length vs Sepal Width',fontsize=16)   # 添加标题
ax.legend(fontsize=12)                                     # 添加图例
ax.grid(True,linestyle='--',alpha=0.5)                     # 添加网格线

# 自定义坐标轴标签
ax.set_xlabel(feature_names[0],fontsize=14)
ax.set_ylabel(feature_names[1],fontsize=14)
# 设置坐标轴刻度标签大小
ax.tick_params(axis='both',which='major',labelsize=12)

plt.tight_layout()                                         # 调整图形边界
plt.show()
```

上述代码绘制了鸢尾花数据集中萼片长度与萼片宽度的散点图，每个类别用不同颜色表示，并添加了图例和网格线。坐标轴标签和刻度标签也被自定义了样式。运行后输出的图形如图3-9所示。

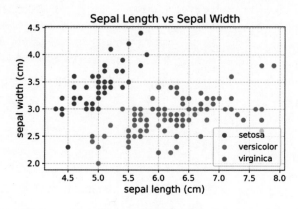

图 3-9　添加图表元素

3.1.5　绘图函数

在使用 Matplotlib 进行数据可视化时，可以利用各种绘图函数（见表 3-1）来创建不同类型的图表。在使用这些函数时，可以根据数据类型和展示目的选择合适的函数，并通过调整参数来定制图表外观和行为。

表3-1　绘图函数

图表类型	函数名称	主要参数
线图	plt.plot()	x,y,fmt,color,linestyle,marker,label
散点图	plt.scatter()	x,y,s,c,marker,cmap,alpha,label
柱状图	plt.bar()	x,height,width,bottom,align,color,label
直方图	plt.hist()	x,bins,range,density,histtype,color,label
箱线图	plt.boxplot()	x,notch,vert,widths,patch_artist,showmeans,meanline,meanprops
饼图	plt.pie()	x,explode,labels,colors,autopct,shadow,startangle,radius
等高线图	plt.contour()	X,Y,Z,levels,colors,cmap,linestyles,linewidths
图像	plt.imshow()	X,cmap,interpolation,alpha,origin,extent
矢量图	plt.quiver()	X,Y,U,V,color,linewidths,alpha
流线图	plt.streamplot()	x,y,u,v,density,color,linewidth
误差棒图	plt.errorbar()	x,y,xerr,yerr,fmt,color,marker,label
六边形箱图	plt.hexbin()	x,y,C,gridsize,cmap,linewidths,edgecolors
极坐标图	plt.polar()	theta,r,color,marker,linestyle,label
柴火图	plt.stem()	x,y,linefmt,markerfmt,basefmt,label
阶梯图	plt.step()	x,y,where,color,linestyle,label
填充图	plt.fill_between()	x,y1,y2,where,color,alpha,label
水平柱状图	plt.barh()	y,width,height,left,align,color,label
堆叠区域图	plt.stackplot()	x,labels,colors,baseline,linewidth
三维散点图	plt.scatter3D()	x,y,z,s,c,marker,cmap,alpha,label
三维曲面图	plt.plot_surface()	X,Y,Z,rstride,cstride,cmap,linewidth,antialiased
填充等高线图	plt.contourf()	X,Y,Z,levels,colors,cmap,hatches,extend
小提琴图	plt.violinplot()	dataset,positions,vert,widths,showmeans,showmedians,showextrema,showcaps

3.1.6 坐标系

Matplotlib 中的坐标系主要有笛卡儿坐标系和极坐标系两种类型。下面对这两种坐标系进行介绍。

（1）笛卡儿坐标系。笛卡儿坐标系是最常见的坐标系，在二维空间中由两个垂直的轴组成，通常表示为 X 轴和 Y 轴。

在 Matplotlib 中，默认绘制的图形都是基于笛卡儿坐标系的。X 轴表示水平方向的值，通常是自变量，而 Y 轴表示垂直方向的值，通常是因变量。

（2）极坐标系。极坐标系是另一种常用的坐标系，用于描述二维空间中的点，它由极径（r）和极角（θ）两个坐标表示。在 Matplotlib 中，可以通过 plt.polar() 函数创建极坐标系的图形。

极径表示点到坐标原点的距离，极角表示点到 X 轴的方位角度。极坐标系通常用于绘制圆形、花瓣等周期性的图形。

在 Matplotlib 中，可以通过不同的函数和参数来控制和定制这两种坐标系的属性，以满足不同类型图表的需求。根据数据的特点和展示目的，选择合适的坐标系可以更好地展示数据，并传达所要表达的信息。

【例 3-10】极坐标示例。

```python
import matplotlib.pyplot as plt
import numpy as np

# 创建一些示例数据
theta=np.linspace(0,2*np.pi,100)
r=np.abs(np.sin(theta))

plt.figure(figsize=(6,6))
ax=plt.subplot(111,projection='polar')          # 创建极坐标系图形
ax.plot(theta,r,color='blue',linewidth=2)        # 绘制极坐标系图形
ax.set_title('Polar Plot',fontsize=16)            # 添加标题
plt.show()                                         # 显示图形
```

运行后输出的图形如图 3-10 所示。将示例数据更换为以下数据：

```python
# 生成模拟的周期性数据
theta=np.linspace(0,2*np.pi,100)
r=10+5*np.sin(6*theta)                            # 以正弦函数模拟的半径
```

运行后输出的图形如图 3-11 所示。

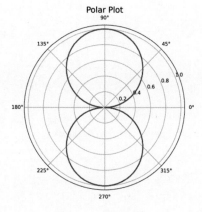

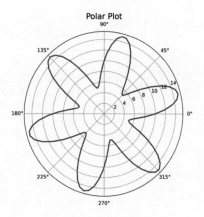

图 3-10　极坐标图 1　　　　　　　　　　图 3-11　极坐标图 2

3.1.7　图表风格

Matplotlib 提供了多种图表风格，读者通过下面的示例可以查看图表展示风格。

【例 3-11】图表风格示例。

```python
import matplotlib.pyplot as plt
import numpy as np
import matplotlib.colors as mcolors
from matplotlib.patches import Rectangle

np.random.seed(19781101)                          # 固定随机数种子，以便结果可复现

def plot_scatter(ax,prng,nb_samples=100):
    """ 绘制散点图 """
    for mu,sigma,marker in [(-.5,0.75,'o'),(0.75,1.,'s')]:
        x,y=prng.normal(loc=mu,scale=sigma,size=(2,nb_samples))
        ax.plot(x,y,ls='none',marker=marker)
    ax.set_xlabel('X-label')
    ax.set_title('Axes title')
    return ax

def plot_colored_lines(ax):
    """ 绘制颜色循环线条 """
    t=np.linspace(-10,10,100)
    def sigmoid(t,t0):
        return 1/(1+np.exp(-(t-t0)))
    nb_colors=len(plt.rcParams['axes.prop_cycle'])
    shifts=np.linspace(-5,5,nb_colors)
    amplitudes=np.linspace(1,1.5,nb_colors)
```

```
        for t0,a in zip(shifts,amplitudes):
            ax.plot(t,a*sigmoid(t,t0),'-')
        ax.set_xlim(-10,10)
        return ax

    def plot_bar_graphs(ax,prng,min_value=5,max_value=25,nb_samples=5):
        """ 绘制两个并排的柱状图 """
        x=np.arange(nb_samples)
        ya,yb=prng.randint(min_value,max_value,size=(2,nb_samples))
        width=0.25
        ax.bar(x,ya,width)
        ax.bar(x+width,yb,width,color='C2')
        ax.set_xticks(x+width,labels=['a','b','c','d','e'])
        return ax

    def plot_colored_circles(ax,prng,nb_samples=15):
        """ 绘制彩色圆形 """
        for sty_dict,j in zip(plt.rcParams['axes.prop_cycle'](),range(nb_samples)):
            ax.add_patch(plt.Circle(prng.normal(scale=3,size=2),
                                    radius=1.0,color=sty_dict['color']))
        ax.grid(visible=True)
        # 添加标题以启用网格
        plt.title('ax.grid(True)',family='monospace',fontsize='small')
        ax.set_xlim([-4,8])
        ax.set_ylim([-5,6])
        ax.set_aspect('equal',adjustable='box')            # 绘制圆形
        return ax

    def plot_image_and_patch(ax,prng,size=(20,20)):
        """ 绘制图像和圆形补丁 """
        values=prng.random_sample(size=size)
        ax.imshow(values,interpolation='none')
        c=plt.Circle((5,5),radius=5,label='patch')
        ax.add_patch(c)
        # 移除刻度
        ax.set_xticks([])
        ax.set_yticks([])

    def plot_histograms(ax,prng,nb_samples=10000):
        """ 绘制 4 个直方图和一个文本注释 """
        params=((10,10),(4,12),(50,12),(6,55))
        for a,b in params:
            values=prng.beta(a,b,size=nb_samples)
            ax.hist(values,histtype="stepfilled",bins=30,alpha=0.8,density=True)
        # 添加小注释
        ax.annotate('Annotation',xy=(0.25,4.25),
```

```
                xytext=(0.9,0.9),textcoords=ax.transAxes,
                va="top",ha="right",
                bbox=dict(boxstyle="round",alpha=0.2),
                arrowprops=dict(arrowstyle="->",
                        connectionstyle="angle,angleA=-95,angleB=35,rad=10"),)
    return ax

def plot_figure(style_label=""):
    """ 设置并绘制具有给定样式的演示图 """
    # 在不同的图之间使用专用的 RandomState 实例绘制相同的“随机”值
    prng=np.random.RandomState(96917002)
    # 创建具有特定样式的图和子图
    fig,axs=plt.subplots(ncols=6,nrows=1,num=style_label,
                        figsize=(14.8,2.8),layout='constrained')

    # 添加统一的标题，标题颜色与背景颜色相匹配
    background_color=mcolors.rgb_to_hsv(
        mcolors.to_rgb(plt.rcParams['figure.facecolor']))[2]
    if background_color<0.5:
        title_color=[0.8,0.8,1]
    else:
        title_color=np.array([19,6,84])/256
    fig.suptitle(style_label,x=0.01,ha='left',color=title_color,
                fontsize=14,fontfamily='DejaVu Sans',fontweight='normal')
    plot_scatter(axs[0],prng)
    plot_image_and_patch(axs[1],prng)
    plot_bar_graphs(axs[2],prng)
    plot_colored_lines(axs[3])
    plot_histograms(axs[4],prng)
    plot_colored_circles(axs[5],prng)
    # 添加分隔线
    rec=Rectangle((1+0.025,-2),0.05,16,clip_on=False,color='gray')
    axs[4].add_artist(rec)

if __name__=="__main__":
    # 获取所有可用的样式列表，按字母顺序排列
    style_list=['default','classic']+sorted(
        style for style in plt.style.available
        if style != 'classic' and not style.startswith('_'))

    # 绘制每种样式的演示图
    for style_label in style_list:
        with plt.rc_context({"figure.max_open_warning":len(style_list)}):
            with plt.style.context(style_label):
                plot_figure(style_label=style_label)
    plt.show()
```

上述代码使用了 Matplotlib 库来绘制多种样式的演示图。它包含一系列函数来绘制不同类型的图形，例如散点图、线条、柱状图、圆形等，并在每个图形上添加了注释和其他元素。通过循环遍历可用的样式列表，将每种样式应用到图形中，最终展示了每种样式下的演示图。取其中 3 个用于展示，如图 3-12 所示。

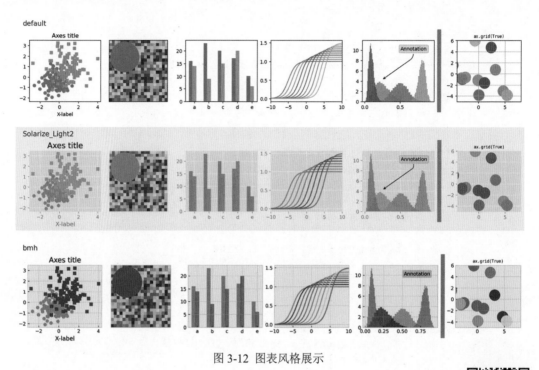

图 3-12 图表风格展示

3.2 Seaborn

Seaborn 是一个基于 Matplotlib 的 Python 数据可视化库，它提供了更高级别的接口用于创建各种统计图表，使得创建漂亮且信息丰富的图形变得更加简单。Seaborn 与 Pandas 数据框架集成良好，并提供了一些额外的功能，使得数据可视化变得更加轻松。

3.2.1 绘图函数

Seaborn 提供了许多方便的函数，如表 3-2 所示，可以轻松地创建各种常见的统计图形，包括散点图、直方图、箱线图等。

表3-2　绘图函数

类　型	函　数	主要参数	类　型	函　数	主要参数
点图	sns.pointplot	data,x,y,hue,markers	分类散点图	sns.stripplot	data,x,y,hue,jitter
散点图	sns.scatterplot	data,x,y,hue	分类箱型图	sns.boxenplot	data,x,y,hue
线性图	sns.lineplot	data,x,y,hue	分类散点图	sns.swarmplot	data,x,y,hue
直方图	sns.histplot	data,x,bins,kde	矩阵散点图	sns.scatterplot	data,x,y,hue
箱型图	sns.boxplot	data,x,y,hue	联合分布图	sns.jointplot	data,x,y,kind
小提琴图	sns.violinplot	data,x,y,hue	聚焦关系图	sns.pairplot	data,vars,kind
条形图	sns.barplot	data,x,y,hue,ci	核密度图	sns.kdeplot	data,x,y,shade
计数图	sns.countplot	data,x,hue	群组条形图	sns.barplot	data,x,y,hue,ci
热力图	sns.heatmap	data,annot,cmap	相关矩阵图	sns.heatmap	data,annot,cmap
聚类图	sns.clustermap	data,cmap,metric	群组散点图	sns.lmplot	data,x,y,hue,col
成对图	sns.pairplot	data,hue,palette			

【例 3-12】使用自带数据集，利用 Seaborn 函数绘图。

```
import seaborn as sns
import matplotlib.pyplot as plt

# 加载数据集
iris=sns.load_dataset("D:/DingJB/PyData/iris")
tips=sns.load_dataset("D:/DingJB/PyData/tips")
car_crashes=sns.load_dataset("car_crashes")
penguins=sns.load_dataset("D:/DingJB/PyData/penguins")
diamonds=sns.load_dataset("D:/DingJB/PyData/diamonds")

plt.figure(figsize=(15,8))                              # 设置画布
# 第 1 幅图：iris 数据集的散点图
plt.subplot(2,3,1)
sns.scatterplot(x="sepal_length",y="sepal_width",hue="species",data=iris)
plt.title("Iris scatterplot")

# 第 2 幅图：tips 数据集的箱线图
plt.subplot(2,3,2)
tips=sns.load_dataset("D:/DingJB/PyData/tips")
sns.boxplot(x="day",y="total_bill",hue="smoker",data=tips)
plt.title("Tips boxplot")

# 第 3 幅图：tips 数据集的小提琴图
plt.subplot(2,3,3)
sns.violinplot(x="day",y="total_bill",hue="smoker",data=tips)
plt.title("Tips violinplot")
```

```
# 第 4 幅图：car_crashes 数据集的直方图
plt.subplot(2,3,4)
sns.histplot(car_crashes['total'],bins=20)
plt.title("Car Crashes histplot")

# 第 5 幅图：penguins 数据集的点图
plt.subplot(2,3,5)
sns.pointplot(x="island",y="bill_length_mm",hue="species",data=penguins)
plt.title("Penguins pointplot")

# 第 6 幅图：diamonds 数据集的计数图
plt.subplot(2,3,6)
sns.countplot(x="cut",data=diamonds)
plt.title("Diamonds countplot")

plt.tight_layout()
plt.show()
```

上述代码使用 Seaborn 和 Matplotlib 库绘制了散点图、箱线图、小提琴图、直方图、点图和计数图，展示了不同数据集的可视化图形。每个子图展示了不同数据集的特征或关系，如鸢尾花数据集中不同种类的散点分布，小费数据集中吸烟者与非吸烟者在不同天数消费总额的箱线图等。运行后输出的图形如图 3-13 所示。

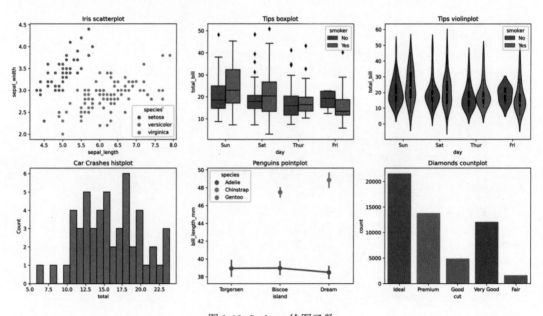

图 3-13 Seaborn 绘图函数

3.2.2 绘图风格

Seaborn 提供了多种图表风格供用户选择，以适应不同的需求和偏好。通过设置不同的图表风格，可以使图表更具可读性和美观性，以便更好地展示数据。这些图表风格可以通过设置 sns.set_style() 来实现。常用的几种图表风格如表 3-3 所示。

表3-3　绘图风格

风　　格	含　　义	风　　格	含　　义
darkgrid	深色网格（默认）	white	白色背景
whitegrid	白色网格	ticks	刻度线
dark	深色背景		

如果需要定制 Seaborn 风格，则可以将一个字典参数传递给 set_style() 或 axes_style() 的参数 rc，具体参数设置方法可参考相关教程。

【例 3-13】通过 Seaborn 自带数据集演示图表风格的设置示例。

```
import seaborn as sns
import matplotlib.pyplot as plt

sns.set_style("darkgrid")                    # 设置图表风格为 darkgrid
iris=sns.load_dataset("iris")                # 加载 iris 数据集

# 绘制花瓣长度与宽度的散点图
sns.scatterplot(x="petal_length",y="petal_width",hue="species",data=iris)
plt.title("Scatter Plot of Petal Length vs Petal Width")
plt.show()
```

上述代码使用 Seaborn 和 Matplotlib 库绘制了一个散点图，展示了鸢尾花数据集中花瓣长度与花瓣宽度之间的关系。散点的颜色根据鸢尾花的种类进行了区分，每种颜色代表一种鸢尾花的品种。Seaborn 中的 scatterplot() 函数用于创建散点图，通过指定 x 和 y 参数来设置 X 轴和 Y 轴的数据，hue 参数用于根据指定的分类变量对数据进行着色。运行后输出的图形如图 3-14 所示。

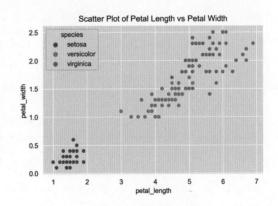

图 3-14 设置图表风格

77

3.2.3 颜色主题

Seaborn 中的颜色主题是指图表中使用的颜色调色板，它决定了图表中不同元素的颜色，用户可以根据需求选择适合自己的颜色主题，常用的颜色主题如表 3-4 所示。使用 sns.set_palette() 方法可以设置颜色主题。

表3-4 常用的颜色主题

主　题	含　义	主　题	含　义
deep	较深的颜色	bright	鲜明的颜色
muted	较暗和较柔和的颜色	dark	深色的颜色
pastel	柔和的颜色	colorblind	适用于色盲的颜色
husl	以人眼感知颜色的顺序为基础的颜色	paired	一组成对的颜色，适合用于成对的数据
viridis	从黑色到亮黄色的颜色映射	cividis	从黑色到黄绿色的颜色映射
plasma	从黑色到亮紫色的颜色映射	icefire	从黑色到亮蓝色的颜色映射
inferno	从黑色到亮橙色的颜色映射	twilight	从暗蓝色到亮黄色的颜色映射
magma	从黑色到亮红色的颜色映射	hsv	从红色到绿色再到蓝色的颜色映射
coolwarm	以白色为中心，左侧为冷色（蓝色），右侧为暖色（红色）	RdBu	以白色为中心，左侧为红色，右侧为蓝色，适合表示正负变化

【例 3-14】通过 Seaborn 自带的数据集演示颜色主题的设置。

```python
import seaborn as sns
import matplotlib.pyplot as plt


sns.set_palette("deep")                          # 设置颜色主题为 deep
tips=sns.load_dataset("tips")                     # 加载 tips 数据集

# 绘制小费金额的小提琴图，按照就餐日期和吸烟者区分颜色
sns.violinplot(x="day",y="total_bill",hue="smoker",data=tips)
plt.title("Tips violinplot")                      # 设置图表标题
plt.show()                                        # 显示图表
```

上述代码使用 Seaborn 绘制了小费金额的小提琴图，根据就餐日期和吸烟者区分颜色，并添加了图表标题。使用 sns.color_palette() 函数可以查看 Seaborn 中可用的颜色主题。该函数可以接受一个参数，用于指定要查看的颜色主题名称，如果不提供参数，则返回当前默认的颜色主题。运行后输出的图形如图 3-15 所示。

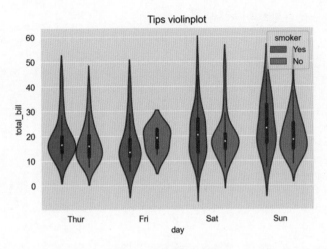

图 3-15　设置颜色主题

【例 3-15】演示查看当前默认的颜色主题和一些常见颜色主题的颜色列表。

```
import seaborn as sns

# 查看当前默认的颜色主题
current_palette=sns.color_palette()
print("Current default color palette:",current_palette)

# 查看常见的颜色主题
print("\nSome common color palettes:")
print("Accent:",sns.color_palette("Accent"))
print("Blues:",sns.color_palette("Blues"))
print("Greens:",sns.color_palette("Greens"))
print("Reds:",sns.color_palette("Reds"))
print("Purples:",sns.color_palette("Purples"))
print("Oranges:",sns.color_palette("Oranges"))
print("YlGnBu:",sns.color_palette("YlGnBu"))
```

3.2.4　图表分面

Seaborn 中的图表分面（FacetGrid）功能允许在一个图中绘制多个子图，每个子图对应数据集中不同的子集或者变量的组合。这种图形分面的方式可以帮助我们更好地理解数据中的模式和关系。

图表分面的主要组件是 FacetGrid 对象，通过调用 Seaborn 中的 facetGrid() 函数可以创建分面。然后使用 map() 方法指定要绘制的图形类型，并传递需要绘制的数据集和变量。

【例 3-16】演示使用图表分面绘制多个散点图。

```
import seaborn as sns
import matplotlib.pyplot as plt

iris=sns.load_dataset("iris")                                  # 加载 iris 数据集

# 创建 FacetGrid 对象，按照种类（'species'）进行分面
g=sns.FacetGrid(iris,col="species",margin_titles=True)
# 在每个子图中绘制花萼长度与花萼宽度的散点图
g.map(sns.scatterplot,"sepal_length","sepal_width")
g.set_axis_labels("Sepal Length","Sepal Width")                # 设置子图标题

plt.show()
```

上述代码使用 Seaborn 库加载了鸢尾花数据集，并创建了一个 FacetGrid 对象。然后，使用 FacetGrid 对象的 map() 方法在每个子图中绘制了花萼长度与花萼宽度的散点图，并设置了子图的轴标签。最后，通过 plt.show() 显示图形。运行后输出的图形如图 3-16 所示。

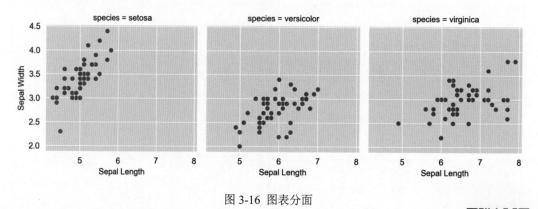

图 3-16 图表分面

3.3 Plotnine

Plotnine 是 Python 中的一个基于 Grammar of Graphics 理论的绘图库，它提供了类似于 R 中的 ggplot2 的绘图功能。图 3-17 展示了 Plotnine 的基本绘图过程。

在使用时，首先需要安装并加载 Plotnine 库：

```
pip install plotnine                    # 用 pip 直接安装
from plotnine import *                  # 导入 plotnine 库
```

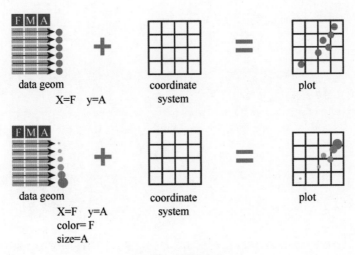

图 3-17 绘图过程

3.3.1 语法框架

Plotnine 库是将绘图过程分为创建画布和导入数据、绘制图形、设置标度、要素美化等几个独立的任务，每个函数只完成其中一项任务，然后通过"+"连接各个类型的函数来完成一幅图形的绘制。绘图过程如下。

（1）创建画布和导入数据：使用 ggplot() 函数创建一个新的绘图画布，并通过 data 参数导入数据集。通过 aes() 函数将数据集映射至几何对象，并设置绘图的美学属性。

（2）绘制图形：使用 geom_<func>() 函数添加几何对象图层，例如 geom_point()、geom_line() 等。或者使用 stat_<func>() 函数添加统计变换图层，例如 stat_density()、stat_bin() 等。

（3）设置标度：使用 scale_<func>() 函数控制各类要素的标度，如 scale_x_continuous()、scale_color_discrete() 等。

（4）设置坐标系：使用 coord_<func>() 函数设置坐标系统，如 coord_cartesian()、coord_polar() 等。

（5）设置分面：使用 facet_<func>() 函数设置分面，例如 facet_wrap()、facet_grid() 等。

（6）要素美化：使用 theme() 函数对各类要素进行美化修饰，例如设置标题、坐标轴标签、背景色等。

（7）保存绘图：使用 ggsave() 函数将所绘的图保存为文件。

综上所述，使用 Plotnine 绘制图形的如下代码：

```
from plotnine import *

p=ggplot(data,aes(...))                              # 创建画布和导入数据
# 添加几何对象图层或统计变换图层
p=p+geom_<func>(aes(...),data,stat,position)
                        # 或者 stat_<func>(aes(...),data,geom,position)

p=p+scale_<func>(...)                                # 设置标度
p=p+coord_<func>(...)                                # 设置坐标系
p=p+facet_<func>(...)                                # 设置分面
p=p+theme(...)                                       # 要素美化

print(p)                                             # 显示图形
ggsave(filename="plot.png",plot=p,dpi=300)           # 保存绘图
```

通过这样的语法框架，可以更清晰地组织绘图代码，使其易于阅读和维护。

【例 3-17】使用 penguins 数据集演示利用 Plotnine 绘制散点图。

```
from plotnine import *
import seaborn as sns

penguins=sns.load_dataset("penguins")        # 加载数据集

p=ggplot(penguins,aes(x='bill_length_mm',y='bill_depth_mm',
                    color='species'))        # 创建画布和导入数据

p=p+geom_point(size=3,alpha=0.7)             # 添加几何对象图层 - 散点图，并进行美化

# 设置标度
p=p+scale_x_continuous(name='Length(mm)')
p=p+scale_y_continuous(name='Depth(mm)')

p=p+theme(legend_position='top',figure_size=(6,4))  # 设置主题和其他参数

# 显示图形并保存绘图
print(p)
ggsave(filename="penguins_plot.png",plot=p,dpi=300)
```

上述代码使用 Plotnine 库（与 ggplot2 兼容的 Python 绘图库）绘制了 penguins 数据集中的散点图，展示了不同物种（species）的海鸟嘴部长度（bill_length_mm）与嘴部深度（bill_depth_mm）之间的关系。图中的点根据物种着色，通过设置点的大小和透明度使图表更具可读性。最后，将绘制的图形保存为 PNG 格式的图片。运行后输出的图形如图 3-18 所示。

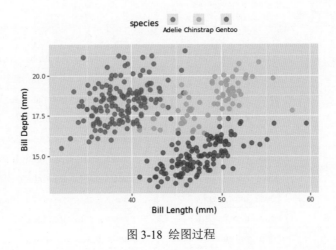

图 3-18　绘图过程

3.3.2　底层函数

　　ggplot() 函数用于创建一个绘图对象，并指定数据的映射方式，让用户能够通过简单的语法来描述数据可视化的构成要素。ggplot() 函数的基本语法结构如下：

```
ggplot(data,aes(mapping))
```

其中，data 表示要绘制的数据集，通常是一个 Pandas 的 DataFrame 或类似的数据结构。aes(mapping) 表示数据的映射方式，即如何将数据中的变量映射到图形的各个属性上。mapping 通常是一个 aes() 函数的调用，用来指定 X 轴、Y 轴、颜色、形状等属性的映射关系。

3.3.3　绘图函数

　　在 Plotnine 中，绘图函数用于向绘图对象中添加不同类型的图层，从而构建出所需的可视化图形。绘图函数的选择取决于所需图形的类型和要展示的数据。常用的绘图函数如表 3-5 所示。

表3-5　绘图函数

图表类型	函数名称	主要参数
散点图	geom_point()	aes(x,y,color,size,shape,alpha,...)
线图	geom_line()	aes(x,y,color,linetype,size,alpha)
柱状图	geom_bar()	aes(x,y,fill,color,alpha,position)
箱线图	geom_boxplot()	aes(x,y,fill,color,alpha,outlier_shape)

Python 数据可视化：科技图表绘制

（续表）

图表类型	函数名称	主要参数
直方图	geom_histogram()	aes(x,y,fill,color,alpha,bins)
平滑曲线图	geom_smooth()	aes(x,y,color,linetype,size,...)
文本标签	geom_text()	aes(x,y,label,color,size,angle,...)
条形图	geom_col()	aes(x,y,fill,color,alpha)
面积图	geom_area()	aes(x,y,fill,color,alpha,linetype)
误差条图	geom_errorbar()	aes(x,ymin,ymax,color,linetype,size)
饼图	geom_bar()	aes(x,y,fill,color,alpha,position)
茎叶图	geom_linerange()	aes(x,ymin,ymax,color,linetype,size)
散点密度图	geom_density_2d()	aes(x,y,fill,color,alpha)
雷达图	geom_polygon()	aes(x,y,fill,color,alpha)
箱线图（水平）	geom_boxploth()	aes(x,y,fill,color,alpha,outlier_shape)
圆点图	geom_point()	aes(x,y,size,fill,color,alpha)
区域填充图	geom_ribbon()	aes(x,ymin,ymax,fill,color,alpha)
边缘直方图	geom_density()	aes(x,fill,color,alpha)
核密度估计图	geom_density()	aes(x,y,fill,color,alpha)
小提琴图	geom_violin()	aes(x,y,fill,color,alpha)
圆环图	geom_bar()	aes(x,y,fill,color,alpha)
2D 核密度图	geom_density_2d()	aes(x,y,fill,color,alpha)
折线图	geom_path()	aes(x,y,fill,color,linetype,size)
正态分布曲线图	geom_density()	aes(x,fill,color,alpha)
气泡图	geom_point()	aes(x,y,size,fill,color,alpha)
平行坐标图	geom_path()	aes(x,y,group,fill,color,alpha)
棒棒糖图	geom_lollipop()	aes(x,y,group,fill,color,alpha)
热力图	geom_tile()	aes(x,y,fill,color,alpha)
箱型图（分面）	geom_boxplot()	aes(x,y,fill,color,alpha,outlier_shape)
曲线图	geom_curve()	aes(x,y,xend,yend,color,size,alpha)
带标签的散点图	geom_label()	aes(x,y,label,fill,color,alpha)
地图	geom_map()	aes(x,y,fill,color,alpha)

【例 3-18】使用自带数据集利用 plotnine() 函数绘图。

```
from plotnine import *
from plotnine.data import *
import pandas as pd
```

84

```
# 散点图——mpg 数据集
p1=(ggplot(mpg)+
    aes(x='displ',y='hwy')+
    geom_point(color='blue')+
    labs(title='Displacement vs Highway MPG')+
    theme(plot_title=element_text(size=14,face='bold')))

# 箱线图——diamonds 数据集
p2=(ggplot(diamonds.sample(1000))+
    aes(x='cut',y='price',fill='cut')+
    geom_boxplot()+
    labs(title='Diamond Price by Cut')+
    scale_fill_brewer(type='qual',palette='Pastel1')+
    theme(plot_title=element_text(size=14,face='bold')))

# 直方图——msleep 数据集
p3=(ggplot(msleep)+
    aes(x='sleep_total')+
    geom_histogram(bins=20,fill='green',color='black')+
    labs(title='Total Sleep in Mammals')+
    theme(plot_title=element_text(size=14,face='bold')))

# 线图——economics 数据集
p4=(ggplot(economics)+
    aes(x='date',y='unemploy')+
    geom_line(color='red')+
    labs(title='Unemployment over Time')+
    theme(plot_title=element_text(size=14,face='bold')))

# 条形图——presidential 数据集
presidential['duration']=(presidential['end']-presidential['start']).dt.days
p5=(ggplot(presidential)+
    aes(x='name',y='duration',fill='name')+
    geom_bar(stat='identity')+
    labs(title='Presidential Terms Duration')+
    scale_fill_hue(s=0.90,l=0.65)+
    theme(axis_text_x=element_text(rotation=90,hjust=1),
          plot_title=element_text(size=14,face='bold')))

# 折线图——midwest 数据集
p6=(ggplot(midwest)+
    aes(x='area',y='popdensity')+
    geom_line(color='purple')+
    labs(title='Population Density vs Area')+
```

```
        theme(plot_title=element_text(size=14,face='bold')))

# 直接显示所有图形
plots=[p1,p2,p3,p4,p5,p6]
for plot in plots:
    print(plot)
```

上述代码使用 Plotnine 库绘制了 6 个不同数据集的图形，包括散点图、箱线图、直方图、线图和条形图。每个图形都具有自己的数据集和特定的视觉设置，例如颜色、标题和图例。通过循环打印每个图形，直接在终端显示图形的输出。运行后输出的图形如图 3-19 所示。

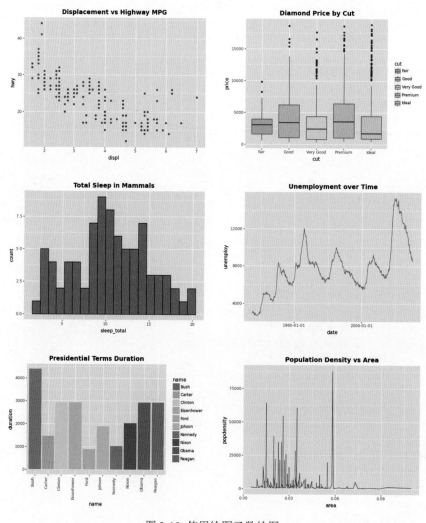

图 3-19 使用绘图函数绘图

3.3.4 图表主题

在 Plotnine 中，主题（Theme）是用来控制图形外观的一组参数，包括背景色、网格线、字体大小、颜色等。Plotnine 的主题系统灵感来自 R 语言中的 ggplot2，它提供了一种灵活的方式来定制和美化图形。通过调整这些参数，用户可以改进图形的视觉效果，使其既美观又易于理解。

1. 基础主题

Plotnine 提供了几个预定义的主题，每个主题都有一组特定的样式设置。这些主题可以通过简单的函数调用来应用。常用的主题如表 3-6 所示。

表3-6 常用的主题

函　数	描　述
theme_light()	浅色背景和简洁的线条
theme_dark()	深色背景，适合在深色模式下显示
theme_bw()	经典的黑白主题，有黑色边框和白色背景
theme_minimal()	最小主题，有最少的背景干扰和修饰
theme_classic()	传统的外观，无网格线，有轴线
theme_xkcd()	模仿了流行的xkcd漫画的风格，提供了一种更为轻松和有趣的视觉效果

2. 自定义主题

除预定义的主题外，Plotnine 还允许用户自定义图形的各个方面。这是通过使用 theme() 函数并设置其参数来实现的。部分可以调整元素的函数如表 3-7 所示。

表3-7 调整函数

函　数	含　义	函　数	含　义
axis_text_x	X轴的文本样式	axis_text_y	Y轴的文本样式
axis_title_x	X轴的标题样式	axis_title_y	Y轴的标题样式
plot_background	图形的背景样式	panel_background	面板的背景样式
legend_position	图例的位置样式	legend_background	图例的背景样式
figure_size	图形的大小		

【例 3-19】使用自带数据集演示主题的定义。

```
from plotnine import *
```

Python 数据可视化：科技图表绘制

```
from plotnine.data import mpg

# 创建散点图
p=(ggplot(mpg,aes(x='displ',y='hwy',color='displ'))+
    geom_point()+                                      # 添加点图层
    scale_color_gradient(low='blue',high='red')+       # 设置颜色渐变
    labs(title='Engine Displacement vs. Highway MPG',  # 设置图表标题
        x='Engine Displacement (L)',                   # 设置X轴标题
        y='Miles per Gallon (Highway)')+               # 设置Y轴标题
    theme_minimal()+                                   # 使用最小主题
    theme(axis_text_x=element_text(angle=45,hjust=1),  # 自定义X轴文字样式
        axis_text_y=element_text(color='darkgrey'),    # 自定义Y轴文字样式
        plot_background=element_rect(fill='whitesmoke'), # 自定义图表背景色
        panel_background=element_rect(fill='white',
                        color='black',size=0.5),       # 自定义面板背景和边框
        panel_grid_major=element_line(color='lightgrey'),
                                                       # 自定义主要网格线的颜色
        panel_grid_minor=element_line(color='lightgrey',linestyle='--'),
                                                       # 自定义次要网格线的样式
        legend_position='right',                       # 设置图例位置
        figure_size=(8,6)))                            # 设置图形大小

print(p)                                               # 显示图表
```

上述代码使用 Plotnine 库创建了一个散点图，用于展示汽车发动机排量与高速公路油耗之间的关系。图表设置了标题、轴标签，并使用颜色渐变来突出不同排量值的数据点。同时，自定义了图表的主题、轴文本样式、背景色、网格线样式，以及图例的位置和图形大小。运行后输出的图形如图 3-20 所示。

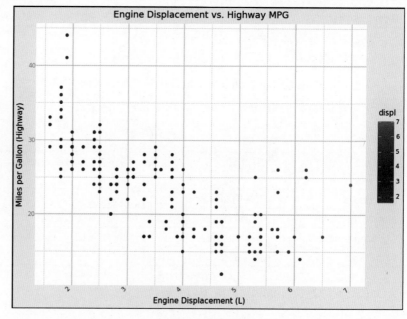

图 3-20 定义主题

88

3.3.5 图表分面

在 Plotnine 中，图表分面（或分面绘图）是一种显示数据子集比较强大的技术，使得不同子集的图表排列在一个网格布局中。Plotnine 借鉴了 ggplot2 的语法，提供了 facet_wrap() 和 facet_grid() 两个函数来实现分面功能。

1. facet_wrap()

facet_wrap() 函数将数据集分成多个面板，每个面板表示数据的一个子集。这些面板按照指定的变量包裹成一行或多行。如果你有一个分类变量，并希望对每个类别生成一个图形，则 facet_wrap() 是一个好选择。

按照 mpg 数据集中的 class 变量进行分面，每种车型的数据都会显示在不同的面板中。

```python
from plotnine import *
from plotnine.data import mpg

# 创建散点图并按照 'class' 变量进行分面，添加颜色渐变
p=(ggplot(mpg,aes(x='displ',y='hwy',color='displ'))+
    geom_point()+
    scale_color_gradient(low='blue',high='orange')+      # 添加颜色渐变
    facet_wrap('~class')+                                 # 按照汽车类型分面
    labs(title='Engine Displacement vs. Highway MPG by Vehicle Class',
        x='Engine Displacement (L)',
        y='Miles per Gallon (Highway)'))
print(p)
```

上述代码使用 Plotnine 库创建了一个散点图，按照车辆类型进行分面，并添加了颜色渐变来突出不同排量值的数据点。图表展示了汽车发动机排量与高速公路油耗之间的关系，每个子图代表不同类型的汽车。运行后输出的图形如图 3-21 所示。

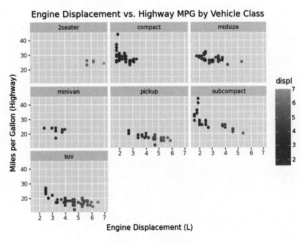

图 3-21　分面 1

2. facet_grid()

facet_grid() 函数用于创建一个由行和列组成的网格布局，这样可以根据两个分类变量来探索数据之间的关系，适合同时根据两个分类变量对数据进行分组和比较的情况。

按照驱动类型分为不同的行，而每行内部将根据车辆类型进一步划分为不同的列。

```python
from plotnine import *
from plotnine.data import mpg

# 创建散点图并按照 class 变量进行分面，根据 drv 变量映射颜色
p=(ggplot(mpg,aes(x='displ',y='hwy',color='drv'))+
    geom_point()+                                        # 添加点图层
    scale_color_brewer(type='qual',palette='Set1')+     # 使用定性的颜色方案
    facet_grid('drv ~ class')+                           # 行是驱动类型，列是汽车类型
    labs(title='Engine Displacement vs. Highway MPG by Vehicle Class',
            x='Engine Displacement (L)',
            y='Miles per Gallon (Highway)')+
    theme_light()+                                       # 使用亮色主题
    theme(figure_size=(10,6),                            # 调整图形大小
            strip_text_x=element_text(size=10,color='black',angle=0),
                                                         # 自定义分面标签的样式
            legend_title=element_text(color='blue',size=10),
                                                         # 自定义图例标题的样式
            legend_text=element_text(size=8),            # 自定义图例文本的样式
            legend_position='right'))                    # 调整图例位置
print(p)
```

上述代码使用 Plotnine 库创建了一个散点图，按照车辆类型和驱动类型进行分面，并根据 drv 变量映射颜色。图表展示了汽车发动机排量与高速公路油耗之间的关系，每个子图代表不同类型和驱动类型的汽车。运行后输出的图形如图 3-22 所示。

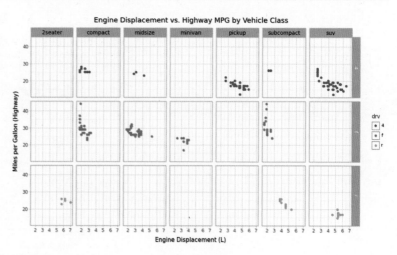

图 3-22 分面 2

说明 facet_wrap() 和 facet_grid() 还提供了其他选项来自定义分面图的外观，例如控制图形的布局（行数和列数）、面板标签的样式和排列等。

3.4　本章小结

本章介绍了 Python 绘图系统，主要涉及 Matplotlib、Seaborn 和 Plotnine。首先，详细讨论了 Matplotlib，包括图表对象、创建图形、添加子图与布局、图表元素函数、绘图函数和坐标系等内容，同时介绍了图表的不同风格。接着介绍了 Seaborn，包括绘图函数、绘图风格、颜色主题和图表分面的应用。最后探讨了 Plotnine，包括语法框架、底层函数、绘图函数以及图表主题和分面等方面的内容。通过本章的学习，读者将掌握多种 Python 绘图工具的使用方法，为数据可视化提供丰富的选择和灵活性。

第4章

类别比较数据可视化

类别比较数据可视化是一种用于呈现和分析离散或分类变量的数据可视化方法。类别数据（也称为离散数据）是一种具有有限数量的可能取值的数据类型，它表示了不同的类别、类型或标签。类别数据可视化的目标是展示不同类别之间的关系、频率分布以及类别的比较，帮助用户更好地理解数据中的模式、趋势和关联信息。

4.1 柱状图

柱状图（Bar Chart）用于显示不同类别或组之间的比较或分布情况。它由一系列垂直的矩形柱组成，每个柱子的高度表示对应类别或组的数值大小。当柱水平排列时，又称为条形图。

柱状图的主要目的是帮助观察者直观地比较不同类别或组之间的差异、趋势或分布情况。在柱状图中，通常有以下要素。

（1）X轴（水平轴）：用于表示不同的类别或组。每个柱子通常对应一个类别。

（2）Y轴（垂直轴）：用于表示数值的大小或数量。Y轴可以表示各种度量，如计数、百分比、频率等，具体取决于数据类型和分析目的。

（3）柱子（矩形条）：每个柱子的高度代表相应类别或组的数值大小。柱子的宽度可以是固定的，也可以是可调整的。

（4）填充颜色：柱子可以使用不同的填充颜色来区分不同的类别或组。颜色选择可以根据需要进行调整，以提高可读性或强调特定的类别。

柱状图可以根据不同的分类方式进行绘制，以展示不同类别或组之间的比较或分布情况。柱状图常见的分类包括：单一柱状图、分组柱状图、堆积柱状图、百分比柱状图、均值柱状图等。在 Python 中，绘制柱状图最常用的库是 Matplotlib 和 Seaborn。

Matplotlib 绘制柱状图的主要函数是 plt.bar()，它接受 x 和 height 参数来指定每个柱的位置和高度。使用 plt.bar() 可以绘制简单的柱状图，通过设置参数来定制柱状图的样式、颜色和标签等。

除 plt.bar() 外，Matplotlib 还提供了其他绘制柱状图的函数，如 plt.barh()（绘制水平柱状图）、plt.hist()（绘制直方图）等。

Seaborn 中绘制柱状图的主要函数是 sns.barplot()，它可以根据数据自动计算柱状图的高度，并提供了许多参数来自定义柱状图的外观。

除 sns.barplot() 外，Seaborn 还提供了其他绘制柱状图的函数，如 sns.countplot()（绘制计数柱状图，用于统计分类变量的频数）、sns.pointplot()（绘制点线图，用于显示分类变量的平均值和置信区间）等。

1. 单一柱状图

在单一柱状图中，每个柱子代表一个类别或组，并显示该类别或组的数值。这种柱状图通常用于表示不同类别之间的数量或大小差异。

【例 4-1】采用 5 个类别及对应的值创建单一柱状图。输入如下代码：

```python
import pandas as pd                    # 导入 Pandas 库并简写为 pd
import matplotlib.pyplot as plt        # 导入 matplotlib.pyplot 模块并简写为 plt

# 自定义数据集
data=pd.DataFrame({'category':["A","B","C","D","E"],
                   'value':[10,15,7,12,8]})    # 创建一个包含类别和值的 DataFrame
# 查看数据结构
print("数据结构：")
print(data)                                    # 输出

# 创建单一柱状图
plt.figure(figsize=(6,4))                      # 创建图形对象，并设置图形大小
plt.bar(data['category'],data['value'],color='steelblue')
```

```
                              # 绘制柱状图,指定 X 轴为类别、Y 轴为值,柱状颜色为钢蓝色
plt.xlabel('Category')        # 设置 X 轴标签
plt.ylabel('Value')                              # 设置 Y 轴标签
plt.title('Single Bar Chart')                    # 设置图表标题

# 添加网格线,采用虚线,设置为灰色,透明度为 0.5
plt.grid(linestyle='-',color='gray',alpha=0.5)
plt.show()
```

上述代码使用 Pandas 和 Matplotlib 库绘制了一个简单的单一柱状图。首先,使用 Pandas 创建了一个包含类别和值的 DataFrame。然后,使用 Matplotlib 绘制了柱状图,指定了 X 轴为类别、Y 轴为值,柱状颜色为钢蓝色,并添加了标签和标题。最后,通过 plt.grid() 函数添加了网格线。数据框如图 4-1 所示,输出的结果如图 4-2 所示。

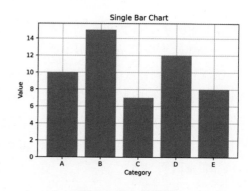

索引	category	value
0	A	10
1	B	15
2	C	7
3	D	12
4	E	8

图 4-1 数据框

图 4-2 单一柱状图

2. 分组柱状图

分组柱状图将不同类别或组的柱子并排显示,以便直观比较它们之间的差异。每个类别或组可以由不同颜色的柱子表示,使得观察者可以快速识别不同类别或组的数值。

【例 4-2】创建包含 5 个类别和 4 个对应的数值列的分组柱状图。输入如下代码:

```
import pandas as pd                      # 导入 Pandas 库并简写为 pd
import matplotlib.pyplot as plt          # 导入 matplotlib.pyplot 模块并简写为 plt

# 自定义一个包含多列数据的数据框 DataFrame,包含类别和多列值
data=pd.DataFrame({'category':["A","B","C","D","E"],
                   'value1':[10,15,7,12,8],'value2':[6,9,5,8,4],
                   'value3':[3,5,2,4,6],'value4':[9,6,8,3,5]})
# 查看数据框
print("Data Structure: ")
print(data)                                        # 输出
```

```
# 创建分组柱状图
data.plot(x='category',kind='bar',figsize=(6,4))
                        # 使用 DataFrame 的 plot() 方法绘制分组柱状图
                        # 指定 X 轴为 'category' 列,图表类型为 'bar',图形大小为 (6,4)
plt.xlabel('Category')                # 设置 X 轴标签
plt.xticks(rotation=0)                # 旋转 X 轴文本,使其水平显示
plt.ylabel('Value')                   # 设置 Y 轴标签
plt.title('Grouped Bar Chart')        # 设置图表标题
plt.legend(title='Values')            # 添加图例,并设置标题为 'Values'
plt.show()
```

上述代码创建了一个包含多列数据的 DataFrame,并使用 DataFrame 的 plot() 方法绘制了一个分组柱状图。DataFrame 中的每一列都代表一个值,而 X 轴则是 'category' 列。图表的类型被指定为 'bar',并且设置了图形大小为 (6,4)。然后,通过 Matplotlib 添加了 X 轴和 Y 轴的标签、图表的标题以及图例,其中图例的标题是 'Values'。数据框如图 4-3 所示。输出的结果如图 4-4 所示。

索引	category	value1	value2	value3	value4
0	A	10	6	3	9
1	B	15	9	5	6
2	C	7	5	2	8
3	D	12	8	4	3
4	E	8	4	6	5

图 4-3 数据框

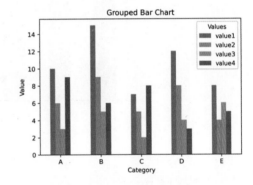

图 4-4 分组柱状图

3. 堆积柱状图

堆积柱状图将不同类别或组的柱子叠加显示,以显示整体和各个部分的关系。每个柱子的高度表示该类别或组的总数值,而不同颜色的部分表示该类别或组在总数值中的占比。

【例 4-3】创建包含 5 个类别和 4 个对应的数值列的堆积柱状图。输入如下代码:

```
# 续上例,将 'category' 列设置为索引,并创建堆积柱状图
data.set_index('category').plot(kind='bar',stacked=True,figsize=(6,4))
        # 使用 DataFrame 的 plot() 方法绘制堆积柱状图
        # 设置索引为 'category' 列,图表类型为 'bar',堆积模式为 True,图形大小为 (6,4)
```

95

```
plt.xlabel('Category')                  # 设置 X 轴标签
plt.ylabel('Value')                     # 设置 Y 轴标签
plt.title('Stacked Bar Chart')          # 设置图表标题
plt.xticks(rotation=0)                  # 旋转 X 轴文本，使其水平显示

# 添加图例，并设置标题为 'Values'，并放置在图的右侧
plt.legend(title='Values',loc='center left',bbox_to_anchor=(1,0.5))
plt.show()
```

上述代码将 'category' 列设置为索引，并使用 DataFrame 的 plot() 方法绘制了一个堆积柱状图。堆积模式被设置为 True，这意味着每个类别的不同值将堆叠在一起。然后，通过 Matplotlib 添加了 X 轴和 Y 轴的标签、图表的标题以及图例，其中图例的标题为 'Values'，并且放置在图的右侧。输出的结果如图 4-5 所示。

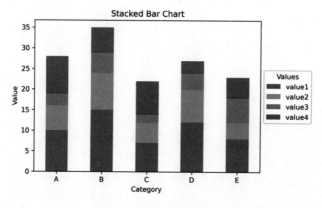

图 4-5 堆积柱状图

4. 百分比柱状图

百分比柱状图是一种堆积柱状图的变体，用于显示各个类别或组在整体中的百分比。每个柱子的高度表示整体的百分比，而不同颜色的部分表示各个类别或组的相对百分比。

【例 4-4】创建包含 5 个类别和 4 个对应的数值列的百分比柱状图。输入如下代码：

```
# 续上例，创建百分比柱状图
# 复制数据集到新的 DataFrame，以便进行百分比计算
data_percentage=data.copy()

# 计算每个数值列的百分比，除以每行的总和并乘以 100
data_percentage.iloc[:,1:]=data_percentage.iloc[:,1:].div(
    data_percentage.iloc[:,1:].sum(axis=1),axis=0)*100

data_percentage.set_index('category').plot(kind='bar', stacked=True,
```

```
                                   figsize=(6,4))
                                   # 创建百分比堆叠柱状图，设置索引为 'category' 列
                                   # 图表类型为 'bar'，堆积模式为 True，图形大小为 (6,4)
plt.xlabel('Category')                      # 设置 X 轴标签
plt.ylabel('Percentage')                    # 设置 Y 轴标签
plt.title('Percentage Stacked Bar Chart')   # 设置图表标题
plt.xticks(rotation=0)                       # 旋转 X 轴文本，使其水平显示

# 添加图例，并设置标题为 'Values'，并放置在图的右侧
plt.legend(title='Values',loc='center left',bbox_to_anchor=(1,0.5))
plt.show()
```

上述代码在之前的基础上创建了一个百分比堆叠柱状图。首先，复制原始数据集到一个新的 DataFrame，然后计算了每个数值列的百分比，方法是将每个值除以该行的总和，并乘以 100。接着，使用 plot() 方法绘制了堆积柱状图，设置了索引为 'category' 列，图表类型为 'bar'，堆积模式为 True，并将图形大小设置为 (6,4)。最后，添加了 X 轴标签、Y 轴标签、图表标题和图例，其中图例的标题为 'Values'，并放置在图的右侧。输出的结果如图 4-6 所示。

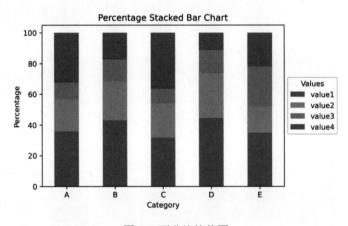

图 4-6 百分比柱状图

5. 均值柱状图

均值柱状图将不同类别或组的均值以柱子的高度表示，同时可使用误差线或置信区间来表示变异范围。这种柱状图通常用于比较均值差异或展示数据的中心趋势。

【例 4-5】创建包含 5 个类别和 4 个对应的数值列的均值柱状图。输入如下代码：

```
import pandas as pd                    # 导入 Pandas 库并简写为 pd
import matplotlib.pyplot as plt        # 导入 matplotlib.pyplot 模块并简写为 plt
```

```
import seaborn as sns                          # 导入 Seaborn 库并简写为 sns

# 创建一个包含类别、值和标准差的 DataFrame 数据集
data=pd.DataFrame({'category':["A","B","C","D","E"],
                   'value':[10,15,7,12,8],'std':[1,2,1.5,1.2,2.5]})

# 计算每个类别的均值和标准差
mean_values=data['value']
std_values=data['std']

colors=sns.color_palette("Set1",n_colors=len(data))      # 创建颜色调色板
# 创建均值柱状图
plt.figure(figsize=(6,4))                                # 创建图形对象，并设置图形大小
bars=plt.bar(data['category'],mean_values,color=colors)
          # 绘制柱状图，指定 X 轴为类别，Y 轴为均值，柱状颜色为颜色调色板中的颜色

# 添加误差线
for i,(bar,std)in enumerate(zip(bars,std_values)):
    plt.errorbar(bar.get_x()+bar.get_width()/2,bar.get_height(),
                                        # 在柱状图的中心位置添加误差线
                 yerr=std,fmt='none',color='black',ecolor='gray',
                                        # 设置误差线的样式和颜色
                 capsize=5,capthick=2)      # 设置误差线的帽子大小和线宽
# 添加标题和标签
plt.xlabel('Category')                       # 设置 X 轴标签
plt.ylabel('Mean Value')                     # 设置 Y 轴标签
plt.title('Mean Bar Chart with Error Bars')  # 设置图表标题

# 设置网格线的样式、颜色和透明度
plt.grid(axis='both',linestyle='-',color='gray',alpha=0.5)
plt.show()
```

上述代码绘制了一个带有误差条的均值柱状图。首先，创建了一个包含类别、值和标准差的 DataFrame 数据集。然后，计算了每个类别的均值和标准差。接着，使用 Seaborn 库创建了一个颜色调色板，并将其用于绘制柱状图的颜色。在绘制柱状图后，通过循环遍历每个柱子，并使用 errorbar() 函数添加了误差线。最后，添加了 X 轴标签、Y 轴标签、图表标题，并设置了网格线的样式、颜色和透明度。输出的结果如图 4-7 所示。

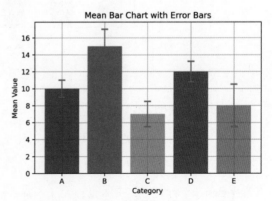

图 4-7 均值柱状图

6. 不等宽柱状图

不等宽柱状图中每个柱形的宽度不相等，而是根据某个变量的值来确定的。较大的数值对应的柱形宽度较宽，而较小的数值对应的柱形宽度较窄。

不等宽柱状图的宽度表示了另一个维度的信息，这可以是某个连续变量、离散变量或者数据的权重。通过使用不等宽柱状图，可以更直观地展示柱形之间的差异。

【例 4-6】创建包含 5 个类别和 5 个对应的值及宽度值的不等宽柱状图。输入如下代码：

```
import pandas as pd
import matplotlib.pyplot as plt

# 创建数据集
data=pd.DataFrame({'category':["A","B","C","D","E"],
                   'value':[10,15,7,12,8],
                   'width':[0.8,0.4,1.0,0.5,0.9]})
print("数据结构："),print(data)                # 查看数据框

# 自定义颜色列表，每个柱子使用不同的配色
colors=['red','green','blue','orange','purple']
# 创建不等宽柱状图
plt.figure(figsize=(6,4))
for i in range(len(data)):
    plt.bar(data['category'][i],data['value'][i],
        width=data['width'][i],color=colors[i])

# 添加标题和标签
plt.xlabel('Category')
plt.ylabel('Value')
plt.title('Unequal Width Bar Chart')

# 设置网格线
plt.grid(axis='both',linestyle='-',color='gray',alpha=0.5)
plt.show()
```

上述代码创建了一个不等宽柱状图。首先，创建了一个包含类别、值和柱子宽度的 DataFrame 数据集。然后，定义了一个颜色列表，用于为每个柱子指定不同的颜色。接着，使用循环遍历数据集中的每一行，并根据每行的类别、值和宽度绘制了柱状图。最后，添加了 X 轴标签、Y 轴标签、图表标题，并设置了网格线的样式、颜色和透明度。数据框如图 4-8 所示。输出的结果如图 4-9 所示。

Python 数据可视化：科技图表绘制

索引	category	value	width
0	A	10	0.8
1	B	15	0.4
2	C	7	1
3	D	12	0.5
4	E	8	0.9

图 4-8 数据框

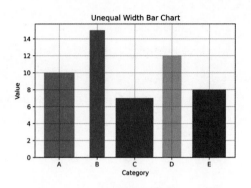

图 4-9 不等宽柱状图

7. 有序柱状图

【例 4-7】基于 mpg_ggplot2.csv 数据集创建有序柱状图，以显示不同制造商制造的汽车的城市里程，并在图表上方添加度量标准的值。输入如下代码：

```
import pandas as pd
import matplotlib.pyplot as plt
import matplotlib.patches as patches

df_raw=pd.read_csv("D:/DingJB/PyData/mpg_ggplot2.csv")      # 读取原始数据
# 按制造商分组，并计算每个制造商的平均城市里程
df=df_raw[['cty','manufacturer']].groupby('manufacturer').apply(
    lambda x:x.mean())

# 按城市里程排序数据
df.sort_values('cty',inplace=True)                          # 按城市里程排序数据
df.reset_index(inplace=True)                                # 重置索引

# 绘图
# 创建图形和坐标轴对象
fig,ax=plt.subplots(figsize=(10,6),facecolor='white',dpi=80)

# 使用 vlines() 绘制垂直线条，代表城市里程
ax.vlines(x=df.index,ymin=0,ymax=df.cty,color='firebrick',
          alpha=0.7,linewidth=20)

# 添加文本注释
# 在每个条形的顶部添加数值标签
for i,cty in enumerate(df.cty):
    ax.text(i,cty+0.5,round(cty,1),horizontalalignment='center')

# 设置标题、标签、刻度和 Y 轴范围
ax.set_title('Bar Chart for Highway Mileage',
             fontdict={'size':18})                          # 设置标题
```

100

```
ax.set(ylabel='Miles Per Gallon',ylim=(0,30))            # 设置 Y 轴标签和范围
plt.xticks(df.index,df.manufacturer.str.upper(),rotation=60,
          horizontalalignment='right',fontsize=8)    # 设置 X 轴标签

# 添加补丁以为 X 轴标签着色
# 创建两个补丁对象，用于着色 X 轴标签的背景
p1=patches.Rectangle((.57,-0.005),width=.33,height=.13,alpha=.1,
                    facecolor='green',transform=fig.transFigure) # 创建绿色补丁
p2=patches.Rectangle((.124,-0.005),width=.446,height=.13,alpha=.1,
                    facecolor='red',transform=fig.transFigure)  # 创建红色补丁
# 将补丁对象添加到图形上
fig.add_artist(p1)                                  # 添加绿色补丁
fig.add_artist(p2)                                  # 添加红色补丁
plt.show()
```

上述代码绘制了一个带有城市里程数据的条形图。首先，按制造商分组，并计算每个制造商的平均城市里程。然后，对数据按城市里程进行排序，并重置索引。接着，创建了图形和坐标轴对象，并使用 vlines() 绘制了垂直线条，代表城市里程。在每个条形的顶部添加了数值标签，并设置了标题、标签、刻度和 Y 轴范围。最后，添加了两个补丁对象，用于着色 X 轴标签的背景，并将它们添加到图形上。输出的结果如图 4-10 所示。

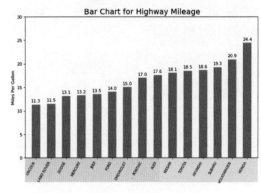

图 4-10　有序柱状图

4.2　条形图

条形图是一种常用的数据可视化图表，用于显示不同类别或组之间的比较或分布情况。与柱状图类似，条形图使用水平或垂直的矩形条（条形）来表示数据。在条形图中，主要有以下要素。

（1）Y 轴（垂直轴）：用于表示不同的类别或组。每个条形通常对应一个类别。

（2）X 轴（水平轴）：用于表示数值的大小或数量。X 轴可以表示各种度量，如计数、百分比、频率等，具体取决于数据类型和分析目的。

（3）条形（矩形条）：每个条形的长度代表相应类别或组的数值大小。条形的宽度可以是固定的，也可以是可调整的。

（4）填充颜色：条形可以使用不同的填充颜色来区分不同的类别或组。颜色选择可以根据需要进行调整，以提高可读性或强调特定的类别。

1．基础条形图

【例 4-8】创建条形图示例。

使用 Matplotlib 包绘制条形图时只需要将 bar() 函数 barh() 函数，将 X-Y 坐标轴对换，即可将柱形图转换成条形图，如图 4-11 所示。

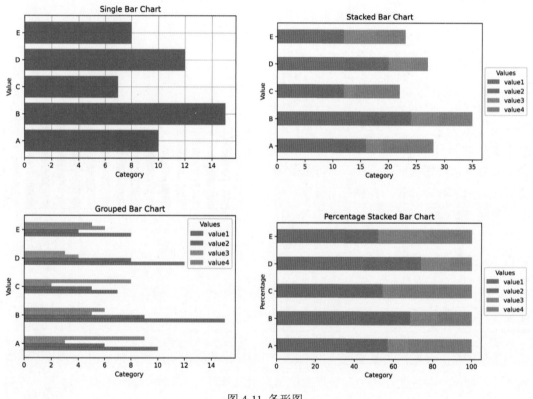

图 4-11 条形图

【例 4-9】基于 mpg_ggplot2.csv 数据集，对制造商进行分组统计，并绘制条形图，展示每个制造商的汽车数量。条形图的颜色随机选择，并为其添加数值标签。输入如下代码：

```
import pandas as pd
import matplotlib.pyplot as plt
import random
```

```
df_raw=pd.read_csv("D:/DingJB/PyData/mpg_ggplot2.csv")      # 导入数据
# 准备数据
df=df_raw.groupby('manufacturer').size().reset_index(name='counts')
                                            # 按制造商分组并计算每个制造商的数量
n=df['manufacturer'].unique().__len__()+1              # 获取唯一制造商的数量
all_colors=list(plt.cm.colors.cnames.keys())          # 获取所有可用的颜色
random.seed(100)                           # 设置随机数种子,确保每次运行生成的颜色相同
c=random.choices(all_colors,k=n)           # 从颜色列表中随机选择 n 个颜色

# 绘制条形图
plt.figure(figsize=(10,6),dpi=80)          # 设置图形大小
plt.barh(df['manufacturer'],df['counts'],color=c,
        height=.5)      # 绘制水平条形图,X 轴为 counts,Y 轴为 manufacturer
for i,val in enumerate(df['counts'].values): # 遍历每个条形并在右侧添加数值标签
    plt.text(val,i,float(val),horizontalalignment='left',
        verticalalignment='center',fontdict={'fontweight':500,'size':12})

# 添加修饰
plt.gca().invert_yaxis()                   # 反转 Y 轴,确保顺序正确显示
plt.title("Number of Vehicles by Manufacturers",
        fontsize=18)                       # 设置标题和字体大小
plt.xlabel('# Vehicles')                   # 设置 X 轴标签
plt.xlim(0,45)                             # 设置 X 轴的范围
plt.show()
```

　　上述代码绘制了一个水平条形图,用于显示每个制造商的汽车数量。首先,按制造商分组并计算每个制造商的数量。然后,获取唯一制造商的数量,并从颜色列表中随机选择相同数量的颜色。接着,绘制水平条形图,并在每个条形的右侧添加数值标签。最后,添加了一些修饰,如标题、标签和 X 轴范围。输出的结果如图 4-12 所示。

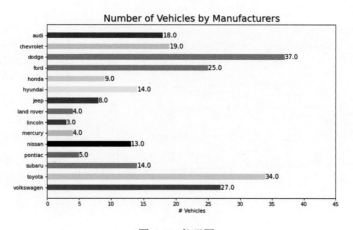

图 4-12　条形图

2. 发散条形图

【例 4-10】基于 mpg_ggplot2.csv 数据集，创建发散条形图展示汽车的里程数据，其中条形的颜色根据数据的标准化值而变化，正值使用绿色，负值使用红色。输入如下代码：

> 说明 发散条形图适用于根据单个指标查看项目的变化情况，并可视化此差异的顺序和数量。它有助于快速区分数据中组的性能，并且非常直观，可以立即传达这一点。

```python
# 导入必要的库
import pandas as pd
import matplotlib.pyplot as plt

df=pd.read_csv("D:/DingJB/PyData/mtcars1.csv")              # 读取数据

# 提取 'mpg' 列作为 x 变量，并计算其标准化值
x=df.loc[:,['mpg']]
df['mpg_z']=(x-x.mean())/x.std()
# 根据 'mpg_z' 列的值确定颜色
df['colors']=['red' if x<0 else 'green' for x in df['mpg_z']]

df.sort_values('mpg_z',inplace=True)          # 根据 'mpg_z' 列的值对数据进行排序
df.reset_index(inplace=True)                  # 重置索引

# 绘制图形①
plt.figure(figsize=(10,8),dpi=80)
plt.hlines(y=df.index,xmin=0,xmax=df.mpg_z,color=df.colors,
           alpha=0.4,linewidth=5)

# 图形修饰
plt.gca().set(ylabel='$Model$',xlabel='$Mileage$')       # 设置 Y 轴和 X 轴标签
plt.yticks(df.index,df.cars,fontsize=12)            # 设置 Y 轴刻度标签和字体大小
plt.title('Diverging Bars of Car Mileage',
          fontdict={'size':20})                     # 设置标题和字体大小
plt.grid(linestyle='--',alpha=0.5)          # 添加网格线
plt.show()
```

上述代码绘制了一个发散条形图，用于展示汽车的里程。首先，提取了数据中的 'mpg' 列作为 x 变量，并计算了其标准化值。然后，根据标准化后的值确定了条形的颜色，如果标准化值小于 0，则颜色为红色，否则为绿色。接着，根据标准化后的值对数据进行排序，并绘制了水平的条形图。最后，添加了一些修饰，如标题、标签和网格线。输出的结果如图 4-13 所示。

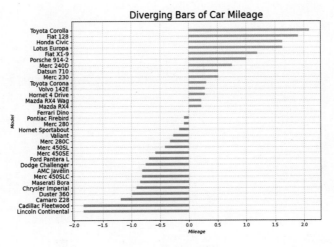

图 4-13　发散条形图

3．在条上添加标签

【例 4-11】基于上例，在每个条上添加标签来表示 'mpg_z' 的值。输入如下代码：

```
# 将①处后的代码替换为以下代码
# 绘制图形
plt.figure(figsize=(10,8),dpi=80)
plt.hlines(y=df.index,xmin=0,xmax=df.mpg_z)

# 在条上添加标签
for x,y,tex in zip(df.mpg_z,df.index,df.mpg_z):
    t=plt.text(x,y,round(tex,2),
               horizontalalignment='right' if x<0 else 'left',
               verticalalignment='center',
               fontdict={'color':'red' if x<0 else 'green','size':12})

# 图形修饰
plt.gca().set(ylabel='$Model$',xlabel='$Mileage$')    # 设置 Y 轴和 X 轴标签
plt.yticks(df.index,df.cars,fontsize=12)              # 设置 Y 轴刻度标签和字体大小
plt.title('Diverging Bars of Car Mileage',
          fontdict={'size':20})                       # 设置标题和字体大小
plt.grid(linestyle='--',alpha=0.5)                    # 添加网格线
plt.xlim(-2.5,2.5)                                    # 设置 X 轴范围
plt.show()
```

上述代码绘制了一个发散条形图，并在每个条上添加了标签，标签显示了对应汽车的标准化里程值。首先，绘制了水平的条形图，然后在每个条形上使用 plt.text 添加了标签。在标签中，通过水平对齐和垂直对齐设置，使得标签位于条形的右侧或左侧，并根据标准化值的

正负确定了标签的颜色。最后，进行了一些图形修饰，如标题、标签、网格线和 X 轴范围的设置。输出的结果如图 4-14 所示。

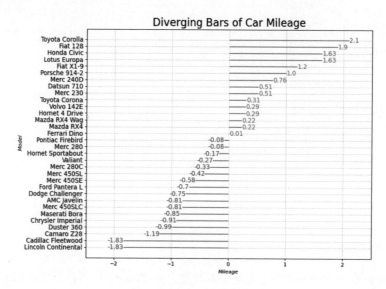

图 4-14 在条上添加标签

4.3 棒棒糖图

棒棒糖图（Lollipop Chart）也称为火柴棒图（Stick Chart）、标志线图（Flag Chart）、茎图（Stem Chart），是一种用于可视化数据的图表类型。它结合了柱状图和折线图的元素，以一条垂直线（棒棒糖）和一个标记点（棒棒糖头）的形式来表示数据的分布和取值。

在棒棒糖图中，通常使用垂直线段表示数值变量，而水平的点表示分类变量。数值变量可以是平均值、中位数或其他统计量，而分类变量则表示不同的类别或分组。

棒棒糖图的优点是可以同时显示数据的数值和范围，通过垂直线和标记点的组合，使得数据的分布和差异更直观地呈现。它适用于比较多个类别或分组的数据，并突出显示数据的关键数值。

> 注意 棒棒糖图适用于表示有序的、离散的数据集，而不适用于表示连续的数据。当数据集较大或类别较多时，棒棒糖图可能会显得拥挤和混乱，因此在使用时应根据数据的特点和数量进行调整，以确保图表的可读性和准确性。

1．基础棒棒糖图

【例 4-12】使用 Matplotlib 库创建不同的图形来展示如何绘制和定制棒棒糖图。输入如下代码：

```python
import matplotlib.pyplot as plt
import numpy as np

# 创建数据
np.random.seed(19781101)                        # 固定随机数种子，以便结果可复现
values=np.random.uniform(size=40)               # 生成 40 个 0～1 的随机数
positions=np.arange(len(values))                # 生成与 values 长度相同的位置数组

plt.figure(figsize=(10,6))                       # 创建图形窗口大小

# 绘制没有标记的图形
plt.subplot(2,2,1)                               # 创建一个 2×2 的子图矩阵，并选择第 1 个子图
plt.stem(values,markerfmt=' ')                   # 绘制棒棒糖图，没有标记
plt.title("No Markers")                          # 设置子图标题

# 改变颜色、形状、大小和边缘
plt.subplot(2,2,2)                                              # 选择第 2 个子图
(markers,stemlines,baseline)=plt.stem(values)                  # 获取棒棒糖图的组件
plt.setp(markers,marker='D',markersize=6,
        markeredgecolor="orange",markeredgewidth=2)            # 设置标记属性
plt.title("Custom Markers")                                    # 设置子图标题

# 绘制没有标记的图形（水平展示）
plt.subplot(2,2,3)                                              # 选择第 3 个子图
plt.hlines(y=positions,xmin=0,xmax=values,color='skyblue')     # 绘制水平线
plt.plot(values,positions,' ')                                 # 绘制数据点
plt.title("Horizontal No Markers")                             # 设置子图标题

# 改变颜色、形状、大小和边缘进行水平展示
plt.subplot(2,2,4)                                             # 选择第 4 个子图
plt.hlines(y=positions,xmin=0,xmax=values,color='skyblue')     # 绘制水平线
plt.plot(values,positions,'D',markersize=6,
        markeredgecolor="orange",markerfacecolor="orange",
        markeredgewidth=2)                                     # 绘制数据点，并设置属性
plt.title("Horizontal Custom Markers")                         # 设置子图标题

plt.tight_layout()                                             # 自动调整子图布局
plt.show()
```

上述代码使用 stem() 和 hlines() 函数绘制了带有自定义标记的棒棒糖图和水平线图。在第一个子图中绘制了没有标记的棒棒糖图，在第二个子图中绘制了带有自定义标记的棒棒糖图，在第三个子图中绘制了没有标记的水平线图，在第四个子图中绘制了带有自定义标记的水平线图。每个子图的标题用于指示图形类型。输出的结果如图 4-15 所示。

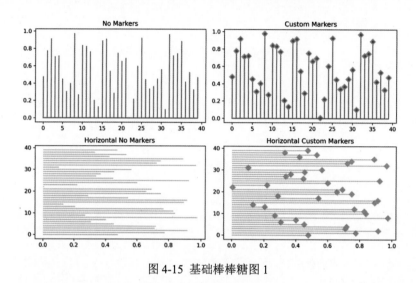

图 4-15　基础棒棒糖图 1

【例 4-13】基于 mpg_ggplot2.csv 数据集，绘制棒棒糖图显示每个制造商的平均城市里程。输入如下代码：

```
import pandas as pd
import matplotlib.pyplot as plt

df_raw=pd.read_csv("D:/DingJB/PyData/mpg_ggplot2.csv")     # 读取原始数据
# 按制造商分组，并计算每个制造商的平均城市里程
df=df_raw[['cty','manufacturer']].groupby('manufacturer').apply(
         lambda x:x.mean())

# 按城市里程排序数据
df.sort_values('cty',inplace=True)
df.reset_index(inplace=True)

# 绘图
fig,ax=plt.subplots(figsize=(12,8),dpi=80)

# 使用 vlines() 绘制垂直线条，代表城市里程的起始点
ax.vlines(x=df.index,ymin=0,ymax=df.cty,color='firebrick',
         alpha=0.7,linewidth=2)

# 使用 scatter() 绘制 lollipop 的圆点
```

```
ax.scatter(x=df.index,y=df.cty,s=75,color='firebrick',alpha=0.7)

# 设置标题、标签、刻度和 Y 轴范围
ax.set_title('Lollipop Chart for Highway Mileage',
             fontdict={'size':20})                    # 设置标题
ax.set_ylabel('Miles Per Gallon')                     # 设置 Y 轴标签
ax.set_xticks(df.index)                               # 设置 X 轴刻度位置
ax.set_xticklabels(df.manufacturer.str.upper(),rotation=60,
    fontdict={'horizontalalignment':'right','size':12})   # 设置 X 轴刻度标签
ax.set_ylim(0,30)                                     # 设置 Y 轴范围

# 添加注释
# 使用 for 循环遍历 DataFrame 的每一行，并在每个 lollipop 的顶部添加城市里程的数值
for row in df.itertuples():
    ax.text(row.Index,row.cty+0.5,s=round(row.cty,2),
            horizontalalignment='center',verticalalignment='bottom',
            fontsize=14)
plt.show()
```

上述代码绘制了一个棒棒糖图，显示了每个制造商的平均城市里程。在图中，每个制造商由一个垂直线条和一个圆点表示，垂直线条代表城市里程的起始点，圆点表示实际的城市里程值。城市里程的数值被放置在每个圆点上方。输出的结果如图 4-16 所示。

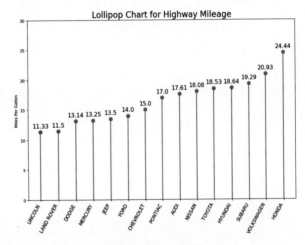

图 4-16　基础棒棒糖图 2

2. 带基线的棒棒糖图

【例 4-14】绘制带基线的棒棒糖图示例一。输入如下代码：

```
import matplotlib.pyplot as plt
import numpy as np

# 生成数据
x=np.linspace(0,2*np.pi,100)          # 生成 100 个 0～2π 的等间隔数据
y=np.sin(x)+np.random.uniform(size=len(x))-0.2
```

```
                                              # 根据正弦函数生成 y 值，并添加一些随机噪声
my_color=np.where(y >=0,'orange','skyblue')      # 根据 y 的正负确定颜色

plt.vlines(x=x,ymin=0,ymax=y,color=my_color,alpha=0.4)   # 绘制垂直柱状图
plt.scatter(x,y,color=my_color,s=1,alpha=1)              # 绘制散点图

# 添加标题和坐标轴标签
plt.title("Evolution of the value of ...",loc='left')    # 设置标题左对齐
plt.xlabel('Value of the variable')                      # X 轴标签
plt.ylabel('Group')                                      # Y 轴标签
plt.show()
```

上述代码绘制了一个带有垂直柱状图和散点图的图表，展示了某个变量值的演变过程。图中的垂直柱状图和散点图的颜色根据变量值的正负而不同，正值显示为橙色，负值显示为天蓝色。输出的结果如图 4-17 所示。

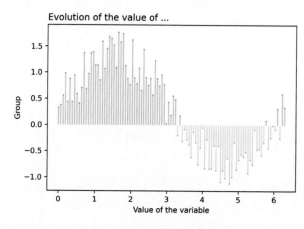

图 4-17 带基线的棒棒糖图 1

【例 4-15】绘制带基线的棒棒糖图示例二。输入如下代码：

```
import matplotlib.pyplot as plt
import numpy as np

# 创建数据
np.random.seed(19781101)                # 固定随机数种子，以便结果可复现
values=np.random.uniform(size=80)       # 生成 80 个 0 ～ 1 的随机数
positions=np.arange(len(values))        # 生成与 values 长度相同的位置数组

plt.figure(figsize=(10,6))              # 创建图形窗口大小

# 使用 'bottom' 参数自定义位置
plt.subplot(2,2,1)                      # 创建一个 2×2 的子图矩阵，并选择第 1 个子图
plt.stem(values,markerfmt=' ',bottom=0.5)    # 绘制棒棒糖图，设置基线位置
plt.title("Custom Bottom")              # 设置子图标题

# 隐藏基线
plt.subplot(2,2,2)                      # 选择第 2 个子图
```

```
(markers,stemlines,baseline)=plt.stem(values)        # 获取 stem 图的组件
plt.setp(baseline,visible=False)                      # 隐藏基线
plt.title("Hide Baseline")                            # 设置子图标题

# 隐藏基线 - 第二种方法
plt.subplot(2,2,3)                                    # 选择第 3 个子图
plt.stem(values,basefmt=" ")                          # 绘制棒棒糖图，设置基线格式为空
plt.title("Hide Baseline-Method 2")                   # 设置子图标题

# 自定义基线的颜色和线型
plt.subplot(2,2,4)                                    # 选择第 4 个子图
(markers,stemlines,baseline)=plt.stem(values)         # 获取棒棒糖图的组件
plt.setp(baseline,linestyle="-",color="grey",
             linewidth=6)                             # 设置基线的颜色、线型和线宽
plt.title("Custom Baseline Color and Style")          # 设置子图标题

plt.tight_layout()                                    # 自动调整子图布局
plt.show()
```

上述代码绘制了 4 个子图，用于展示不同设置下棒棒糖图的效果：第一个子图使用
bottom 参数自定义了基线位置，使得棒棒糖图的起始点位于 y=0.5 处；第二个子图隐藏了基
线，使得只显示了棒棒糖的线条和标记；第三个子图通过设置 basefmt 为空字符串，也实现
了隐藏基线的效果；第四个子图自定义了基线的颜色、线型和线宽，使得基线呈现灰色、实线、
较粗的效果。这些不同的设置可以根据具体需求来调整棒棒糖图的外观。输出的结果如图 4-18
所示。

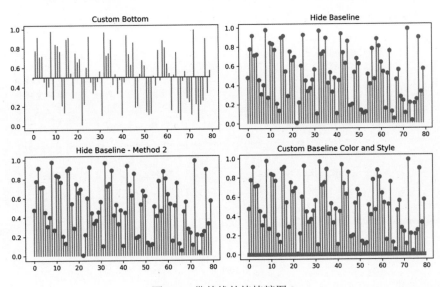

图 4-18　带基线的棒棒糖图 2

3．带标记的棒棒糖图

带标记的棒棒糖图通过强调想要引起注意的任何重要数据点并在图表中适当地给出推理，提供了一种对差异进行可视化的灵活方式。

【例 4-16】绘制带标记的棒棒糖图。输入如下代码：

```
import pandas as pd
import matplotlib.pyplot as plt
import matplotlib.patches as patches

df=pd.read_csv("D:/DingJB/PyData/mtcars1.csv")      # 读取数据

# 提取 'mpg' 列作为 x 变量，并计算其标准化值
x=df.loc[:,['mpg']]
df['mpg_z']=(x-x.mean())/x.std()
df['colors']='black'                                 # 设置所有点的颜色为黑色

# 为 'Fiat X1-9' 设置不同的颜色
df.loc[df.cars=='Fiat X1-9','colors']='darkorange'

# 根据 'mpg_z' 列的值对数据进行排序
df.sort_values('mpg_z',inplace=True)
df.reset_index(inplace=True)

plt.figure(figsize=(14,12),dpi=80)                   # 绘制图形
plt.hlines(y=df.index,xmin=0,xmax=df.mpg_z,color=df.colors,
           alpha=0.4,linewidth=1)                    # 绘制水平线

# 绘制散点图，并为 'Fiat X1-9' 设置不同的大小
plt.scatter(df.mpg_z,df.index,color=df.colors,
            s=[600 if x=='Fiat X1-9' else 300 for x in df.cars],alpha=0.6)

plt.yticks(df.index,df.cars)                          # 设置 Y 轴刻度标签
plt.xticks(fontsize=12)                               # 设置 X 轴刻度字体大小
# 添加注释
plt.annotate('Mercedes Models',xy=(0.0,11.0),xytext=(1.0,11),
             xycoords='data',fontsize=15,ha='center',va='center',
             bbox=dict(boxstyle='square',fc='firebrick'),
             arrowprops=dict(arrowstyle='-[,widthB=2.0,lengthB=1.5',
                             lw=2.0,color='steelblue'),color='white')
# 添加补丁
p1=patches.Rectangle((-2.0,-1),width=0.3,height=3,alpha=0.2,
                                facecolor='red')
p2=patches.Rectangle((1.5,27),width=0.8,height=5,alpha=0.2,
                                facecolor='green')
plt.gca().add_patch(p1)
```

```
plt.gca().add_patch(p2)
# 图形修饰
plt.title('Diverging Bars of Car Mileage',
          fontdict={'size':20})              # 设置标题
plt.grid(linestyle='--',alpha=0.5)           # 添加网格线
plt.show()
```

上述代码通过绘制具有不同颜色和大小的散点图展示汽车里程数据,其中 Fiat X1-9 汽车的数据点颜色为橙色,其他汽车的数据点颜色为黑色,同时在图中添加了注释和补丁以突出特定信息,最终进行图形修饰以增强可视化效果。输出的结果如图 4-19 所示。

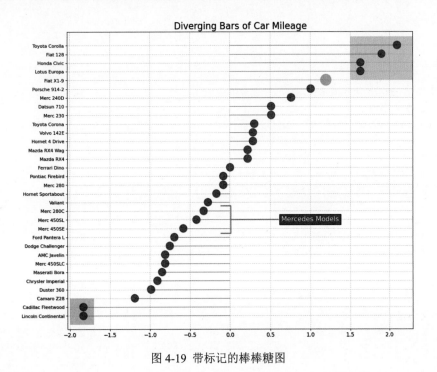

图 4-19 带标记的棒棒糖图

4. 哑铃图

棒棒糖图还可以比较多个实体的两个值之间的差异。对于每个实体,为每个变量绘制一个点,并使用不同的颜色区分。它们之间的差异则通过一段线条进行突出显示。这种可视化图形也称为哑铃图(Dumbbell Plot),多用于比较两组数据或两个时间点间的差异或变化。

> 提示 在进行比较时,建议根据均值、中位数或群体差异对个体进行排序,以使图形更具洞察力。

【例 4-17】利用自创数据绘制哑铃图示例。输入如下代码：

```python
import numpy as np
import pandas as pd
import matplotlib.pyplot as plt

# 创建一个 DataFrame
value1=np.random.uniform(size=20)                       # 生成第一组随机数
value2=value1+np.random.uniform(size=20)/4
                              # 生成第二组随机数，基于第一组数据并加上一定随机量
df=pd.DataFrame({
    'group':list(map(chr,range(65,85))),                # 创建 A ～ T 的组标签
    'value1':value1,
    'value2':value2
})

# 按照第一组值的大小对 DataFrame 进行排序
ordered_df=df.sort_values(by='value1')
my_range=range(1,len(df.index)+1)                       # 创建一个范围，用于 Y 轴坐标

# 使用 hlines() 函数绘制水平线图
plt.hlines(y=my_range,xmin=ordered_df['value1'],
           xmax=ordered_df['value2'],
           color='grey',alpha=0.4)                      # 绘制水平线
plt.scatter(ordered_df['value1'],my_range,color='skyblue',alpha=1,
           label='value1')                              # 绘制 value1 的散点图
plt.scatter(ordered_df['value2'],my_range,color='green',alpha=0.4,
           label='value2')                              # 绘制 value2 的散点图
plt.legend()                                            # 显示图例

# 添加标题和坐标轴名称
plt.yticks(my_range,ordered_df['group'])                # 设置 Y 轴标签和坐标
plt.title("Comparison of the value 1 and the value 2",loc='left')
                                                        # 设置标题
plt.xlabel('Value of the variables')                    # 设置 X 轴标签
plt.ylabel('Group')                                     # 设置 Y 轴标签

plt.show()
```

上述代码通过生成两组随机值并将它们放入 DataFrame 中，按照第一组值的大小对 DataFrame 进行排序。接着绘制了水平线图，水平线表示每个分组中第一组和第二组随机值的范围，而点则表示每个分组中第一组和第二组随机值的具体值。输出的结果如图 4-20 所示。

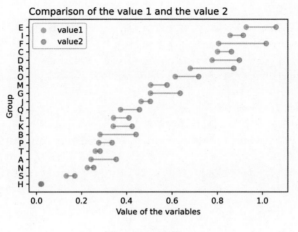

图 4-20　哑铃图 1

【例 4-18】基于 health.csv 数据集绘制哑铃图。输入如下代码：

```
import pandas as pd
import matplotlib.pyplot as plt
import matplotlib.lines as mlines               # 导入线段模块

df=pd.read_csv("D:/DingJB/PyData/health.csv")    # 导入数据

# 按 2014 年的数据进行排序
df.sort_values('pct_2014',inplace=True)
df.reset_index(inplace=True)

# 绘制线段的函数
def newline(p1,p2,color='black'):
    ax=plt.gca()                                 # 获取当前坐标轴
    l=mlines.Line2D([p1[0],p2[0]],[p1[1],p2[1]],
                             color='skyblue')     # 创建线段对象
    ax.add_line(l)                               # 添加线段到坐标轴
    return l

# 创建图形和轴
fig,ax=plt.subplots(1,1,figsize=(8,5),facecolor='#f7f7f7',dpi=80)

# 绘制垂直的参考线
# 绘制垂直的参考线，用于标记百分比位置
ax.vlines(x=.05,ymin=0,ymax=26,color='black',alpha=1,
          linewidth=1,linestyles='dotted')
ax.vlines(x=.10,ymin=0,ymax=26,color='black',alpha=1,
```

```
                       linewidth=1,linestyles='dotted')
    ax.vlines(x=.15,ymin=0,ymax=26,color='black',alpha=1,
                       linewidth=1,linestyles='dotted')
    ax.vlines(x=.20,ymin=0,ymax=26,color='black',alpha=1,
                       linewidth=1,linestyles='dotted')

    # 绘制 2013 年和 2014 年的数据点
    # 使用散点图绘制 2013 年和 2014 年的数据点
    ax.scatter(y=df['index'],x=df['pct_2013'],s=50,color='#0e668b',
                       alpha=0.7,label='2013')             # 绘制 2013 年的数据点
    ax.scatter(y=df['index'],x=df['pct_2014'],s=50,color='#a3c4dc',
                       alpha=0.7,label='2014')             # 绘制 2014 年的数据点

    # 绘制线段
    # 使用 for 循环遍历 DataFrame 的每一行，并绘制相应的线段
    for i,p1,p2 in zip(df['index'],df['pct_2013'],df['pct_2014']):
        newline([p1,i],[p2,i])                             # 调用函数绘制线段

    # 图形修饰
    # 设置图形的背景颜色和标题
    ax.set_facecolor('#f7f7f7')
    ax.set_title("Dumbbell Chart:Pct Change-2013 vs 2014",
                    fontdict={'size':16})                  # 设置标题
    ax.set(xlim=(0,.25),ylim=(-1,27),ylabel='Index',
            xlabel='Percentage')                           # 设置坐标轴的范围和标签
    ax.set_xticks([.05,.1,.15,.20])                        # 设置 X 轴刻度位置
    ax.set_xticklabels(['5%','10%','15%','20%'])           # 设置 X 轴刻度标签
    ax.legend()                                            # 显示图例
    plt.show()
```

上述代码绘制了一个哑铃图，其中水平线段表示 2013 － 2014 年的百分比变化，垂直线表示参考的百分比位置。每个数据点都标记了一个百分比变化，以及对应的索引值。图形通过标签和图例进行了修饰，使得可视化更加清晰易懂。输出的结果如图 4-21 所示。

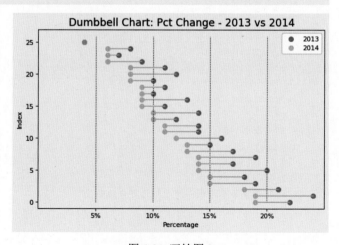

图 4-21 哑铃图 2

4.4　包点图

包点图（Dot Plot）是一种用来展示数据分布的图表类型，它使用点来表示数据点的位置和数量。在包点图中，每个数据点都用一个小圆点或小方块来表示，通常是在一条水平或垂直的轴上进行排列。数据点的位置表示其数值，而数据点的数量则可以通过点的大小、颜色或形状来表示。

包点图通常用于展示分类数据的分布情况，特别是当数据量较少或数据点之间存在重叠时。通过将数据点以点的形式直接绘制在轴上，包点图可以清晰地展示数据的集中程度和分布形态，同时也能够直观地比较不同类别之间的差异。

包点图的优点包括简洁直观、易于理解和阅读，同时也可以有效地展示异常值和集中趋势。然而，当数据点数量较大或重叠较多时，包点图可能会变得混乱不清，此时可以考虑使用其他类型的图表来更好地展示数据。

【例 4-19】利用包点图显示不同制造商的平均城市里程。输入如下代码：

```
import pandas as pd
import matplotlib.pyplot as plt

df_raw=pd.read_csv("D:/DingJB/PyData/mpg_ggplot2.csv")          # 读取数据

# 按制造商分组，并计算每个制造商的平均城市里程
df=df_raw[['cty','manufacturer']].groupby('manufacturer').apply(
          lambda x:x.mean())

# 按城市里程排序数据
df.sort_values('cty',inplace=True)
df.reset_index(inplace=True)

fig,ax=plt.subplots(figsize=(8,5),dpi=80)                       # 绘图

# 使用 hlines() 绘制水平线条，代表每个制造商
ax.hlines(y=df.index,xmin=11,xmax=26,color='gray',alpha=0.7,
          linewidth=1,linestyles='dashdot')

# 使用 scatter() 绘制点，点的位置表示城市里程
ax.scatter(y=df.index,x=df.cty,s=75,color='firebrick',alpha=0.7)

# 设置标题、标签、刻度和 X 轴范围
```

```
ax.set_title('Dot Plot for Highway Mileage',
            fontdict={'size':16})                      # 设置标题
ax.set_xlabel('Miles Per Gallon')                      # 设置横轴标签
ax.set_yticks(df.index)                                # 设置纵轴刻度
ax.set_yticklabels(df.manufacturer.str.title(),fontdict={
            'horizontalalignment':'right'})            # 设置纵轴标签
ax.set_xlim(10,27)                                     # 设置 X 轴范围

plt.show()
```

上述代码首先从 CSV 文件中读取原始数据，并按照制造商分组，计算每个制造商的平均城市里程，并以水平线条的形式展示在图中，每个制造商对应一条水平线条。接着，使用点图展示了每个制造商的平均城市里程，其中点的大小和颜色表示了城市里程的数值，同时添加了相应的标题、标签和刻度。输出的结果如图 4-22 所示。

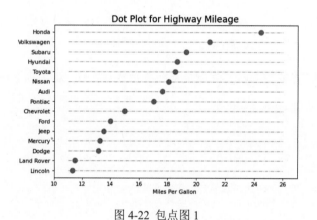

图 4-22　包点图 1

【例 4-20】创建一个包点图，其中点的大小和颜色都是基于 mpg_z 列的值进行设置的，并在每个点上添加 mpg_z 的值作为标签。输入如下代码：

```
# 导入必要的库
import pandas as pd
import matplotlib.pyplot as plt

df=pd.read_csv("D:/DingJB/PyData/mtcars1.csv")          # 读取数据

# 提取 'mpg' 列作为 x 变量，并计算其标准化值
x=df.loc[:,['mpg']]
df['mpg_z']=(x-x.mean())/x.std()

# 根据 'mpg_z' 列的值确定颜色
df['colors']=['red' if x<0 else 'darkgreen' for x in df['mpg_z']]
```

```
df.sort_values('mpg_z',inplace=True)              # 根据 'mpg_z' 列的值对数据进行排序
df.reset_index(inplace=True)                       # 重置索引

# 绘制图形
plt.figure(figsize=(14,12),dpi=80)
plt.scatter(df.mpg_z,df.index,s=450,alpha=0.6,color=df.colors)

# 在每个点上添加 'mpg_z' 的值作为标签
for x,y,tex in zip(df.mpg_z,df.index,df.mpg_z):
    t=plt.text(x,y,round(tex,1),
                horizontalalignment='center',
                verticalalignment='center',
                fontdict={'color':'white'})

# 轻化边框
plt.gca().spines["top"].set_alpha(0.3)
plt.gca().spines["bottom"].set_alpha(0.3)
plt.gca().spines["right"].set_alpha(0.3)
plt.gca().spines["left"].set_alpha(0.3)

plt.yticks(df.index,df.cars)                       # 设置 Y 轴刻度标签
plt.title('Diverging Dotplot of Car Mileage',
          fontdict={'size':20})                    # 设置标题
plt.xlabel('$Mileage$')                            # 设置 X 轴标签
plt.grid(linestyle='--',alpha=0.5)                 # 添加网格线
plt.xlim(-2.5,2.5)                                 # 设置 X 轴范围
plt.show()
```

上述代码利用散点图展示了汽车里程数据的分布情况，通过计算并标准化里程值，以点的大小和颜色形式直观呈现不同汽车的里程表现，同时添加了标签显示标准化值，使得数据分布更易于理解。输出的结果如图 4-23 所示。

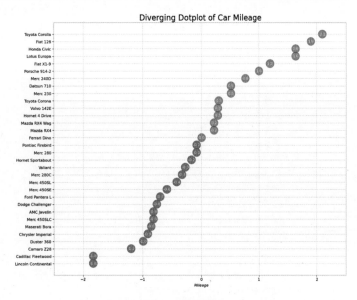

图 4-23　包点图 2

4.5 雷达图

雷达图（Radar Chart）也称为蜘蛛图（Spider Chart）或星形图（Star Plot），是一种用于可视化多维数据的图表类型。它以一个多边形的形式来表示数据的不同维度或变量，并通过将每个变量的取值连接起来，形成一个闭合的图形来展示数据之间的关系和相对大小。

雷达图可以同时显示多个变量的相对大小和差异，能够直观地比较不同维度之间的差异和模式。特别适用于评估和比较多个方面或属性的性能、能力、优劣或优先级。通过雷达图可以更好地理解数据的多维特征，并发现其中的模式、异常或趋势。

雷达图在处理大量维度或数据量较大时可能会变得复杂和混乱。另外，雷达图在数据分布不平衡或缺失维度时也可能存在一定的局限性。因此，在使用雷达图时，应仔细选择和处理数据，确保图表清晰易读，并结合其他图表类型进行综合分析和解读。

【例 4-21】绘制雷达图示例一。输入如下代码：

```
import matplotlib.pyplot as plt
import pandas as pd
import numpy as np

# 设置数据
df=pd.DataFrame({'group':['A','B','C','D','E'],               # 5 组数据
    'var1':[38,1.5,30,4,29],'var2':[29,10,9,34,18],
    'var3':[8,39,23,24,19],'var4':[7,31,33,14,33],
    'var5':[28,15,32,14,22]})                                 # 每组数据的变量

# ①处
# 获取变量列表
categories=list(df.columns[1:])
N=len(categories)

# 通过复制第 1 个值来闭合雷达图
values=df.loc[0].drop('group').values.flatten().tolist()
values+=values[:1]
# 计算每个变量的角度
angles=[n/float(N)*2*np.pi for n in range(N)]
angles+=angles[:1]

# 初始化雷达图
fig,ax=plt.subplots(figsize=(4,4),subplot_kw=dict(polar=True))
# 绘制每个变量的轴，并添加标签
plt.xticks(angles[:-1],categories,color='grey',size=8)
```

```
# 添加 Y 轴标签
ax.set_rlabel_position(0)
plt.yticks([10,20,30],["10","20","30"],color="grey",size=7)
plt.ylim(0,40)

ax.plot(angles,values,linewidth=1,linestyle='solid')      # 绘制数据
ax.fill(angles,values,'b',alpha=0.1)                      # 填充区域
plt.show()
```

上述代码设置了一个包含 5 组数据的 DataFrame，
每组数据有 5 个变量。通过取 DataFrame 中的变量名，
设置雷达图的角度（categories 和 N），并将第 1 个组
数据提取出来，以闭合雷达图。接着初始化雷达图，
并绘制每个变量的轴和标签，以及 Y 轴的标签和刻度。
最后，通过 plot() 绘制数据线，并使用 fill() 填充数据
区域。输出的结果如图 4-24 所示。

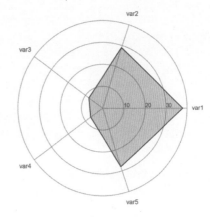

图 4-24 雷达图 1

【例 4-22】绘制雷达图示例二。

将上例①处后的代码替换为以下代码：

```
# 第一部分：创建背景
categories=list(df)[1:]                          # 列出除 'group' 列外的所有列名
N=len(categories)                                # 变量的数量

# 计算每个轴在图中的角度（将图分成多个等份，每个变量对应一个角度）
angles=[n/float(N)*2*pi for n in range(N)]                  # 计算角度
angles+=angles[:1]                               # 为了闭合图形，将第 1 个角度再次添加到列表末尾

# 初始化雷达图
ax=plt.subplot(111,polar=True)
# 第 1 个轴在图的顶部
ax.set_theta_offset(pi/2)
ax.set_theta_direction(-1)

# 为每个变量添加标签
plt.xticks(angles[:-1],categories)                          # 设置 X 轴标签

# 添加 Y 轴标签
ax.set_rlabel_position(0)
```

```
plt.yticks([10,20,30],["10","20","30"],color="grey",size=7)    # 设置 Y 轴刻度
plt.ylim(0,40)                                                 # 设置 Y 轴范围

# 第二部分：添加绘图
# 绘制第 1 个个体
values=df.loc[0].drop('group').values.flatten().tolist()       # 获取第一组值
values+=values[:1]                          # 为了闭合图形，将第 1 个值再次添加到列表末尾
# 绘制线条
ax.plot(angles,values,linewidth=1,linestyle='solid',label="group A")
ax.fill(angles,values,'b',alpha=0.1)                           # 填充颜色

# 绘制第 2 个个体
values=df.loc[1].drop('group').values.flatten().tolist()       # 获取第二组值
values+=values[:1]                          # 为了闭合图形，将第 1 个值再次添加到列表末尾
ax.plot(angles,values,linewidth=1,linestyle='solid',
        label="group B")                                       # 绘制线条
ax.fill(angles,values,'r',alpha=0.1)                           # 填充颜色
plt.legend(loc='upper right',bbox_to_anchor=(0.1,0.1))         # 添加图例
plt.show()
```

上述代码通过计算角度和设置标签创建了一个具有合适刻度和标签的雷达图的背景。同时绘制了两组雷达图，通过 plot() 绘制线条，并通过 fill() 填充颜色，最后添加图例并显示图形。输出的结果如图 4-25 所示。

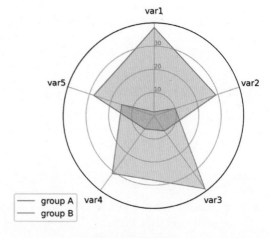

图 4-25 雷达图 2

【例 4-23】创建一个雷达图，用于可视化给定数据集中的每个分组的变量值。输入如下代码：

```
import matplotlib.pyplot as plt
import pandas as pd
from math import pi

# 设置数据
df=pd.DataFrame({'group':['A','B','C','D'], 'var1':[38,1.5,30,4],
```

```
                    'var2':[29,10,9,34],'var3':[8,39,23,24],
                    'var4':[7,31,33,14], 'var5':[28,15,32,14]})
# 第一部分：定义一个函数来绘制数据集中的每一行
def make_spider(row,title,color):
    # 变量的数量
    categories=list(df)[1:]
    N=len(categories)
    # 计算每个轴在图中的角度
    angles=[n/float(N)*2*pi for n in range(N)]
    angles+=angles[:1]
    ax=plt.subplot(1,4,row+1,polar=True)            # 初始化雷达图
    # 如果希望第 1 个轴在顶部
    ax.set_theta_offset(pi/2)
    ax.set_theta_direction(-1)
    # 为每个变量添加标签
    plt.xticks(angles[:-1],categories,color='grey',size=8)
    # 添加 Y 轴标签
    ax.set_rlabel_position(0)
    plt.yticks([10,20,30],["10","20","30"],color="grey",size=7)
    plt.ylim(0,40)
    # 绘制数据
    values=df.loc[row].drop('group').values.flatten().tolist()
    values+=values[:1]
    ax.plot(angles,values,color=color,linewidth=2,linestyle='solid')
    ax.fill(angles,values,color=color,alpha=0.4)

    plt.title(title,size=11,color=color,y=1.1)       # 添加标题
# 第二部分：将函数应用到所有数据
# 初始化图形
my_dpi=96
plt.figure(figsize=(1000/my_dpi,1000/my_dpi),dpi=my_dpi)

my_palette=plt.cm.get_cmap("Set2",len(df.index))     # 创建颜色调色板

# 循环绘制雷达图
for row in range(0,len(df.index)):
    make_spider(row=row,title='group '+df['group'][row],color=my_palette(row))
```

上述代码定义了一个函数 make_spider() 来绘制每一行的雷达图。该函数计算了每个变量对应的角度，并对蜘蛛图的坐标轴进行初始化，对数据进行可视化。最后，将每个变量的值连接起来，并根据颜色填充区域，添加标题。随后将函数应用到数据集中的每一行，并循环绘制雷达图。输出的结果如图 4-26 所示。

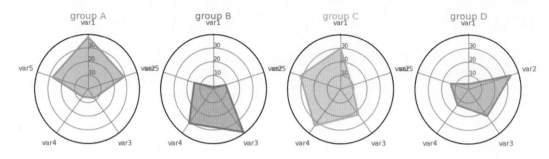

图 4-26 交互式雷达图

4.6 径向柱状图

径向柱状图（Radial Bar Chart）也被称为圆环图（Circular Bar Plot），是一种以圆环形式展示数据的柱状图。其优点是可以同时展示多个类别或分组的数据，以及它们的相对大小和差异。通过径向布局，可以更容易地比较不同类别之间的数据大小和趋势。

在径向柱状图中，每个数据类别或实体被表示为一个从圆心向外伸展的条形。每个条形的长度表示该类别或实体的数值大小。整个圆环被等分为多个扇区，每个扇区代表一个数据类别或实体。

由于径向柱状图在数据较多或柱状条形重叠时可能会显得混乱，因此在使用径向柱状图时，应根据数据的特点和数量进行调整，以确保图表的可读性和准确性。

利用 Python 和 Matplotlib 库构建径向柱状图时需要使用极坐标，而非笛卡儿坐标。这种表示形式可通过 subplot() 函数的 polar 参数实现，代码如下：

```
import matplotlib.pyplot as plt
import numpy as np

plt.subplot(111,polar=True)                    # 使用极坐标初始化图
plt.bar(x=0,height=10,width=np.pi/2,bottom=5)  # 在极坐标中添加一个柱状图
```

【例 4-24】创建基础径向柱状图。输入如下代码：

```
# 导入所需的库
import matplotlib.pyplot as plt
import numpy as np
import pandas as pd

# 创建数据集，第一列为数据集各项的名称，第二列为各项的数值
df=pd.DataFrame(
```

```
                {'Name':['Ding '+str(i)for i in list(range(1,51))],
                 'Value':np.random.randint(low=10,high=100,size=50)}
                )
df.head(3)                              # 显示前 3 行数据，输出略

# ①
plt.figure(figsize=(20,10))            # 设置图形大小
ax=plt.subplot(111,polar=True)         # 绘制极坐标轴
plt.axis('off')                        # 移除网格线

upperLimit=100                         # 设置坐标轴的上限
lowerLimit=30                          # 设置坐标轴的下限
max_value=df['Value'].max()            # 计算数据集中的最大值

# 计算每个条形图的高度，它们是在新坐标系中将每个条目值转换的结果
# 数据集中的 0 被转换为 lowerLimit(30)，最大值被转换为 upperLimit(100)
slope=(max_value-lowerLimit)/max_value
heights=slope*df.Value+lowerLimit

width=2*np.pi/len(df.index)            # 计算每个条形图的宽度，共有 2*Pi=360°

# 计算每个条形图中心的角度
indexes=list(range(1,len(df.index)+1))
angles=[element*width for element in indexes]

# ②
# 绘制条形图
bars=ax.bar(x=angles,height=heights,width=width,
            bottom=lowerLimit,linewidth=2,edgecolor="white")
```

上述代码通过随机生成的数据创建了一个包含 50 个项目及其对应数值的数据集，并绘制了一个径向柱状图。在绘制过程中，将数据集中的数值映射到极坐标系中的柱状图高度，并根据数据集的大小计算了每个柱所占的角度，最终得到一个径向柱状图。输出的结果如图 4-27 所示。

图 4-27 基础径向柱状图

将②后绘制条形图的所有代码更换为如下代码，可以在径向柱状图上创建标签。

```
# 绘制条形图
bars=ax.bar(x=angles,height=heights,width=width,
    bottom=lowerLimit,linewidth=2,edgecolor="white",color="#61a4b2",)

labelPadding=4                          # 条形图和标签之间的小间距
# 添加标签
for bar,angle,height,label in zip(bars,angles,heights,df["Name"]):
    rotation=np.rad2deg(angle)          # 标签被旋转，旋转必须以度数为单位指定
    # 翻转部分标签使其朝下
    alignment=""
    if angle >=np.pi/2 and angle<3*np.pi/2:
        alignment="right"
        rotation=rotation+180
    else:
        alignment="left"
    # 添加标签
    ax.text( x=angle,y=lowerLimit+bar.get_height()+labelPadding,
            s=label,ha=alignment,va='center',
            rotation=rotation,rotation_mode="anchor")
```

输出结果如图 4-28 所示。

在①处添加如下代码，可以绘制排序的径向柱状图：

```
df=df.sort_values(by=['Value'])                    # 重新按值对数据集进行排序
```

输出结果如图 4-29 所示。

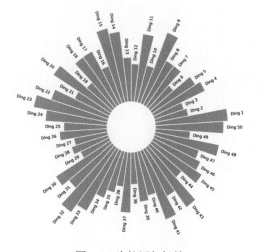

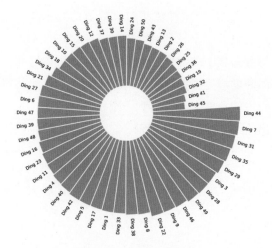

图 4-28 为柱添加标签　　　　　　　　　　图 4-29 对柱进行排序

【例 4-25】绘制分组径向柱状图。

（1）绘制基础径向柱状图，代码如下：

```
import matplotlib.pyplot as plt
import numpy as np
import pandas as pd

rng=np.random.default_rng(123)                  # 确保随机数的可重现性
# 构建数据集
df=pd.DataFrame({
    "name":[f"Ding {i}" for i in range(1,51)],
    "value":rng.integers(low=30,high=100,size=50),
    "group":["A"]*10+["B"]*20+["C"]*12+["D"]*8
})
# ①处
df.head(5)                                       # 显示前 5 行数据

# 辅助函数，用于标签的旋转和对齐
def get_label_rotation(angle,offset):
    """
    根据给定的角度和偏移量计算文本标签的旋转角度和对齐方式
    参数：
        angle (float)：标签的角度。
        offset (float)：开始角度的偏移量。
    返回：
        rotation (float)：标签文本的旋转角度。
        alignment (str)：文本对齐方式（'left' 或 'right'）。
    """
    rotation=np.rad2deg(angle+offset)
    if angle <=np.pi:
        alignment="right"
        rotation=rotation+180
    else:
        alignment="left"
    return rotation,alignment

# 辅助函数，用于添加标签
def add_labels(angles,values,labels,offset,ax):
    """
    添加文本标签到极坐标图。
    参数：
        angles (array-like)：每个柱的角度。
        values (array-like)：每个柱的值。
        labels (array-like)：每个柱的标签。
```

```
        offset (float): 开始角度的偏移量。
        ax (matplotlib.axes._subplots.PolarAxesSubplot): 极坐标图的轴对象。
    """
    padding=4
    # 遍历角度、值和标签，以添加标签
    for angle,value,label,in zip(angles,values,labels):
        angle=angle

        # 获取文本的旋转角度和对齐方式
        rotation,alignment=get_label_rotation(angle,offset)

        # 添加文本
        ax.text(x=angle,y=value+padding,s=label,
                ha=alignment,va="center",
                rotation=rotation,rotation_mode="anchor" )

ANGLES=np.linspace(0,2*np.pi,len(df),endpoint=False)
                                        # 生成角度值，确定每个柱的位置
VALUES=df["value"].values               # 获取数据集中的数值列作为柱的高度
LABELS=df["name"].values                # 获取数据集中的名称列作为柱的标签

# 确定每个柱的宽度，一周为 '2*pi'，将总宽度除以柱的数量
WIDTH=2*np.pi/len(VALUES)
# 确定第 1 个柱的位置。默认从 0 开始（第 1 个柱是水平的），指定从 pi/2(90 度) 开始
OFFSET=np.pi/2

# ②处
# 初始化图和轴
fig,ax=plt.subplots(figsize=(20,10),subplot_kw={"projection":"polar"})

ax.set_theta_offset(OFFSET)         # 指定偏移量
ax.set_ylim(-100,100)               # 设置径向（Y）轴的限制。负的下限创建了中间的空洞
ax.set_frame_on(False)              # 删除所有脊柱
# 删除网格和刻度标记
ax.xaxis.grid(False)
ax.yaxis.grid(False)
ax.set_xticks([])
ax.set_yticks([])
# 添加柱
ax.bar(ANGLES,VALUES,width=WIDTH,linewidth=2,
        color="#61a4b2",edgecolor="white")
add_labels(ANGLES,VALUES,LABELS,OFFSET,ax)                      # 添加标签
```

上述代码创建了一个包含 50 个项目的数据集，每个项目都有一个随机生成的数值和一个名称，并分为 4 个组。然后，通过极坐标系将这些数据可视化为条形图。在绘制过程中，标签会根据柱子的位置动态旋转和对齐，以确保可读性。输出的结果如图 4-30 所示。

128

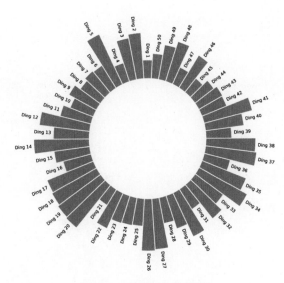

图 4-30　基础径向柱状图

（2）在圆环中添加缺口。

将②后的所有代码更换为如下代码，可以在圆环中添加缺口：

```
# 添加 3 个空柱
PAD=3                                          # 设置额外空白柱的数量
ANGLES_N=len(VALUES)+PAD                        # 计算包含额外空白柱的角度数量
# 计算新的角度数组，用于包含额外的空白柱，不包括终点
ANGLES=np.linspace(0,2*np.pi,num=ANGLES_N,endpoint=False)
WIDTH=(2*np.pi)/len(ANGLES)                      # 计算每个柱的宽度

IDXS=slice(0,ANGLES_N-PAD)                       # 确定非空柱的索引范围

# 图和轴的设置与上述相同
fig,ax=plt.subplots(figsize=(20,10),subplot_kw={"projection":"polar"})

ax.set_theta_offset(OFFSET)
ax.set_ylim(-100,100)
ax.set_frame_on(False)
ax.xaxis.grid(False)
ax.yaxis.grid(False)
ax.set_xticks([])
ax.set_yticks([])

# 添加柱，使用仅包含非空柱的角度子集
ax.bar(ANGLES[IDXS],VALUES,width=WIDTH,color="#61a4b2",
```

```
                 edgecolor="white",linewidth=2)
     add_labels(ANGLES[IDXS],VALUES,LABELS,OFFSET,ax)                    # 添加标签
```

上述代码添加了 3 个额外的空柱，使得
在可视化中出现额外的空白区域。首先，计
算了新的角度数组，以容纳额外的空白柱，
但不包括终点。然后，根据这个新的角度数
组绘制了柱状图，但仅包括非空柱的角度子
集。最后，使用之前定义的函数添加了标签。
输出的结果如图 4-31 所示。

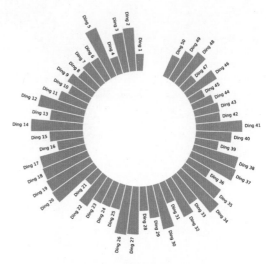

图 4-31 在圆环中添加缺口

（3）在组之间添加间距。

将②后的所有代码更换为如下代码，可以在圆环中添加缺口：

```
GROUP=df["group"].values                              # 获取分组值
PAD=3                                                 # 向每个分组的末尾添加 3 个空柱

# 计算包含额外空白柱的角度数量，每个分组都会添加 PAD 个额外空白柱
ANGLES_N=len(VALUES)+PAD*len(np.unique(GROUP))
# 计算新的角度数组，用于包含额外的空白柱，不包括终点
ANGLES=np.linspace(0,2*np.pi,num=ANGLES_N,endpoint=False)
WIDTH=(2*np.pi)/len(ANGLES)                            # 计算每个柱的宽度

GROUPS_SIZE=[len(i[1]) for i in df.groupby("group")]  # 获取每个分组的大小

# 现在获取正确的索引有点复杂
offset=0
IDXS=[]
for size in GROUPS_SIZE:
    IDXS+=list(range(offset+PAD,offset+size+PAD))
    offset+=size+PAD

# 图和轴的设置与上述相同
fig,ax=plt.subplots(figsize=(20,10),subplot_kw={"projection":"polar"})
```

```
ax.set_theta_offset(OFFSET)
ax.set_ylim(-100,100)
ax.set_frame_on(False)
ax.xaxis.grid(False)
ax.yaxis.grid(False)
ax.set_xticks([])
ax.set_yticks([])

# 为每个分组使用不同的颜色
GROUPS_SIZE=[len(i[1])for i in df.groupby("group")]
COLORS=[f"C{i}" for i,size in enumerate(GROUPS_SIZE)for _ in range(size)]

# 最后添加柱。注意再次使用 'ANGLES[IDXS]' 来删除一些角度，以便在柱之间留下空间
ax.bar( ANGLES[IDXS],VALUES,width=WIDTH,color=COLORS,
        edgecolor="white",linewidth=2)
add_labels(ANGLES[IDXS],VALUES,LABELS,OFFSET,ax)     # 添加标签
```

上述代码在柱状图中为每个分组添加了额外的空白柱，并确保了在不同分组之间有足够的空间。首先，计算了包含额外空白柱的总角度数量，并根据这个数量重新定义了角度数组。然后，通过遍历每个分组的大小，并结合添加的空白柱数量，计算了每个分组的正确索引范围。接下来，为每个分组指定了不同的颜色，并根据正确的索引范围绘制了柱状图。最后，使用之前定义的函数为柱状图添加了标签。输出的结果如图 4-32 所示。

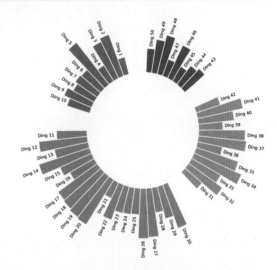

图 4-32 组间添加间距

（4）在组内排序。

观察值，按每组中的条形高度排序，了解组内和组间的最高 / 最低观察值。此时使用 Pandas 方法对值进行排序即可。在数据框创建后添加以下代码：

```
df_sorted=(df
    .groupby(["group"])
    .apply(lambda x:x.sort_values(["value"],ascending=False))
    .reset_index(drop=True))
df=df_sorted
```

输出的结果如图 4-33 所示。

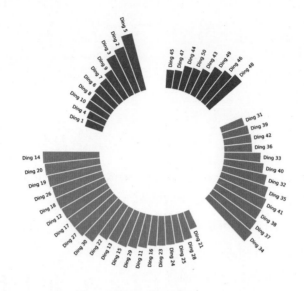

图 4-33 组内排序

4.7 词云图

词云图（Word Cloud）是一种可视化工具，用于展示文本数据中单词的频率或重要性。它通过在一个图形区域内根据单词的频率或重要性来调整单词的大小，并将这些单词以一种修饰性的方式呈现，形成一个图形化的云状图。

词云图通过直观地展示单词的频率或重要性，帮助我们快速了解文本数据的主题、关键词或热点。词云图常用于可视化文本摘要、主题分析、舆情分析等领域。然而，词云图并不能提供详细的语义信息，因此在进行深入分析时，可能需要结合其他文本分析技术或图表。

此外，为了准确地反映文本的特征，词云图的制作过程需要注意合理选择预处理方法和调整词频或重要性的计算方式。

【例 4-26】绘制词云图示例。输入如下代码：

```
from os import path              # 导入操作系统路径模块中的 path 函数，用于处理文件路径
from PIL import Image            # 导入 PIL 中的 Image 类，用于读取、处理图像
import numpy as np               # 导入 NumPy 库，用于处理数组和矩阵
import matplotlib.pyplot as plt  # 导入 pyplot 模块，用于绘制图形
```

```
import os                           # 导入操作系统相关的模块，用于获取当前工作目录等操作
from wordcloud import WordCloud,STOPWORDS
                                    # 导入词云库中的 WordCloud 类和 STOPWORDS 集合，用于生成和处理词云图

# 获取当前文件的目录
d=path.dirname(__file__)if "__file__" in locals()else os.getcwd()
# 读取整个文本文件的内容
text=open(path.join(d,'D:/DingJB/PyData/alice.txt')).read()

# 读取蒙版图像（掩码图像）
# 蒙版图像用于控制词云形状，这里使用了一个 Alice in Wonderland 的蒙版图像
alice_mask=np.array(Image.open(
    path.join(d,"D:/DingJB/PyData/alice_mask.png")))

# 设置停用词（在词云中不显示的词语）
stopwords=set(STOPWORDS)
stopwords.add("said")                           # 添加一个额外的停用词

# 创建词云对象，指定背景颜色、最大词数、蒙版图像、停用词等参数
wc=WordCloud(background_color="white",max_words=2000,
             mask=alice_mask,stopwords=stopwords,
             contour_width=3,contour_color='steelblue')

wc.generate(text)                               # 生成词云图
# 将词云图保存为图片文件
wc.to_file(path.join(d,"D:/DingJB/PyData/alice.png"))
# 显示词云图
plt.imshow(wc,interpolation='bilinear')
plt.axis("off")                                 # 不显示坐标轴
plt.show()

# 显示蒙版图像（仅为了对比效果）
plt.figure()
plt.imshow(alice_mask,cmap=plt.cm.gray,interpolation='bilinear')
plt.axis("off")                                 # 不显示坐标轴
plt.show()
```

上述代码首先读取了文本文件 alice.txt，然后读取了蒙版图像 alice_mask.png。接着，创建了一个词云对象，并生成了一个词云图，使用了指定的蒙版图像。最后，词云图通过 Matplotlib 显示出来。输出的结果如图 4-34 所示。

（a）生成词云图   （b）指定蒙版图像

图 4-34　词云图 1

【例 4-27】创建词云图示例 1。输入如下代码：

```python
import numpy as np                  # 导入 NumPy 库，用于处理数组和矩阵
from PIL import Image               # 导入 PIL 中的 Image 类，用于读取、处理图像
from os import path                 # 导入操作系统路径模块中的 path 函数，用于处理文件路径
import matplotlib.pyplot as plt     # 导入 pyplot 模块，用于绘制图形
import os                           # 导入操作系统相关的模块，用于获取当前工作目录等操作
import random                       # 导入 random 模块，用于生成随机数
from wordcloud import WordCloud,STOPWORDS
            # 导入词云库中的 WordCloud 类和 STOPWORDS 集合，用于生成和处理词云图

# 定义自定义颜色函数，用于生成词云中词语的颜色
def grey_color_func(word,font_size,position,orientation,
                    random_state=None,**kwargs):
    # 使用随机的亮度值来生成灰度颜色，使词云图更加丰富多彩
    return "hsl(0,0%%,%d%%)" % random.randint(60,100)

# 获取当前文件的目录
d=path.dirname(__file__)if "__file__" in locals()else os.getcwd()

# 读取蒙版图像（掩码图像）
# 这里使用了一个星球大战中的 Stormtrooper 蒙版图像
mask=np.array(Image.open(
    path.join(d,"D:/DingJB/PyData/stormtrooper_mask.png")))

# 读取星球大战电影《新希望》的剧本文本
text=open(path.join(d,'D:/DingJB/PyData/a_new_hope.txt')).read()

# 对文本进行一些预处理，例如替换文本中的特定词语
text=text.replace("HAN","Han")
text=text.replace("LUKE'S","Luke")
```

```
# 添加剧本特定的停用词
stopwords=set(STOPWORDS)
stopwords.add("int")
stopwords.add("ext")

# 创建词云对象，并生成词云图
wc=WordCloud(max_words=1000,mask=mask,stopwords=stopwords,margin=10,
             random_state=1).generate(text)

default_colors=wc.to_array()                    # 保存默认颜色的词云图

# 显示自定义颜色的词云图
plt.title("Custom colors")
plt.imshow(wc.recolor(color_func=grey_color_func,random_state=3),
           interpolation="bilinear")
plt.axis("off")
plt.show()

# 显示默认颜色的词云图
plt.figure()
plt.title("Default colors")
plt.imshow(default_colors,interpolation="bilinear")
plt.axis("off")
plt.show()
```

上述代码生成了两个词云图，一个使用了自定义颜色函数，另一个使用了默认的颜色。
首先，读取了一个蒙版图像。然后，读取了剧本文本，并对文本进行了预处理，例如替换了
一些特定词语和添加了剧本特定的停用词。接下来，创建了一个词云对象，并使用蒙版图像
和停用词生成了词云图。最后，显示了两个词云图，一个使用了自定义颜色函数，另一个使
用了默认的颜色。输出的结果如图 4-35 所示。

图 4-35 词云图 2

4.8 玫瑰图

玫瑰图（Rose Plot）也称为极坐标直方图（Polar Histogram），是一种在极坐标系统下显示数据分布的图表类型。它以一个圆形或半圆形的坐标系来表示数据，其中数据的频率或计数通过半径的长度来表示，角度则代表不同的类别或区间。

玫瑰图常用于显示具有周期性或方向性特征的数据，例如风向分布、季节性数据、方位角分布等。它可以帮助我们直观地理解数据的分布情况和主要趋势，同时提供了一种有效的可视化方式，将多个类别或区间的数据进行比较。

【例 4-28】绘制玫瑰图示例 1。输入如下代码：

```python
import matplotlib.pyplot as plt
import numpy as np

np.random.seed(19781101)                    # 固定随机数种子，以便结果可复现
# 计算扇形柱
N=20
theta=np.linspace(0.0,2*np.pi,N,endpoint=False)
radii=10*np.random.rand(N)
width=np.pi/4*np.random.rand(N)
colors=plt.cm.viridis(radii/10.)

# 创建极坐标子图
ax=plt.subplot(projection='polar')
# 绘制柱状图
ax.bar(theta,radii,width=width,bottom=0.0,color=colors,alpha=0.5)
plt.show()
```

上述代码绘制的图形是一个极坐标下的柱状图（玫瑰图），每个柱子代表一个扇形区域，柱子的高度由 radii 数组决定，颜色由数据的大小决定。输出的结果如图 4-36 所示。

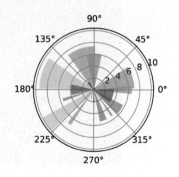

图 4-36 玫瑰图 1

【例 4-29】绘制玫瑰图示例 2。输入如下代码：

```python
import numpy as np
from windrose import WindroseAxes
from matplotlib import cm

# 生成随机的风速和风向数据
N=500
ws=np.random.random(N)*6                              # 随机生成风速数据（0 ~ 6）
wd=np.random.random(N)*360                            # 随机生成风向数据（0 ~ 360）

# 创建风玫瑰图对象，并绘制归一化柱状图
ax=WindroseAxes.from_ax()
ax.bar(wd,ws,normed=True,opening=0.8,edgecolor="white")   # 绘制柱状图
ax.set_legend()                                           # 添加图例

# 创建风玫瑰图对象，并绘制箱线图
ax=WindroseAxes.from_ax()
ax.box(wd,ws,bins=np.arange(0,8,1))                       # 绘制箱线图
ax.set_legend()                                           # 添加图例

# 创建风玫瑰图对象，并绘制填充等高线图
ax=WindroseAxes.from_ax()
ax.contourf(wd,ws,bins=np.arange(0,8,1),cmap=cm.hot)      # 绘制填充等高线图
ax.set_legend()                                           # 添加图例

# 创建风玫瑰图对象，并绘制等高线图
ax=WindroseAxes.from_ax()
ax.contour(wd,ws,bins=np.arange(0,8,1),cmap=cm.hot,lw=1)  # 绘制等高线图
ax.set_legend()                                           # 添加图例
```

上述代码使用了 windrose 库来绘制风玫瑰图。它首先生成了 500 个随机的风速和风向数据，然后分别绘制了归一化柱状图、箱线图、填充等高线图和等高线图。每次绘制前都创建了风玫瑰图对象，并调用相应的绘图方法来生成不同类型的风玫瑰图。最后，通过 set_legend() 方法添加了图例。输出的结果如图 4-37 所示。

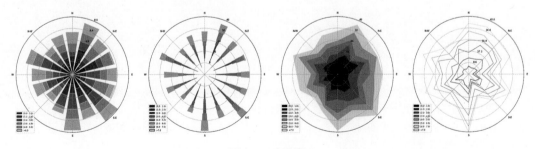

图 4-37 玫瑰图 2

【例 4-30】绘制玫瑰图示例 1。输入如下代码：

```python
import numpy as np
import pandas as pd
import seaborn as sns
from matplotlib import pyplot as plt

# 导入 windrose 库中的 WindroseAxes 和 plot_windrose 函数
from windrose import WindroseAxes,plot_windrose

# 创建包含风速、风向和月份的 DataFrame
wind_data=pd.DataFrame({
        "ws":np.random.random(1200)*6,       # 随机生成风速数据（0～6）
        "wd":np.random.random(1200)*360,      # 随机生成风向数据（0～360）
        "month":np.repeat(range(1,13),100),   # 重复月份数据 100 次
    })

def plot_windrose_subplots(data,*,direction,var,color=None,**kwargs):
    """ 封装函数，用于在子图中绘制风玫瑰图 """
    ax=plt.gca()                              # 获取当前轴对象
    ax=WindroseAxes.from_ax(ax=ax)            # 创建风玫瑰图对象，并在当前轴上添加

    # 调用 plot_windrose() 函数绘制风玫瑰图
    plot_windrose(direction_or_df=data[direction],var=data[var],
                             ax=ax,**kwargs)

# 使用 FacetGrid 创建子图结构
g=sns.FacetGrid(data=wind_data,col="month",   # 按月份创建子图列
    col_wrap=4,                               # 每行最多显示 4 个子图
    subplot_kws={"projection":"windrose"},    # 使用风玫瑰图投影
    sharex=False,sharey=False,                # 不共享 X 轴、Y 轴
    despine=False,                            # 不去掉轴线外侧边框
    height=3.5,)                              # 子图高度

# 在每个子图上调用 plot_windrose_subplots() 函数绘制风玫瑰图
g.map_dataframe(plot_windrose_subplots,
    direction="wd",                           # 风向数据列名
    var="ws",                                 # 风速数据列名
    normed=True,                              # 对频率进行归一化
    bins=(0.1,1,2,3,4,5),                     # 设置频率区间
    calm_limit=0.1,                           # 静风的限制值
    kind="bar",                               # 使用柱状图形式
)

# 设置每个子图的图例和径向网格线
y_ticks=range(0,17,4)                                 # 设置径向网格线范围
for ax in g.axes:
    ax.set_legend( title="$m \cdot s^{-1}$",          # 图例标题
```

```
        bbox_to_anchor=(1.15,-0.1),                    # 图例位置
        loc="lower right",                             # 图例位置
    )
ax.set_rgrids(y_ticks,y_ticks)                         # 设置径向网格线
plt.subplots_adjust(wspace=-0.2)                       # 调整子图之间的间距
```

上述代码创建了一个具有多个子图的风玫瑰图网格，每个子图代表一月份的风向风速分布。它首先使用 FacetGrid 创建了一个子图结构，并设置了子图的相关属性，如子图的投影类型为风玫瑰图、不共享 X 轴和 Y 轴、不去掉轴线外侧边框等。然后，通过 map_dataframe() 方法在每个子图上调用 plot_windrose_subplots() 函数来绘制风玫瑰图，其中指定风向数据列名为 wd，风速数据列名为 ws，对频率进行归一化，设置频率区间和静风的限制值，以及使用柱状图形式。最后，设置每个子图的图例和径向网格线，并调整子图之间的间距。输出的结果如图 4-38 所示。

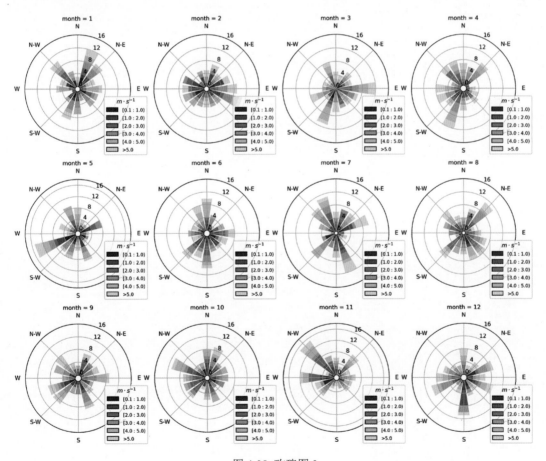

图 4-38 玫瑰图 3

4.9 本章小结

本章介绍了类别比较数据的可视化，包括柱状图、条形图、棒棒糖图、包点图、雷达图、词云图、玫瑰图、径向柱状图。读者在学习过程中需要多理解类别比较数据的结构形式，以及在 Python 中如何绘制对应的图形，深入理解代码的含义，才能提高自己的作图水平。

第5章

数值关系数据可视化

数值关系数据可视化是数据科学和数据分析中至关重要的一部分。通过将数据可视化，可以将数据转换为图形或图表，使得数据的模式、关联和趋势变得更加清晰和直观。本章将介绍常见的数值关系数据可视化的实现方法，包括散点图、气泡图、等高线图等。通过本章的学习可以掌握数值关系数据可视化的知识，并能在实际应用中灵活运用。

5.1 散点图

散点图（Scatter Plot）是一种用于可视化两个连续变量之间关系的图表类型。它以坐标系中的点的位置来表示数据的取值，并通过点的分布来展示两个变量之间的相关性、趋势和离散程度。

散点图可以展示两个变量之间的分布模式和趋势，帮助观察变量之间的关系和可能的相关性。通过散点图可以发现数据的聚集、离散、趋势、异常值等特征。

当数据点较多时，散点图可能会出现重叠，导致点的形状和分布难以辨认，此时可以使用透明度、颜色编码等方式来区分和凸显不同的数据子集。

在 Python 中构建散点图，最简单的方法是利用 Seaborn，而 Matplotlib 允许更高级别的定制。如果需要构建交互式图表，可以使用 Plotly。

1. 基础散点图

【例 5-1】使用 Seaborn 库绘制鸢尾花（iris）数据集中萼片长度（sepal_length）与萼片宽度（sepal_width）之间的散点图。输入如下代码：

```
import seaborn as sns                      # 导入 Seaborn 库并简写为 sns
df=sns.load_dataset('iris')                # 加载 iris 数据集
# 绘制散点图
sns.regplot(x=df["sepal_length"],y=df["sepal_width"])
                                           # 绘制散点图（默认进行线性拟合）

sns.regplot(x=df["sepal_length"],y=df["sepal_width"],fit_reg=False)
                                           # 绘制散点图（不进行线性拟合）
```

上述代码使用 Seaborn 库绘制了 iris 数据集中 sepal_length 和 sepal_width 两列之间的散点图，并提供了两种不同的可视化方式。①绘制默认情况不进行线性拟合的散点图，即不在图中添加拟合直线。②绘制不进行线性拟合的散点图，即只显示原始的数据点，而没有拟合直线。输出的结果如图 5-1 所示。

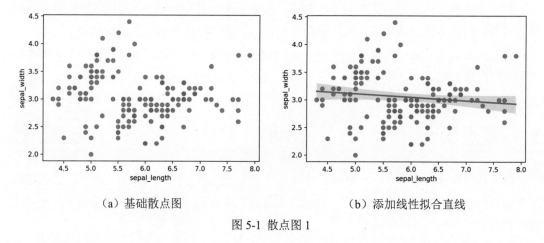

（a）基础散点图　　　　　　　　　　（b）添加线性拟合直线

图 5-1 散点图 1

【例 5-2】利用 midwest_filter.csv 数据集绘制散点图，展示中西部地区的面积与人口之间的关系。输入如下代码：

```
# 导入必要的库
import pandas as pd
```

```
import numpy as np
import matplotlib.pyplot as plt

midwest=pd.read_csv('D:/DingJB/PyData/midwest_filter.csv')  # 导入数据集
categories=np.unique(midwest['category'])                   # 获取数据集中的唯一类别
# 生成与唯一类别数量相同的颜色
# 使用 Matplotlib 的颜色映射函数来生成颜色
colors=[plt.cm.tab10(i/float(len(categories)-1))for i inrange(len(categories))]

# 绘制每个类别的图形
# 设置图形的大小、分辨率和背景色
plt.figure(figsize=(10,6),dpi=80,facecolor='w',edgecolor='k')

# 遍历每个类别，并使用 scatter() 函数绘制散点图
for i,category in enumerate(categories):
    # 使用 loc() 方法筛选出特定类别的数据，并绘制散点图
    plt.scatter('area','poptotal',
                data=midwest.loc[midwest.category==category,:],
                s=20,c=colors[i],label=str(category))

# 图形修饰
plt.gca().set(xlim=(0.0,0.1),ylim=(0,90000),
              xlabel='Area',ylabel='Population')   # 设置 X 轴和 Y 轴的范围、标签

# 设置 X 轴和 Y 轴的刻度字体大小
plt.xticks(fontsize=12)
plt.yticks(fontsize=12)

plt.title("Scatterplot ",fontsize=22)      # 设置图形标题
plt.legend(fontsize=12)                     # 添加图例
plt.show()
```

上述代码从 CSV 文件中导入了数据集 midwest_filter.csv，并获取了数据集中的唯一类别，为每个类别生成颜色，并遍历每个类别，使用散点图展示了数据集中不同类别的数据。每个类别使用不同的颜色标识，散点图的 X 轴为 area 列，Y 轴为 poptotal 列。图形修饰部分设置了 X 轴和 Y 轴的范围、标签以及刻度字体大小，并添加了图例和标题。输出的结果如图 5-2 所示。

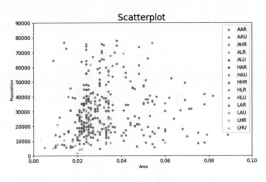

图 5-2 散点图 2

2．自定义线性回归拟合直线

【例5-3】使用 Seaborn 的 regplot() 函数在鸢尾花（iris）数据集上绘制添加线性回归的散点图。输入如下代码：

```
import pandas as pd                        # 导入 Pandas 库并简写为 pd
import matplotlib.pyplot as plt            # 导入 matplotlib.pyplot 模块并简写为 plt
import seaborn as sns                      # 导入 Seaborn 库并简写为 sns

df=sns.load_dataset('iris')                          # 加载 iris 数据集
# 绘制散点图，并添加红色线性回归线
fig,ax=plt.subplots(figsize=(8,6))                   # 创建图形和子图对象，并设置图形大小
sns.regplot(x=df["sepal_length"],y=df["sepal_width"],
                                      # 绘制散点图，指定横纵轴数据
            line_kws={"color":"r"},ax=ax)    # 设置线性回归线颜色为红色
plt.show()

# 绘制散点图，并添加半透明的红色线性回归线
fig,ax=plt.subplots(figsize=(8,6))          # 创建图形和子图对象，并设置图形大小
sns.regplot(x=df["sepal_length"],y=df["sepal_width"],
                                      # 绘制散点图，指定横纵轴数据
            line_kws={"color":"r","alpha":0.4},ax=ax)
                                      # 设置线性回归线颜色为红色，透明度为 0.4
plt.show()

# 绘制散点图，并自定义线性回归线的线宽、线型和颜色
fig,ax=plt.subplots(figsize=(8,6))          # 创建图形和子图对象，并设置图形大小
sns.regplot(x=df["sepal_length"],y=df["sepal_width"],
                                      # 绘制散点图，指定横纵轴数据
            line_kws={"color":"r","alpha":0.4,"lw":5,"ls":"--"},ax=ax)
                                      # 设置线性回归线的颜色、透明度、线宽和线型
plt.show()
```

上述代码绘制了3个散点图，每个散点图都添加了线性回归线，并对线性回归线进行了不同的自定义设置。①绘制添加了红色线性回归线的散点图；②绘制添加了半透明的红色线性回归线的散点图；③绘制添加了线性回归线的散点图，并对回归线的线宽、线型和颜色进行了自定义设置（红色，透明度为0.4，线宽为5，线型为虚线）。输出的结果如图5-3所示。

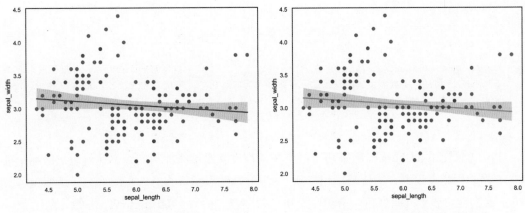

（a）添加红色线性回归线　　　　　　　（b）添加半透明的红色线性回归线

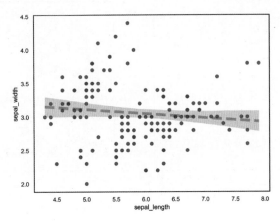

（c）自定义回归线的线宽、线型和颜色

图 5-3　添加线性回归线的散点图

在 Seaborn 中，通过 marker 可以控制点（标记）的形状，通过以下代码可以获取点的不同形状的符号，读者可自行尝试。

```
from matplotlib import markers
print(markers.MarkerStyle.markers.keys())
```

3. 自定义点的形状

【例 5-4】使用 Seaborn 的 regplot() 函数在鸢尾花（iris）数据集上绘制散点图，尝试采用不同的点形状。输入如下代码：

```
fig,ax=plt.subplots(figsize=(8,6))          # 创建图形和子图对象，并设置图形大小
# 绘制散点图，不添加回归线，标记形状为 "+"
```

```
sns.regplot(x=df["sepal_length"],y=df["sepal_width"],
            marker="+",fit_reg=False,ax=ax)
plt.show()

fig,ax=plt.subplots(figsize=(8,6))              # 创建图形和子图对象，并设置图形大小
# 绘制散点图，不添加回归线，设置散点标记颜色为暗红色，透明度为 0.3，标记大小为 200
sns.regplot(x=df["sepal_length"],y=df["sepal_width"],fit_reg=False,
            scatter_kws={"color":"darkred","alpha":0.3,"s":200},ax=ax)
plt.show()
```

上述代码使用 Seaborn 绘制了两个散点图，都没有添加线性回归线，并对散点的标记进行了不同的自定义设置。①使用标记形状 "+" 绘制散点图。②对散点的颜色、透明度和大小进行了自定义设置（暗红色，透明度为 0.3，大小为 200）。输出的结果如图 5-4 所示。

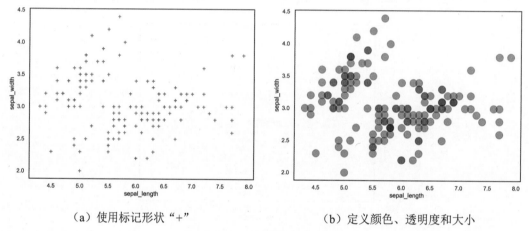

（a）使用标记形状 "+"　　　　　　　　　（b）定义颜色、透明度和大小

图 5-4　自定义点形状的散点图

【例 5-5】使用 Seaborn 的 regplot() 函数在鸢尾花（iris）数据集上绘制散点图，每幅散点图均按照不同的方式（使用分类变量）对数据子集进行着色和标记。输入如下代码：

```
import seaborn as sns                          # 导入 Seaborn 库
import matplotlib.pyplot as plt                # 导入 matplotlib.pyplot 库

df=sns.load_dataset('iris')                    # 加载 iris 数据集
# 使用 'hue' 参数提供一个因子变量，并绘制散点图
sns.lmplot(x="sepal_length",y="sepal_width",
           data=df,fit_reg=False,hue='species',legend=False)
# 将图例移动到图形中的一个空白部分
plt.legend(loc='lower right')
plt.show()
```

```
# 绘制散点图，并指定每个数据子集的标记形状
sns.lmplot(x="sepal_length",y="sepal_width",data=df,
           fit_reg=False,hue='species',legend=False,markers=["o","x","1"])
# 将图例移动到图形中的一个空白部分
plt.legend(loc='lower right')
plt.show()

# 使用调色板来着色不同的数据子集
sns.lmplot(x="sepal_length",y="sepal_width",
           data=df,fit_reg=False,hue='species',
           legend=False,palette="Set2")
# 将图例移动到图形中的一个空白部分
plt.legend(loc='lower right')
plt.show()

# 控制每个数据子集的颜色
sns.lmplot(x="sepal_length",y="sepal_width",
           data=df,fit_reg=False,hue='species',legend=False,
           palette=dict(setosa="blue",virginica="red",versicolor="green"))
# 将图例移动到图形中的一个空白部分
plt.legend(loc='lower right')
plt.show()
```

上述代码使用 Seaborn 的 lmplot() 函数绘制了 4 个不同的散点图，每个图都根据 Iris 数据集中的不同品种进行了分组，并采用不同的方式来设置颜色和标记形状。

（1）使用 'species' 列作为因子变量来着色不同的数据子集，并在图例中添加了品种信息。

（2）在（1）的基础上，指定不同数据子集的标记形状为圆圈、叉和 1 代表的符号。

（3）使用了调色板 Set2 来着色不同的数据子集。

（4）使用自定义的调色板来控制不同数据子集的颜色，其中 'setosa' 品种为蓝色，'virginica' 品种为红色，'versicolor' 品种为绿色，并在图例中添加了相应的颜色说明。

输出的结果如图 5-5 所示。

4．抖动散点图

通常多个数据点具有完全相同的 X 值和 Y 值，这样会导致多个点绘制重叠并隐藏。为避免这种情况，可将数据点稍微抖动，以便可以直观地看到它们。使用 Seaborn 的 stripplot() 可以很方便地实现这个功能。

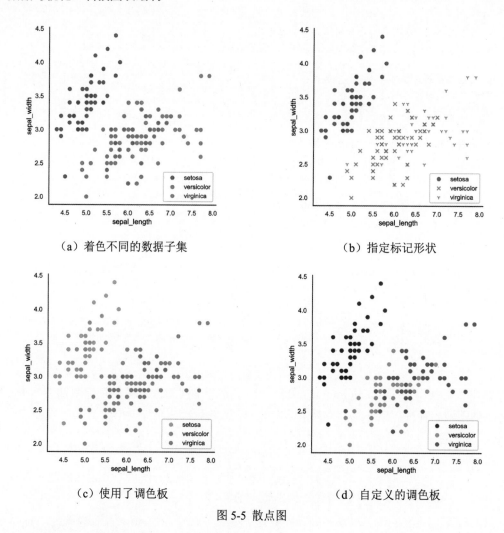

（a）着色不同的数据子集   （b）指定标记形状

（c）使用了调色板   （d）自定义的调色板

图 5-5 散点图

【例 5-6】绘制抖动散点图。输入如下代码：

```
import pandas as pd
import seaborn as sns
import matplotlib.pyplot as plt

df=pd.read_csv("D:/DingJB/PyData/mpg_ggplot2.csv")          # 导入数据

# 绘制 Stripplot
fig,ax=plt.subplots(figsize=(12,6),dpi=80)
sns.stripplot(x='cty',y='hwy',hue='class',data=df,jitter=0.25,size=6,
              ax=ax,linewidth=.5)
```

```
# 修饰
plt.title('Use jittered plots to avoid overlapping of points',fontsize=22)
plt.show()
```

上述代码使用 Seaborn 库绘制了一个带有 Jitter 效果的 Stripplot 图，展示了城市里程（cty）和高速公路里程（hwy）之间的关系，并根据车辆类别（class）进行了分类显示。Jitter 效果使得数据点在 X 轴方向上稍微分散，以避免重叠。输出的结果如图 5-6 所示。

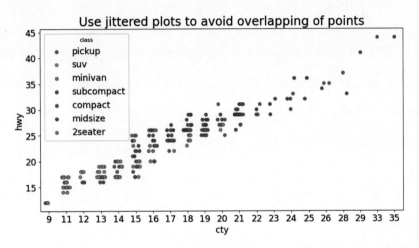

图 5-6 抖动散点图

5.2 边际图

边际图（Margin Diagram）通常用于表示某种现象或数据集中的边际分布。它是一种统计图表，用于显示数据的边际分布情况。边际分布指的是在多个变量中只关注其中一个变量时的分布情况。

边际图通常用于多维数据的可视化，特别是在探索性数据分析阶段。它能够帮助用户观察数据的边际关系，即在其他变量保持不变的情况下，某一变量的分布情况。边际图的绘制方式可以因数据类型和目的而异，但一般来说，它们通常包括以下几种形式。

（1）边际直方图：在边际图中，通过绘制直方图来表示某个变量的分布情况。在多维数据中，可以选择其中一个变量，绘制其直方图，并在其边缘显示其他变量的密度或频率。

（2）边际密度图：与边际直方图类似，边际密度图也是用来表示某个变量的分布情况，但是采用的是核密度估计等连续密度估计方法，以平滑地显示概率密度。

（3）边际箱线图：边际箱线图可以用来展示某个变量的分布情况，并在其边缘显示其他变量的分布情况，通过箱线图的上下界和中位数等统计量可以观察到数据的分布情况和离群值。

（4）边际散点图：当数据是二维的时候，可以绘制边际散点图来显示两个变量的边际分布情况。通常在散点图的边缘添加直方图或密度图，以展示每个变量的边际分布。

边际图的优点在于可以同时展示多个变量之间的边际关系，有助于发现变量之间的相互作用以及变量的单独影响。在数据分析和可视化过程中，边际图是一种非常有用的工具，可以帮助人们更好地理解数据的特征和结构。使用 Seaborn 的 jointplot() 函数绘制边际散点图。

【例 5-7】使用 Seaborn 库绘制不同类型的边际图，包括散点图、六边形图、核密度估计图等。输入如下代码：

```python
import seaborn as sns                    # 导入 Seaborn 库并简写为 sns
import matplotlib.pyplot as plt          # 导入 Matplotlib.pyplot 库并简写为 plt

df=sns.load_dataset('iris')                      # 从 Seaborn 中加载 iris 数据集
fig,axs=plt.subplots(1,3,figsize=(12,10))        # 创建一个 2×2 的网格布局

# 创建带有散点图的边际图
sns.jointplot(x=df["sepal_length"],y=df["sepal_width"],kind='scatter')
# 创建带有六边形图的边际图
sns.jointplot(x=df["sepal_length"],y=df["sepal_width"],kind='hex')
# 创建带有核密度估计图的边际图
sns.jointplot(x=df["sepal_length"],y=df["sepal_width"],kind='kde')
plt.show()
```

上述代码使用 Seaborn 库绘制了三种不同类型的边际图，分别为散点图、六边形图和核密度估计图，展示了 iris 数据集中花萼长度与花萼宽度之间的关系及其分布情况。输出的结果如图 5-7 所示。

```python
# 自定义联合图中的散点图
sns.jointplot(x=df["sepal_length"],y=df["sepal_width"],kind='scatter',
              s=200,color='m',edgecolor="skyblue",linewidth=2)

# 自定义颜色
sns.set_theme(style="white",color_codes=True)
sns.jointplot(x=df["sepal_length"],y=df["sepal_width"],kind='kde',
              color="skyblue")
plt.show()

# 自定义直方图
```

```
sns.jointplot(x=df["sepal_length"],y=df["sepal_width"],kind='hex',
              marginal_kws=dict(bins=30,fill=True))
plt.show()
```

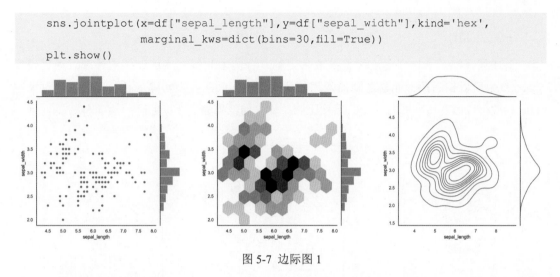

图 5-7 边际图 1

上述代码展示了如何使用 Seaborn 自定义联合图中的散点图、核密度估计图和六边形图的样式。通过调整参数（如点的大小、颜色、边缘颜色以及边缘线宽度）来定制散点图的外观；通过设置颜色参数来自定义核密度估计图的颜色；通过调整 marginal_kws 参数来设置六边形图中边际直方图的外观，如直方图箱数和是否填充直方图。输出的结果如图 5-8 所示。

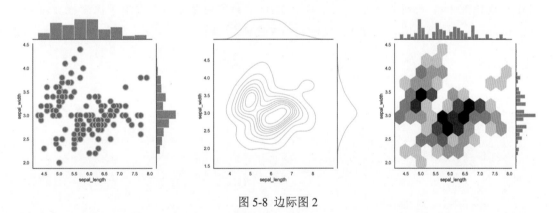

图 5-8 边际图 2

```
# 无间隔
sns.jointplot(x=df["sepal_length"],y=df["sepal_width"],kind='kde',
              color="blue",space=0)
# 大间隔
sns.jointplot(x=df["sepal_length"],y=df["sepal_width"],kind='kde',
              color="blue",space=3)
# 调整边际图比例
sns.jointplot(x=df["sepal_length"],y=df["sepal_width"],
```

```
                    kind='kde',ratio=2)
plt.show()
```

上述代码演示了如何通过调整参数来定制联合图中的核密度估计图的外观。通过设置 space 参数可以控制图形元素之间的间距，从而实现无间隔、大间隔或默认间隔；通过调整 ratio 参数可以改变边际图与主图的尺寸比例。输出的结果如图 5-9 所示。

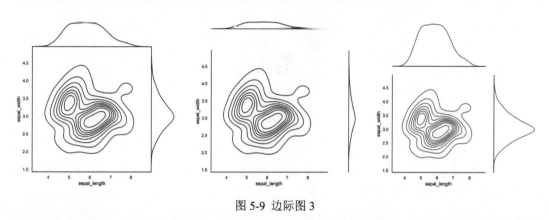

图 5-9　边际图 3

【例 5-8】绘制边缘为直方图的边际图。边际图具有沿 X 轴和 Y 轴变量的直方图，用于可视化 X 和 Y 之间的关系以及单独的 X 和 Y 的单变量分布，常用于探索性数据分析（Exploratory Data Analysis，EDA）。输入如下代码：

```
import pandas as pd
import matplotlib.pyplot as plt

df=pd.read_csv("D:/DingJB/PyData/mpg_ggplot2.csv")          # 导入数据
# 创建图形和网格布局
fig=plt.figure(figsize=(12,8),dpi=80)
grid=plt.GridSpec(4,4,hspace=0.5,wspace=0.2)

# 定义坐标轴
ax_main=fig.add_subplot(grid[:-1,:-1])
ax_right=fig.add_subplot(grid[:-1,-1],xticklabels=[],yticklabels=[])
ax_bottom=fig.add_subplot(grid[-1,0:-1],xticklabels=[],yticklabels=[])

# 主图上的散点图
ax_main.scatter('displ','hwy',s=df.cty*4,
    c=df.manufacturer.astype('category').cat.codes,
    alpha=.9,data=df,cmap="tab10",edgecolors='gray',linewidths=.5)

# 右侧的直方图
```

```
ax_bottom.hist(df.displ,40,histtype='stepfilled',orientation='vertical',
               color='blue',alpha=0.8)
ax_bottom.invert_yaxis()

# 底部的直方图
ax_right.hist(df.hwy,40,histtype='stepfilled',orientation='horizontal',
              color='blue',alpha=0.8)

# 图形修饰
ax_main.set(title='Scatterplot with Histograms \n displ vs hwy',
            xlabel='displ',ylabel='hwy')
ax_main.title.set_fontsize(20)
for item in ([ax_main.xaxis.label,ax_main.yaxis.label]+
             ax_main.get_xticklabels()+ax_main.get_yticklabels()):
    item.set_fontsize(14)

xlabels=ax_main.get_xticks().tolist()
ax_main.set_xticklabels(xlabels)
plt.show()
```

上述代码创建了一个带有散点图和边际直方图的复合图。主图展示了两个变量之间的关系，右侧和底部分别是横向和纵向的直方图，展示了各自变量的分布情况。通过调整颜色、大小和透明度，图形呈现出清晰的视觉效果。输出的结果如图 5-10 所示。

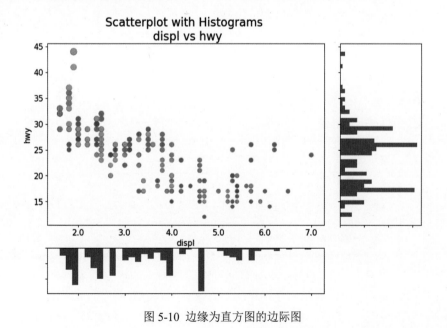

图 5-10　边缘为直方图的边际图

Python 数据可视化：科技图表绘制

【例5-9】边缘为箱线图的边际图与边缘为直方图的边际图具有相似的用途。箱线图有助于精确定位 X 和 Y 的中位数、第 25 和第 75 百分位数。输入如下代码：

```python
import pandas as pd
import seaborn as sns
import matplotlib.pyplot as plt

df=pd.read_csv("D:/DingJB/PyData/mpg_ggplot2.csv")          # 导入数据

# 创建图形和网格布局
fig=plt.figure(figsize=(12,8),dpi=80)
grid=plt.GridSpec(4,4,hspace=0.5,wspace=0.2)

# 定义坐标轴
ax_main=fig.add_subplot(grid[:-1,:-1])                      # 主图的位置
ax_right=fig.add_subplot(grid[:-1,-1],
            xticklabels=[],yticklabels=[])                  # 右侧箱线图的位置
ax_bottom=fig.add_subplot(grid[-1,0:-1],
            xticklabels=[],yticklabels=[])                  # 底部箱线图的位置

# 主图上的散点图
ax_main.scatter('displ','hwy',s=df.cty*5,
    c=df.manufacturer.astype('category').cat.codes,         # 根据制造商进行着色
    alpha=.8,data=df,cmap="Set1",edgecolors='black',linewidths=.5)
sns.boxplot(df.hwy,ax=ax_right,orient="v")                  # 在右侧添加箱线图
sns.boxplot(df.displ,ax=ax_bottom,orient="h")              # 在底部添加箱线图

# 图形修饰
ax_bottom.set(xlabel='')                                    # 移除箱线图的 X 轴名称
ax_right.set(ylabel='')                                     # 移除箱线图的 Y 轴名称

# 主标题、X 轴和 Y 轴标签
ax_main.set(title='Scatterplot with Histograms \n displ vs hwy',
            xlabel='displ',ylabel='hwy')

# 设置字体大小
ax_main.title.set_fontsize(20)                              # 设置主标题的字体大小
for item in ([ax_main.xaxis.label,ax_main.yaxis.label]+
            ax_main.get_xticklabels()+ax_main.get_yticklabels()):
    item.set_fontsize(14)                                   # 设置其他组件的字体大小
plt.show()
```

上述代码创建了一个带有散点图和箱线图的复合图表。主图中的散点图显示了汽车的排量（displ）与公路里程（hwy）的关系，点的大小表示城市里程（cty），点的颜色表示汽车

154

的制造商。右侧的箱线图展示了公路里程（hwy）的分布情况，底部的箱线图展示了排量（displ）的分布情况。图形修饰部分包括设置标题、轴标签和字体大小。输出的结果如图 5-11 所示。

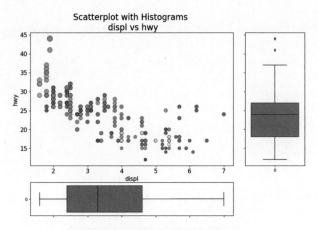

图 5-11　边缘为箱线图的边际图

【例 5-10】利用 Proplot 绘制边际图。输入如下代码：

```
import proplot as pplt
import numpy as np

# 创建数据
N=500
state=np.random.RandomState(51423)
x=state.normal(size=(N,))
y=state.normal(size=(N,))
bins=pplt.arange(-3,3,0.25)                         # 设置直方图的区间范围和步长

# 创建带有边际分布的直方图
fig,axs=pplt.subplots(ncols=2,refwidth=2.3)         # 创建一个包含两个子图的图形
axs.format(abc='A.',abcloc='l',titleabove=True,     # 设置图形标签和标题的样式
    ylabel='y axis',
    suptitle='Histograms with marginal distributions' # 设置Y轴标签和总标题
)
colors=('indigo9','red9')                           # 设置直方图的颜色
titles=('Group 1','Group 2')                        # 设置子图的标题
for ax,which,color,title in zip(axs,'lr',colors,titles):
    # 绘制 2D 直方图
    ax.hist2d( x,y,bins,vmin=0,vmax=10,levels=50,   # 绘制二维直方图
        cmap=color,colorbar='b',
        colorbar_kw={'label':'count'}               # 设置颜色映射和颜色条
```

```
)
color=pplt.scale_luminance(color,1.5)           # 调整直方图颜色的亮度
# 添加边际直方图
px=ax.panel(which,space=0)                       # 创建边际直方图所在的面板
px.histh(y,bins,color=color,fill=True,ec='k')   # 绘制 Y 轴边际直方图
px.format(grid=False,xlocator=[],
          xreverse=(which=='l'))                 # 格式化面板，设置网格线和 X 轴刻度
px=ax.panel('t',space=0)                          # 创建顶部边际直方图所在的面板
px.hist(x,bins,color=color,fill=True,ec='k')     # 绘制 X 轴边际直方图
px.format(grid=False,ylocator=[],title=title,
          titleloc='l')                           # 格式化面板，设置网格线、Y 轴刻度和标题位置
```

上述代码使用 ProPlot 库创建了一个包含两个子图的图形，每个子图中都包含 2D 直方图和边际分布直方图。图形展示了两组数据的分布情况，并通过调整颜色和样式使得图形更加清晰易读。输出的结果如图 5-12 所示。

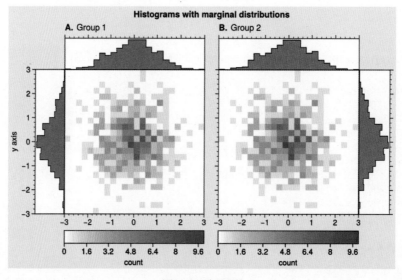

图 5-12 边际图

5.3 曼哈顿图

曼哈顿图（Manhattan Plot）是一种特定类型的散点图，多用于全基因组关联研究（Genome-Wide Association Studies，GWAS），其每个点代表一种基因变异，X 轴值表示它在染色体上的位置，Y 轴值表示它与某一性状的关联程度。

曼哈顿图通常用于展示基因组关联研究等研究中的统计显著性结果，也可用于其他类型的数据。这种图表的名称源自纽约曼哈顿的天际线，图表中的垂直线条和水平线条形成了类似建筑物和街道的感觉。

曼哈顿图的特点是横轴代表基因组的染色体位置，纵轴代表某种统计指标（例如 -p 值、负对数 -p 值、FDR 等），而每个数据点则表示某个单个基因或基因组区域的统计显著性。通常，显著性较高的数据点会在图上显示为较高的柱状，而较不显著的数据点则显示为较矮的柱状。

曼哈顿图的主要用途之一是帮助研究人员快速发现在基因组中具有显著关联的区域或基因，尤其是在大规模数据集中进行关联分析时。通过观察曼哈顿图，研究人员可以迅速识别出统计学上显著的基因变异或其他特征，这有助于进一步进行生物信息学分析和实验验证。

曼哈顿图在研究中的使用已经成为一个标准实践，因为它提供了一种直观的方式来可视化大规模基因组数据的统计结果，并且能够帮助研究人员迅速确定值得进一步研究的区域或基因。

【例 5-11】绘制曼哈顿图示例 1。输入如下代码：

```
from bioinfokit import analys,visuz          # 导入 analys 和 visuz 模块

df=analys.get_data('mhat').data              # 加载数据集为 pandas DataFrame
df.head(2)                                   # 输出略

color=("#a7414a","#696464","#00743f","#563838","#6a8a82",
       "#a37c27","#5edfff","#282726","#c0334d","#c9753d")      # 设置颜色列表

# 创建默认参数的曼哈顿图，如图 5-13（a）所示
visuz.marker.mhat(df=df,chr='chr',pv='pvalue')

# 默认情况下，线将绘制在 P=5E-08 处，如图 5-13（b）所示
visuz.marker.mhat(df=df,chr='chr',pv='pvalue',color=color,
                  gwas_sign_line=True)                # 添加全基因组显著性线

# 更改全基因组显著性线的位置，根据需要更改该值，如图 5-13（c）所示
visuz.marker.mhat(df=df,chr='chr',pv='pvalue',color=color,
                  gwas_sign_line=True,gwasp=5E-06)

# 根据 'gwasp' 定义的显著性，为 SNPs 添加注释（文本框文本），如图 5-13（d）所示
visuz.marker.mhat(df=df,chr='chr',pv='pvalue',color=color,
                  gwas_sign_line=True,gwasp=5E-06,
                  markernames=True,markeridcol='SNP',gstyle=2)
```

上述代码使用 Bioinfokit 库中的 analys 和 visuz 模块创建了曼哈顿图，并进行了多种定制。

曼哈顿图用于可视化 GWAS 结果，其中横坐标表示染色体位置，纵坐标表示关联的 -p 值。曼哈顿图可以帮助研究人员快速识别与感兴趣性状相关的 SNPs。输出的结果如图 5-13 所示。

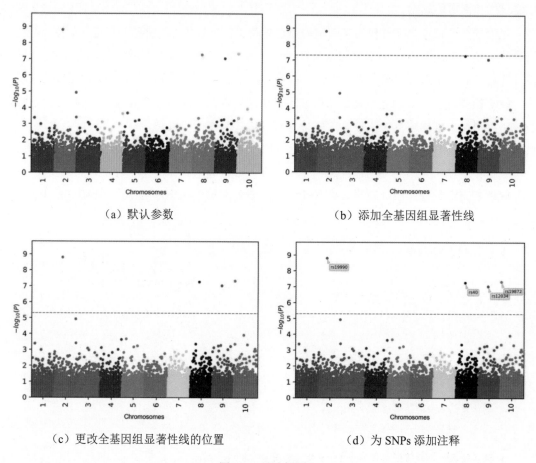

（a）默认参数　　　　　　　　　　　（b）添加全基因组显著性线

（c）更改全基因组显著性线的位置　　　（d）为 SNPs 添加注释

图 5-13　曼哈顿图 1

【例 5-12】绘制曼哈顿图示例 2。输入如下代码：

```
from pandas import DataFrame          # 导入 DataFrame 模块
from scipy.stats import uniform       # 从 scipy.stats 模块导入 uniform 分布
from scipy.stats import randint       # 从 scipy.stats 模块导入 randint 分布
import numpy as np                     # 导入 NumPy 库，并简称为 np
import matplotlib.pyplot as plt        # 导入 matplotlib.pyplot 模块，并简称为 plt

# 生成样本数据
df=DataFrame({'gene':['gene-%i' % i for i in np.arange(10000)],
                                       # 创建基因名字的序列
```

```
                'pvalue':uniform.rvs(size=10000),        # 生成服从均匀分布的 p 值数据
                'chromosome':['ch-%i' % i for i in randint.rvs(0,12,size=10000)]})
                                                         # 生成随机的染色体编号


# 计算 -log10(pvalue)
df['minuslog10pvalue']=-np.log10(df.pvalue)
                              # 计算 -p 值的负对数，用于曼哈顿图的纵轴
df.chromosome=df.chromosome.astype('category')          # 将染色体列转换为分类类型
df.chromosome=df.chromosome.cat.set_categories(
        ['ch-%i' % i for i in range(12)],ordered=True) # 对染色体进行排序
df=df.sort_values('chromosome')                         # 根据染色体排序

# 准备绘制曼哈顿图
df['ind']=range(len(df))                                # 为数据集添加索引列
df_grouped=df.groupby(('chromosome'),observed=False)    # 按染色体分组


# 绘制曼哈顿图
fig=plt.figure(figsize=(14,8))                          # 设置图形大小
ax=fig.add_subplot(111)                                 # 添加子图
colors=['darkred','darkgreen','darkblue','gold']        # 定义颜色列表
x_labels=[]                                             # 初始化 X 轴标签列表
x_labels_pos=[]                                         # 初始化 X 轴标签位置列表
for num,(name,group)in enumerate(df_grouped):           # 遍历分组后的数据
    group.plot(kind='scatter',x='ind',y='minuslog10pvalue',
        color=colors[num % len(colors)],ax=ax)          # 绘制散点图，并按染色体着色
    x_labels.append(name)                               # 添加染色体名到标签列表
    x_labels_pos.append((group['ind'].iloc[-1]-
        (group['ind'].iloc[-1]-group['ind'].iloc[0])/2)) # 添加染色体标签的位置
ax.set_xticks(x_labels_pos)                             # 设置 X 轴刻度位置
ax.set_xticklabels(x_labels)                            # 设置 X 轴刻度标签

ax.set_xlim([0,len(df)])                                # 设置 X 轴范围
ax.set_ylim([0,3.5])                                    # 设置 Y 轴范围
ax.set_xlabel('Chromosome')                             # 设置 X 轴标签
plt.show()
```

上述代码从随机数据中创建了一个曼哈顿图，用于可视化 SNP（Single Nucleotide Polymorphism，单核苷酸多态性）的 p 值。曼哈顿图将基因组上的 SNP 按照其染色体位置分组，并在图中以染色体为单位绘制。每个染色体用不同的颜色表示，散点图的横轴表示 SNP 的位置，纵轴表示 -p 值的负对数。输出的结果如图 5-14 所示。

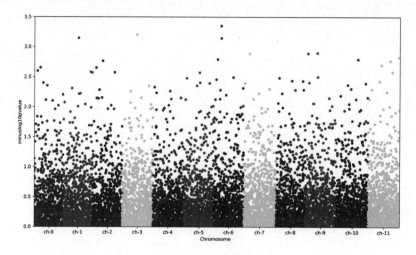

图 5-14 曼哈顿图 2

5.4 气泡图

气泡图（Bubble Chart）是一种用于可视化 3 个变量之间关系的图表类型。气泡图基本上类似于一个散点图，它通过在坐标系中以点的形式表示数据，并使用不同大小的气泡（圆形）来表示第 3 个变量的数值。

气泡图能够同时展示 3 个变量之间的关系，通过点的位置和气泡的大小可以观察两个变量之间的相关性和趋势，并展示第 3 个变量的相对大小。

> 🎮➕**注意** 绘图时需要考虑气泡的大小范围，确保气泡大小的差异在图表中明显可见。可以根据数据的范围和分布进行适当的调整。如果数据集中有多个类别或分组，可以考虑使用不同的颜色或形状来区分和表示不同的类别，以增加图表的多样性和可读性。

【例 5-13】基于 gapminder 数据集绘制基础气泡图，展示人均 GDP（GDP per Capita）与预期寿命（Life Expectancy）之间的关系，并且根据大洲（Continent）对数据进行分类。输入如下代码：

```
import matplotlib.pyplot as plt        # 导入 Matplotlib 库并简写为 plt
import seaborn as sns                   # 导入 Seaborn 库并简写为 sns
from gapminder import gapminder         # 导入数据集

plt.rcParams['figure.figsize']=[8,8]    # 设置笔记本中的图形大小
data=gapminder.loc[gapminder.year==2007] # 从数据集中选择特定年份的数据
```

```
# 使用 scatterplot() 函数绘制气泡地图
sns.scatterplot(data=data,x="gdpPercap",y="lifeExp",size="pop",
                legend=False,sizes=(20,1600))
plt.show()

sns.set_style("darkgrid")                      # 设置 Seaborn 主题为 "darkgrid"
# 使用 scatterplot() 函数绘制气泡地图
sns.scatterplot(data=data,x="gdpPercap",y="lifeExp",size="pop",
                hue="continent",palette="viridis",
                edgecolor="blue",alpha=0.5,sizes=(10,1600))
# 添加标题（主标题和轴标题）
plt.xlabel("Gdp per Capita")                   # X 轴标题
plt.ylabel("Life Expectancy")                  # Y 轴标题

# 将图例放置在图形外部
plt.legend(bbox_to_anchor=(1,1),loc='upper left',fontsize=15)
plt.show()
```

上述代码使用 Seaborn 库和 Matplotlib 库来绘制气泡地图。首先，使用 Seaborn 的 scatterplot() 函数绘制了一个简单的气泡地图，其中 X 轴表示人均 GDP，Y 轴表示预期寿命，气泡的大小表示人口数量。然后，通过调整 Seaborn 的样式和色彩，再次使用 scatterplot() 函数绘制了一个带有大陆分组和定制化样式的气泡地图。输出的结果如图 5-15 所示。

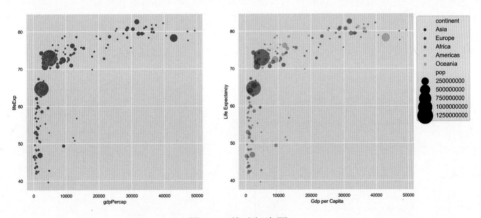

图 5-15　基础气泡图 1

【例 5-14】基于 gapminderData 数据集绘制气泡图，展示人均 GDP 与预期寿命之间的关系。输入如下代码：

```
import pandas as pd                    # 导入 Pandas 库并简写为 pd
import matplotlib.pyplot as plt        # 导入 Matplotlib 库并简写为 plt
```

```
data=pd.read_csv('D:/DingJB/PyData/gapminderData.csv')    # 读取数据
data.head(2)                                              # 检查前两行数据

# 将分类列（continent）转换为数值型分组（group1->1,group2->2...）
data['continent']=pd.Categorical(data['continent'])

plt.figure(figsize=(8,6))                                 # 设置图形大小
data1952=data[data.year==1952]                            # 选取 1952 年的数据子集

# 绘制散点图
plt.scatter(
    x=data1952['lifeExp'],                                # X 轴为预期寿命
    y=data1952['gdpPercap'],                              # Y 轴为人均 GDP
    s=data1952['pop']/50000,                              # 气泡大小与人口数量相关
    c=data1952['continent'].cat.codes,                    # 根据大洲分类编码设置气泡颜色
    cmap="Accent",                                        # 使用 Accent 调色板
    alpha=0.6,                                            # 设置透明度
    edgecolors="white",                                   # 设置气泡边缘颜色
    linewidth=2)                                          # 设置气泡边缘线宽度

# 添加标题（主标题和轴标题）
plt.yscale('log')                                         # 设置 Y 轴为对数尺度
plt.xlabel("Life Expectancy")                             # X 轴标题
plt.ylabel("GDP per Capita")                              # Y 轴标题
plt.title("Year 1952")                                    # 主标题
plt.ylim(0,50000)                                         # 设置 Y 轴范围
plt.xlim(30,75)                                           # 设置 X 轴范围
```

上述代码从 CSV 文件中读取数据，并绘制了 1952 年各国的人均 GDP 与预期寿命的散点图。气泡的大小代表人口数量，颜色代表所属大洲。通过设置对数尺度的 Y 轴，使数据更易于观察。输出的结果如图 5-16 所示。

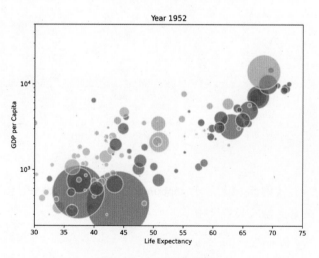

图 5-16 基础气泡图 2

【例 5-15】基于 midwest_filter 数据集绘制带边界的气泡图。从应该环绕的数据框中获取记录，并用 encircle() 来使边界显示出来。输入如下代码：

```
import pandas as pd
import numpy as np
import matplotlib.pyplot as plt
from scipy.spatial import ConvexHull

# 步骤 1：准备数据
midwest=pd.read_csv("D:/DingJB/PyData/midwest_filter.csv")          # 导入数据

# 每个唯一 midwest['category'] 对应一个颜色
categories=np.unique(midwest['category'])              # 获取唯一的类别
colors=[plt.cm.tab10(i/float(len(categories)-1))for i in
        range(len(categories))]                        # 为每个类别选择颜色

# 步骤 2：绘制散点图，每个类别使用唯一颜色
fig=plt.figure(figsize=(10,6),dpi=80,facecolor='w',
               edgecolor='k')                          # 创建图形

for i,category in enumerate(categories):
    plt.scatter('area','poptotal',
    data=midwest.loc[midwest.category==category,:],s='dot_size',
        c=colors[i],label=str(category),edgecolors='black',
        linewidths=.5,alpha=0.5)                        # 绘制气泡图

# 步骤 3：绘制围绕数据点的多边形
def encircle(x,y,ax=None,**kw):
    if not ax:ax=plt.gca()
    p=np.c_[x,y]
    hull=ConvexHull(p)
    poly=plt.Polygon(p[hull.vertices,:],**kw)
    ax.add_patch(poly)

# 选择要绘制圈的数据
midwest_encircle_data=midwest.loc[midwest.state=='IN',:]

# 绘制围绕数据点的多边形
encircle(midwest_encircle_data.area,midwest_encircle_data.poptotal,
        ec="k",fc="gold",alpha=0.1)
encircle(midwest_encircle_data.area,midwest_encircle_data.poptotal,
        ec="firebrick",fc="none",linewidth=1.5)

# 步骤 4：修饰图形
```

```
plt.gca().set(xlim=(0.0,0.1),ylim=(0,90000),
            xlabel='Area',ylabel='Population')    # 设置坐标轴的范围和标签

plt.xticks(fontsize=12); plt.yticks(fontsize=12)    # 设置刻度的字体大小
plt.title("Scatterplot of Midwest Area vs Population",
            fontsize=18)                # 设置标题
plt.legend(fontsize=12)                # 显示图例
plt.show()
```

上述代码展示了如何绘制气泡图，其中每个类别使用唯一的颜色，然后围绕选定数据点绘制了多边形。通过准备数据、绘制气泡图和多边形以及修饰图形，完整地展示了如何创建此类可视化图形。输出的结果如图 5-17 所示。

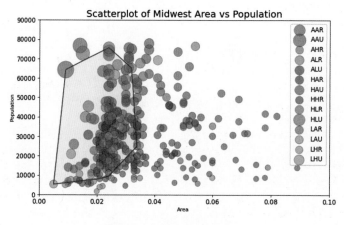

图 5-17 带边界的气泡图

【例 5-16】绘制极坐标下的气泡图。输入如下代码：

```
import matplotlib.pyplot as plt
import numpy as np

np.random.seed(19781101)                # 固定随机数种子，以便结果可复现
# 计算面积和颜色
N=150
r=2*np.random.rand(N)
theta=2*np.pi*np.random.rand(N)
area=200*r**2
colors=theta

# 创建第 1 个图形
fig=plt.figure()
ax=fig.add_subplot(projection='polar')
```

```
c=ax.scatter(theta,r,c=colors,s=area,cmap='hsv',alpha=0.75)

# 创建第 2 个图形
fig=plt.figure()
ax=fig.add_subplot(projection='polar')
c=ax.scatter(theta,r,c=colors,s=area,cmap='hsv',alpha=0.75)
# 设置极坐标原点的位置
ax.set_rorigin(-2.5)
ax.set_theta_zero_location('W',offset=10)
plt.show()                                        # 显示第 1 个图形

# 创建第 3 个图形
fig=plt.figure()
ax=fig.add_subplot(projection='polar')
c=ax.scatter(theta,r,c=colors,s=area,cmap='hsv',alpha=0.75)
# 设置极坐标角度的范围
ax.set_thetamin(45)
ax.set_thetamax(135)
```

　　上述代码利用 Matplotlib 创建了极坐标散点图，通过调整参数实现了对极坐标原点位置、角度零点位置和角度范围的定制，展示了数据点在极坐标系下的分布和特征。输出的结果如图 5-18 所示。

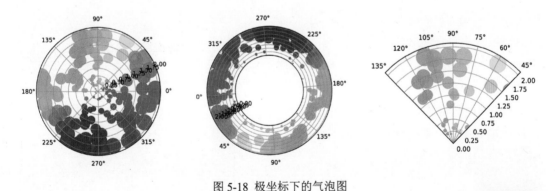

图 5-18　极坐标下的气泡图

5.5　等高线图

　　等高线图（Contour Plot）也称为等值线图或等高图，是一种用于可视化二维数据的图表类型。它通过绘制等高线来表示数据的变化和分布，将相同数值的数据点连接起来形成曲线，以展示数据的等值线和梯度。

等高线图能够直观地显示二维数据的变化和分布，帮助观察数据的轮廓、梯度和峰值。它可以揭示数据的高低区域、变化趋势以及相邻区域之间的差异。

【例 5-17】绘制等高线图示例 1。输入如下代码：

```
import matplotlib.pyplot as plt
import numpy as np

# 生成数据
x=np.linspace(-2,2,100)
y=np.linspace(-2,2,100)
X,Y=np.meshgrid(x,y)
Z=np.sin(X)*np.cos(Y)

levels=np.linspace(-1,1,20)              # 定义等高线水平
plt.contour(X,Y,Z,levels=levels)         # 创建等高线图，并指定等级

# 添加标签和标题
plt.xlabel('X轴')
plt.ylabel('Y轴')
plt.title('指定等级的等高线图')

plt.show()
```

上述代码首先生成了数据网格 X、Y，并计算 Z，然后定义了等高线水平 levels。接下来，使用 plt.contour() 函数创建等高线图，并通过 levels 参数指定等级。最后，添加了轴标签和标题，并显示图形。输出的结果如图 5-19 所示。

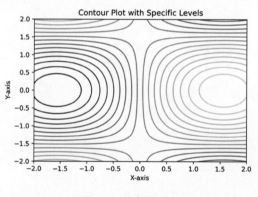

图 5-19 等高线图 1

【例 5-18】绘制等高线图示例 2。输入如下代码：

```
import numpy as np
import matplotlib.pyplot as plt

delta=0.0125                             # 减小delta值，增加网格的间距
x=np.arange(-3.0,3.0,delta)              # 定义x范围为-3～3，间隔为delta
```

```
y=np.arange(-2.0,2.0,delta)              # 定义 y 范围为 -2 ～ 2，间隔为 delta
X,Y=np.meshgrid(x,y)                     # 生成网格坐标矩阵

Z1=np.exp(-X**2-Y**2)                    # 生成第 1 个二元正态分布数据
Z2=np.exp(-(X-1.5)**2-(Y-0.5)**2)        # 生成第 2 个二元正态分布数据

# 高斯差分
Z=10.0*(Z2-Z1)                           # 计算两个正态分布之间的差分值乘以 10

plt.figure()                             # 创建新的图形窗口
CS=plt.contour(X,Y,Z)                    # 绘制等高线图
plt.clabel(CS,inline=1,fontsize=10)      # 在等高线上添加标签，默认位置
plt.title('Simplest default with labels') # 设置标题
```

上述代码使用 NumPy 生成二维坐标网格，并通过 Matplotlib 绘制了等高线图。通过计算两个二元正态分布之间的差分值并乘以 10，形成了等高线图的数据。最后，使用 contour() 函数绘制等高线，并使用 clabel() 函数在等高线上添加标签。输出的结果如图 5-20 所示。

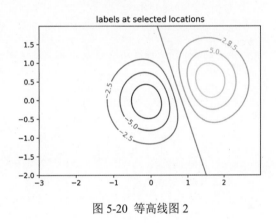

图 5-20　等高线图 2

【例 5-19】绘制等高线图示例 3。输入如下代码：

```
import matplotlib.pyplot as plt
import numpy as np
import matplotlib.tri as tri

np.random.seed(19781101)                 # 固定随机数种子，以便结果可复现
npts=200
ngridx=100
ngridy=200
x=np.random.uniform(-2,2,npts)
y=np.random.uniform(-2,2,npts)
z=x*np.exp(-x**2-y**2)

fig,(ax1,ax2)=plt.subplots(nrows=2,figsize=(6,4),)

# 在网格上进行插值。通过在网格上进行插值，绘制不规则数据坐标的等高线图
```

```
# 首先创建网格值
xi=np.linspace(-2.1,2.1,ngridx)
yi=np.linspace(-2.1,2.1,ngridy)

# 在由(xi,yi)定义的网格上线性插值数据(x,y)
triang=tri.Triangulation(x,y)
interpolator=tri.LinearTriInterpolator(triang,z)
Xi,Yi=np.meshgrid(xi,yi)
zi=interpolator(Xi,Yi)

# 注意,scipy.interpolate提供了在网格上进行数据插值的方法
# 下面的代码是对上面4行代码的替代写法
from scipy.interpolate import griddata
zi=griddata((x,y),z,(xi[None,:],yi[:,None]),method='linear')

ax1.contour(xi,yi,zi,levels=14,linewidths=0.5,colors='k')
cntr1=ax1.contourf(xi,yi,zi,levels=14,cmap="RdBu_r")

fig.colorbar(cntr1,ax=ax1)
ax1.plot(x,y,'ko',ms=2)
ax1.set(xlim=(-2,2),ylim=(-2,2))
ax1.set_title('grid and contour (%d points,%d grid points) ' %
              (npts,ngridx*ngridy))

# 三角剖分等高线图
# 直接将无序的、不规则间隔的坐标提供给tricontour
ax2.tricontour(x,y,z,levels=14,linewidths=0.5,colors='k')
cntr2=ax2.tricontourf(x,y,z,levels=14,cmap="RdBu_r")

fig.colorbar(cntr2,ax=ax2)
ax2.plot(x,y,'ko',ms=2)
ax2.set(xlim=(-2,2),ylim=(-2,2))
ax2.set_title('tricontour (%d points' % npts)

plt.subplots_adjust(hspace=0.5)
plt.show()
```

上述代码展示了如何使用 Matplotlib 库绘制等高线图。首先，通过随机生成的二维坐标点（x, y）和相应的 z 值来创建不规则的数据。然后，使用线性三角插值方法在网格上进行数据插值，以便在规则的网格上绘制等高线图。另外，还展示了直接在不规则的数据点上绘制三角剖分等高线图的方法。最后，添加了颜色条和标题，并且调整了子图之间的间距。输出的结果如图 5-21 所示。

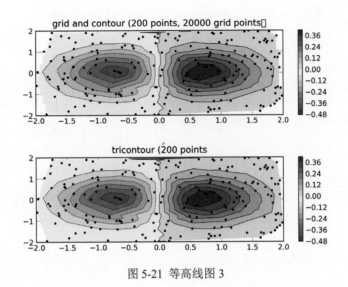

图 5-21　等高线图 3

【例 5-20】使用 Proplot 库创建等高线图。输入如下代码：

```
import xarray as xr
import numpy as np
import pandas as pd
import proplot as pplt


# DataArray
state=np.random.RandomState(51423)
# 生成 20×20 的随机数据
linspace=np.linspace(0,np.pi,20)
data=50*state.normal(1,0.2,size=(20,20))*(np.sin(linspace*2)** 2
        *np.cos(linspace+np.pi/2)[:,None]** 2)
# 创建纬度数据
lat=xr.DataArray( np.linspace(-90,90,20),dims=('lat',),
        attrs={'units':'\N{DEGREE SIGN}N'})            # 添加属性，单位为°N
# 创建压力数据
plev=xr.DataArray( np.linspace(1000,0,20),dims=('plev',),
    attrs={'long_name':'pressure',
            'units':'hPa'})              # 添加属性，长名为 pressure，单位为 hPa
# 创建 DataArray
da=xr.DataArray( data,name='u',          # DataArray 的名称
    dims=('plev','lat'),                 # 维度
    coords={'plev':plev,'lat':lat},      # 坐标
    attrs={'long_name':'zonal wind',
            'units':'m/s'})              # 添加属性，长名为 zonal wind，单位为 m/s
```

```
# 数据框
data=state.rand(12,20)                          # 生成 12×20 的随机数据
# 对数据进行累积和运算，并取反
df=pd.DataFrame( (data-0.4).cumsum(axis=0).cumsum(axis=1)[::1,::-1],
    index=pd.date_range('2000-01','2000-12',
                        freq='MS'))              # 设置索引为 2000 年 1～12 月
df.name='temperature (\N{DEGREE SIGN}C)'         # DataFrame 的名称，单位为°C
df.index.name='date'                             # 设置索引名称为 date
df.columns.name='variable (units)'               # 设置列名称为 variable (units)

# 创建图形
fig=pplt.figure(refwidth=2.5,share=False,suptitle='Automatic subplot formatting')

# 绘制 DataArray
cmap=pplt.Colormap('PuBu',left=0.05)             # 设置颜色映射
ax=fig.subplot(121,yreverse=True)                # 在图形中添加子图，Y 轴反向
ax.contourf(da,cmap=cmap,colorbar='t',lw=0.7,ec='k')   # 绘制填充等值线图

# 绘制 DataFrame
ax=fig.subplot(122,yreverse=True)                # 在图形中添加子图，Y 轴反向
ax.contourf(df,cmap='YlOrRd',colorbar='t',lw=0.7,ec='k')   # 绘制填充等值线图
ax.format(xtickminor=False,yformatter='%b',
        ytickminor=False)      # 设置格式，禁用次要刻度，Y 轴日期格式为月份的英文缩写
```

上述代码展示了如何利用 xarray 和 pandas 创建数据数组和数据框，并使用 proplot 绘制填充等值线图。通过创建 DataArray 和 DataFrame 对象，分别表示二维数据和时间序列数据，并设置相关的坐标和属性。然后，利用 proplot 创建图形，包含两个子图，分别绘制填充等值线图，并进行了一些格式设置，如颜色映射、坐标轴格式等。输出的结果如图 5-22 所示。

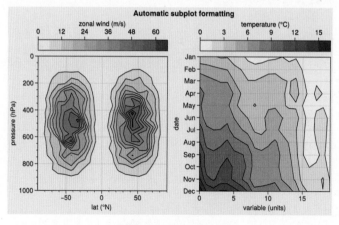

图 5-22 等高线图 4

【例 5-21】利用 Bokeh 包绘制等高线图，展示在极坐标网格上的二维正弦波数据。输入如下代码：

```
import numpy as np
from bokeh.palettes import Cividis
from bokeh.plotting import figure,show

# 创建极坐标网格上的二维正弦波数据
radius,angle=np.meshgrid(np.linspace(0,1,20), np.linspace(0,2*np.pi,120))
x=radius*np.cos(angle)
y=radius*np.sin(angle)
z=1+np.sin(3*angle)*np.sin(np.pi*radius)

p=figure(width=550,height=400)                      # 创建 Bokeh 图表对象
levels=np.linspace(0,2,11)                          # 设置等高线的级别

# 绘制等高线并指定填充颜色、填充图案、线条颜色、线条样式和线条宽度
contour_renderer=p.contour(
    x=x,y=y,z=z,levels=levels,
    fill_color=Cividis,                             # 设置填充颜色为 Cividis 调色板
    hatch_pattern=["x"]*5+[" "]*5,                  # 设置填充图案
    hatch_color="white",                            # 设置填充图案的颜色
    hatch_alpha=0.5,                                # 设置填充图案的透明度
    line_color=["white"]*5+["black"]+["red"]*5,     # 设置线条颜色
    line_dash=["solid"]*6+["dashed"]*5,             # 设置线条样式
    line_width=[1]*6+[2]*5,)                         # 设置线条宽度

# 构建颜色条并添加到图表中
colorbar=contour_renderer.construct_color_bar(title="Colorbar title")
p.add_layout(colorbar,"right")
show(p)
```

上述代码使用 Bokeh 库创建了极坐标网格上的二维正弦波数据，并绘制了等高线图。在等高线图中，设置了填充颜色为 Cividis 调色板，填充图案为交叉线和空白，填充图案的颜色为白色，透明度为 0.5，线条颜色为白色、黑色和红色，线条样式为实线和虚线，线条宽度为 1 和 2。此外，还添加了一个右侧的颜色条。输出的结果如图 5-23 所示。

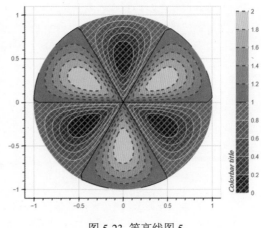

图 5-23 等高线图 5

5.6 三元相图

三元相图（Ternary Plot）也称为三角图，是一种用于可视化三个相互关
联的变量之间的比例、组合或分布关系的图表类型。它使用一个等边三角形
作为坐标系，每个顶点代表一个变量，而内部的点表示各个变量之间的相对
比例或组合。

三元相图的优点是能够直观地显示三个变量之间的比例关系、组合关系或分布模式。它
可以帮助观察数据在三个维度上的相对权重、特征差异或聚集情况。三元相图可以通过 R 的
ggtern、vcd、grid、ggplot2 等包绘制。

三元相图适用于比例性或组合性的数据，不适用于连续变量或离散变量。由于三元相图
的坐标轴是固定的，数据点的位置受到限制，因此需要注意数据点的范围和分布，以确保数
据能够充分展示在图表中。

【例 5-22】使用 Mpltern 库创建三元相图，用于显示不同参数设置下的 Dirichlet 分布的
概率密度函数（Probability Density Function，PDF）。输入如下代码：

```python
import matplotlib.pyplot as plt
from mpltern.datasets import get_dirichlet_pdfs

# 创建一个大图，并设置子图之间的间距
fig=plt.figure(figsize=(10.8,8.8))
fig.subplots_adjust(left=0.1,right=0.9,bottom=0.1,top=0.9,
                                    wspace=0.5,hspace=0.5,)

# 设置不同的 Dirichlet 分布参数
alphas=((1.5,1.5,1.5),(5.0,5.0,5.0),(1.0,2.0,2.0),(2.0,4.0,8.0))

# 在每个子图中绘制对应参数设置下的 Dirichlet 分布
for i,alpha in enumerate(alphas):
    # 添加子图，使用三角图的投影
    ax=fig.add_subplot(2,2,i+1,projection="ternary")
    # 获取 Dirichlet 分布的 PDF 数据
    t,l,r,v=get_dirichlet_pdfs(n=61,alpha=alpha)
    # 绘制填充颜色表示 PDF
    cmap="Blues"
    shading="gouraud"
    cs=ax.tripcolor(t,l,r,v,cmap=cmap,shading=shading,rasterized=True)
    # 绘制等高线以更清晰地显示 PDF 的形状
    ax.tricontour(t,l,r,v,colors="k",linewidths=0.5)
```

```
# 设置轴标签
ax.set_tlabel("$x_1$")
ax.set_llabel("$x_2$")
ax.set_rlabel("$x_3$")
# 将轴标签放在三角图的内部
ax.taxis.set_label_position("tick1")
ax.laxis.set_label_position("tick1")
ax.raxis.set_label_position("tick1")
# 设置子图标题, 显示参数设置
ax.set_title("${\\mathbf{\\alpha}}$="+str(alpha))
# 添加颜色条, 显示 PDF 的颜色对应的数值
cax=ax.inset_axes([1.05,0.1,0.05,0.9],transform=ax.transAxes)
colorbar=fig.colorbar(cs,cax=cax)
colorbar.set_label("PDF",rotation=270,va="baseline")
plt.show()
```

上述代码使用 Matplotlib 绘制了 4 个 Dirichlet 分布的图形（三元相图），每个图形显示了不同参数设置下的分布。在每个子图中，使用三角图的投影绘制了 Dirichlet 分布的 PDF，并添加了填充颜色以表示 PDF 的形状。同时，绘制了等高线以更清晰地显示 PDF 的轮廓。每个子图的轴标签分别代表 Dirichlet 分布中的三个维度，轴标签放置在三角图的内部。图标题显示了参数设置，而颜色条则显示了 PDF 的颜色对应的数值。输出的结果如图 5-24 所示。

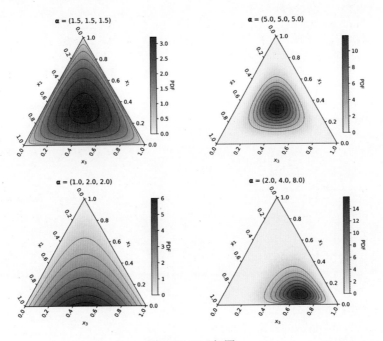

图 5-24 三元相图

5.7 瀑布图

瀑布图（Waterfall Chart）是一种用于可视化数据的累积效果和变化情况的图表类型。它通过一系列的矩形条表示数据的起始值、各个增减项和最终值，以展示数据在不同阶段的增减和总体变化。

瀑布图能够直观地显示数据在不同阶段的增减和累积效果。它可以帮助观察数据的变化趋势、识别主要增减项，并对总体变化进行可视化。

> **注意** 根据数据的特点和目的，可以使用不同的颜色来表示正增减项和负增减项，以增加图表的对比度和可读性，确保矩形条的起始位置正确表示前一阶段的累积值，高度准确表示增减的数值大小。

【例 5-23】绘制瀑布图。输入如下代码：

```python
import plotly.graph_objects as go

# 示例 1：创建一个简单的瀑布图
fig=go.Figure(go.Waterfall(
    name="20",                                  # 瀑布图的名称
    orientation="v",                            # 方向为垂直
    measure=["relative","relative","total","relative","relative",
            "total"],                           # 每个数据的类型：增量、总计等
    x=["Sales","Consulting","Net revenue","Purchases","Other expenses",
       "Profit before tax"],                    # X 轴标签
    textposition="outside",                     # 文本位置
    text=["+60","+80","","-40","-20","Total"],  # 显示在瀑布图上的文本
    y=[60,80,0,-40,-20,0],                       # Y 轴数据
    connector={"line":{"color":"rgb(63,63,63)"}},  # 连接线的样式
))
fig.update_layout(title="Profit and loss statement 2018",   # 设置图表标题
                            showlegend=True)                 # 显示图例
fig.show()

# 示例 2：创建一个分组瀑布图
fig=go.Figure()

# 添加第 1 个瀑布图
fig.add_trace(go.Waterfall(
    x=[["2016","2017","2017","2017","2017","2018","2018","2018","2018"],
```

```
              ["initial","q1","q2","q3","total","q1","q2","q3","total"]],
        measure=["absolute","relative","relative","relative","total",
                 "relative","relative","relative","total"],
        y=[1,2,3,-1,None,1,2,-4,None],
        base=1000))

# 添加第 2 个瀑布图
fig.add_trace(go.Waterfall(
        x=[["2016","2017","2017","2017","2017","2018","2018","2018","2018"],
           ["initial","q1","q2", "q3","total","q1","q2","q3","total"]],
        measure=["absolute","relative","relative","relative","total",
                 "relative","relative","relative","total"],
        y=[1.1,2.2,3.3,-1.1,None,1.1,2.2,-4.4,None],
        base=1000))
fig.update_layout( waterfallgroupgap=0.5,)      # 分组瀑布图之间的间隔
fig.show()

# 示例 3：创建一个水平方向的瀑布图
fig=go.Figure(go.Waterfall(
        name="2018",                            # 瀑布图的名称
        orientation="h",                        # 方向为水平
        measure=["relative","relative","relative","relative",
                 "total","relative","relative","relative","relative",
                 "total","relative","relative","total",
                 "relative","total"],           # 每个数据的类型：增量、总计等
        y=["Sales","Consulting","Maintenance","Other revenue",
           "Net revenue","Purchases","Material expenses","Personnel expenses",
           "Other expenses","Operating profit","Investment income",
           "Financial income","Profit before tax","Income tax (15%)",
           "Profit after tax"],
                                                # Y轴标签
        x=[375,128,78,27,None,-327,-12,-78,-12,None,
           32,89,None,-45,None],
                                                # X轴数据
        connector={"mode":"between","line":{"width":4,"color":"rgb(0,0,0)",
                   "dash":"solid"}}
                                                # 连接线的样式
))
fig.update_layout(title="Profit and loss statement 2018")    # 设置图表标题
fig.show()
```

上述代码展示了如何创建不同类型的瀑布图：首先是简单的垂直瀑布图，显示了利润和损失报表的数据；其次是分组瀑布图，展示了两组数据之间的比较，并通过设置分组瀑布图之间的间隔来提高可读性；最后是水平瀑布图，以水平布局的方式呈现了利润和损失报表的数据，并通过连接线连接各数据点。这些示例演示了 Plotly 如何灵活地创建具有不同样式和特征的瀑布图，以有效地传达数据信息。输出的结果如图 5-25 所示。

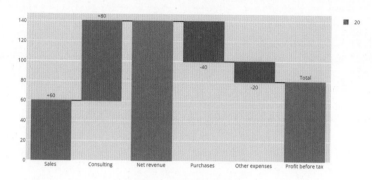

（a）垂直瀑布图

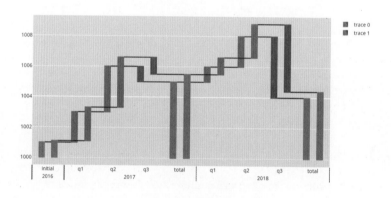

（b）分组瀑布图

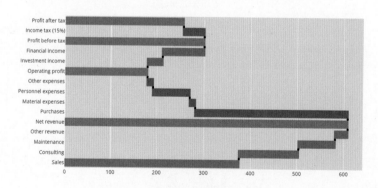

（c）水平瀑布图

图 5-25 瀑布图

5.8 生存曲线图

生存曲线图（Survival Curve）用于描述在一段时间内生存下来的个体或实体的比例。它通常用于生存分析领域，如医学、流行病学和可靠性工程等。在医学领域中，生存曲线常用于分析患者的生存时间，比如研究特定治疗方法对患者生存率的影响。

生存曲线图的横轴表示经过的时间，纵轴表示生存率（或存活率）。曲线的形状和趋势可以告诉我们在不同时间点上个体或实体的生存情况。在生存曲线图中，经常会看到以下两种曲线。

（1）Kaplan-Meier 曲线：Kaplan-Meier 曲线是用来估计生存函数的非参数方法。它根据样本中存活时间的数据绘制生存曲线，没有假设数据分布的情况下估计生存率。

（2）Cox 比例风险模型曲线：Cox 比例风险模型是用来评估某个因素对生存率的影响的方法。其曲线表示在考虑其他因素的影响下，某一因素对生存率的影响程度。

通常情况下，生存曲线图中还会显示置信区间，以反映估计的不确定性范围。在 Python 中，使用 Plotly 库可以绘制生存曲线图，可以直观地展示不同类别下的生存率。

【例 5-24】绘制生存曲线图。输入如下代码：

```
import plotly.graph_objects as go                    # 导入绘图工具包
import plotly.express as px                          # 导入绘图工具包
import numpy as np                                   # 导入数值计算工具包
import pandas as pd                                  # 导入数据处理工具包
from sklearn.linear_model import LogisticRegression      # 导入逻辑回归模型
from sklearn.metrics import roc_curve,roc_auc_score
                                    # 导入 ROC 曲线相关的评估指标

np.random.seed(0)                                    # 固定随机数种子，以便结果可复现

# 人为地添加噪声，使任务更加困难
df=px.data.iris()                                    # 加载鸢尾花数据集
samples=df.species.sample(n=50,random_state=0)
                                    # 从 'species' 列中随机抽取 50 个样本
np.random.shuffle(samples.values)           # 打乱样本的顺序
df.loc[samples.index,'species']=samples.values
                                    # 将打乱后的样本顺序赋值给数据集

# 定义输入和输出
```

```
X=df.drop(columns=['species','species_id'])          # 提取特征
y=df['species']                                       # 提取目标变量

# 拟合模型
model=LogisticRegression(max_iter=200)                # 创建逻辑回归模型
model.fit(X,y)                                        # 对模型进行训练
y_scores=model.predict_proba(X)                       # 预测概率

# 对标签进行独热编码以便绘图
y_onehot=pd.get_dummies(y,columns=model.classes_)

# 创建一个空的图形，并在每次计算新类别时添加新线
fig=go.Figure()                                       # 创建一个绘图对象
fig.add_shape(type='line',line=dict(dash='dash'),
              x0=0,x1=1,y0=0,y1=1)

for i in range(y_scores.shape[1]):
    y_true=y_onehot.iloc[:,i]
    y_score=y_scores[:,i]

    fpr,tpr,_=roc_curve(y_true,y_score)               # 计算 ROC 曲线的假阳率和真阳率
    auc_score=roc_auc_score(y_true,y_score)           # 计算 AUC 值

    name=f"{y_onehot.columns[i]} (AUC={auc_score:.2f})"
    # 绘制 ROC 曲线
    fig.add_trace(go.Scatter(x=fpr,y=tpr,name=name,mode='lines'))

fig.update_layout(
    xaxis_title='False Positive Rate',                # 设置 X 轴标题
    yaxis_title='True Positive Rate',                 # 设置 Y 轴标题
    yaxis=dict(scaleanchor="x",scaleratio=1),         # 设置 Y 轴与 X 轴的比例相同
    xaxis=dict(constrain='domain'),                   # 约束 X 轴的取值范围为 0～1
    width=500,height=500 ,                            # 设置图形的宽度和高度
    # legend=dict(x=0.5,y=0.1,bgcolor='rgba(255,255,255,0.5)')
                            # 将图例移动到图的内部，并设置背景色为半透明白色
)
fig.show()
```

在上述代码中，生存曲线图被用来绘制不同类别下的 ROC 曲线，展示了模型预测的效果。ROC 曲线的横轴是假阳率（False Positive Rate），纵轴是真阳率（True Positive Rate），每条曲线代表一个类别，曲线下方的面积（AUC）表示模型的性能。输出的结果如图 5-26 所示。

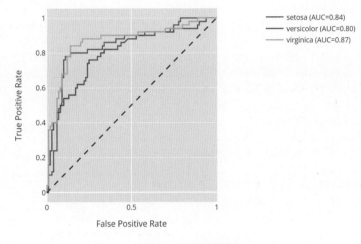

图 5-26　生存曲线图

5.9　火山图

火山图（Volcano Plot）用于展示两组样本之间的差异性和统计显著性。它常用于基因表达分析和差异分析等领域。火山图的主要特点是将差异度量和统计显著性结合在一个图中，以直观地显示基因或变量之间的差异程度和显著性水平。它的名称源自其外观形状类似于火山喷发的形状。

火山图的横轴表示差异度量，通常是基因表达水平或其他衡量指标的对数倍数变化（如log fold change）。纵轴表示统计显著性，常用的度量是调整的 p-value（经过多重检验校正后的 p-value）或其他显著性指标。每个基因或变量在图中以一个点的形式表示。

在火山图中，显著差异的基因或变量通常位于图的两侧，并且在图中表现为离中心轴较远的点。这意味着它们在差异度量上有较大的变化，并且具有较低的统计显著性。与之相反，非显著的基因或变量通常集中在中心轴附近。

绘制火山图的过程通常涉及对差异度量和统计显著性进行计算，并使用适当的软件或编程工具来生成图形。

【例 5-25】绘制火山图。输入如下代码：

```
from bioinfokit import analys,visuz      # 导入 Bioinfokit 库中的 analys 和 visuz

# 从 Pandas DataFrame 中加载数据集
```

179

```
df=analys.get_data('volcano').data
df.head(2)                          # 输出数据集的前两行，以确认数据加载成功

# 绘制火山图，保存为 volcano.png
visuz.GeneExpression.volcano(df=df,lfc='log2FC',pv='p-value')
# 如果想直接显示图像而不是保存，设置 show=True 参数

# 添加图例，并指定位置和锚点
visuz.GeneExpression.volcano(df=df,lfc='log2FC',pv='p-value',
    plotlegend=True,legendpos='upper right',legendanchor=(1.46,1))

# 更改颜色映射，指定折点和显著性阈值，并添加图例
visuz.GeneExpression.volcano(df=df,lfc='log2FC',pv='p-value',
    lfc_thr=(1,2),pv_thr=(0.05,0.01),plotlegend=True,
    color=("#00239CFF","grey","#E10600FF"),legendpos='upper right',
    legendanchor=(1.46,1))

# 指定透明度，并绘制火山图
visuz.GeneExpression.volcano(df=df,lfc='log2FC',pv='p-value',
    color=("#00239CFF","grey","#E10600FF"),valpha=0.5)

# 添加基因自定义标签，并绘制火山图
visuz.GeneExpression.volcano(df=df,lfc="log2FC",pv="p-value",
    geneid="GeneNames",
    genenames=("LOC_Os09g01000.1","LOC_Os01g50030.1",
        "LOC_Os06g40940.3","LOC_Os03g03720.1"))
# 如果想要标记所有差异表达基因 (DEGs)，设置 genenames='deg'

# 添加基因自定义标签，并绘制火山图，指定标签样式、阈值线、坐标轴范围等参数
visuz.GeneExpression.volcano(df=df,lfc="log2FC",pv="p-value",
    geneid="GeneNames",
    genenames=({"LOC_Os09g01000.1":"EP","LOC_Os01g50030.1":"CPuORF25",
        "LOC_Os06g40940.3":"GDH","LOC_Os03g03720.1":"G3PD"}),
    gstyle=2,sign_line=True,xlm=(-6,6,1),ylm=(0,61,5),figtype='svg',
    axtickfontsize=10,axtickfontname='Verdana')
```

上述代码演示了使用 Bioinfokit 库中的 analys 和 visuz 模块创建火山图。首先从 Pandas DataFrame 中加载数据集，然后使用 visuz.GeneExpression.volcano() 函数绘制火山图，可以设置对数折变化（lfc）和 p 值（pv）作为参数。通过设置不同的参数，如图例、颜色映射、透明度、基因标签等，可以自定义火山图的样式和显示方式。输出的结果如图 5-27 所示。

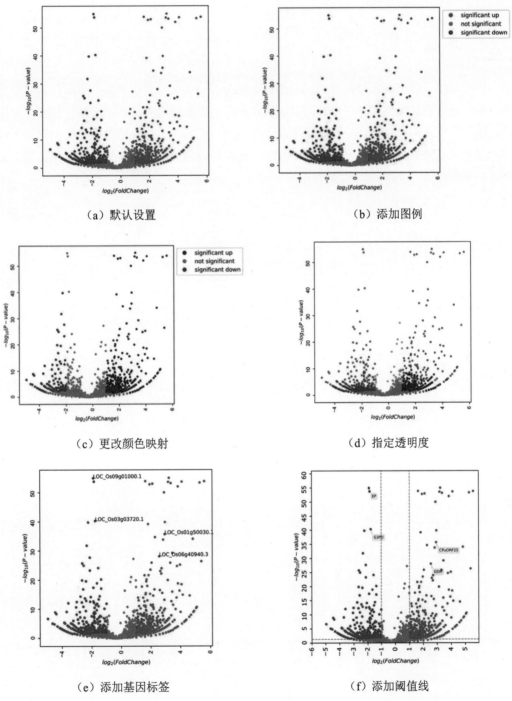

（a）默认设置　　　　　　　　（b）添加图例

（c）更改颜色映射　　　　　　　（d）指定透明度

（e）添加基因标签　　　　　　　（f）添加阈值线

图 5-27　火山图

5.10 本章小结

　　本章介绍了数值关系数据可视化的多种图表类型。首先，详细讲解了散点图，包括基础散点图、自定义线性回归拟合直线、自定义点的形状以及抖动散点图的应用。接着，介绍了边际图、曼哈顿图、气泡图、等高线图、三元相图、瀑布图、生存曲线图和火山图等不同类型的图表。通过本章的学习，读者将掌握如何利用这些图表有效地展现数值关系数据，从而更好地理解数据之间的关联和趋势。

第6章

层次关系数据可视化

层次关系数据是一种常见的数据类型，涉及数据之间的多层次结构和关联。在许多领域中，如生物学、社交网络分析、组织结构等，层次关系数据都扮演着重要的角色。在学习过程中，将使用公开的数据集和示例代码来演示不同的可视化方法。希望读者在面对层次关系数据时，能够灵活、准确地选择合适的可视化方法，并从中获得有价值的见解和发现。

6.1 旭日图

旭日图（Sunburst chart）是一种环形图，用于显示层次结构数据的分布和比例关系。它以太阳系的形象为灵感，将数据分层显示为环形的扇形区域，每个扇形表示一个类别或子类别，并显示其在整体中的比例。旭日图主要有以下特点。

（1）环形结构：旭日图呈现为一个环形，内部是根节点或整体，外部是子节点或类别。每个层级都由一条环形扇区表示。

（2）扇形区域：每个扇形区域的大小表示该类别在整体中的比例。较大的扇形表示占据较高比例的类别，而较小的扇形表示占据较低比例的类别。

（3）颜色编码：通常每个扇形区域使用不同的颜色来区分类别或子类别。颜色可以帮助观察者快速识别不同的数据部分。

（4）层级结构：旭日图可以显示多个层级，每个层级可以细分为更小的子类别。这种层级结构使观察者能够了解不同类别之间的分布和比例关系。

下面介绍使用交互式可视化包 Plotly 绘制旭日图。该包根据需要可以显示所有级，也可以仅显示父级及其子级，方便用户探索各级的比例以及父级的子级占该父级的比例。

【例 6-1】利用 Plotly 库绘制旭日图示例 1，采用不同的参数设置。输入如下代码：

```python
import plotly.express as px   # 导入 Plotly 库中的 Express 模块，用于快速绘制图表

df=px.data.tips()             # 使用 Plotly Express 提供的示例数据 tips()
# 创建旭日图，路径为 'day','time','sex'，数值列为 'total_bill'
fig1=px.sunburst(df,path=['day','time','sex'],values='total_bill')
fig1.show()


# 创建旭日图，并设置路径、数值列，根据 'day' 进行颜色着色
fig2=px.sunburst(df,path=['sex','day','time'], values='total_bill',
                 color='day')
fig2.show()


# 创建旭日图，并设置路径、数值列，根据 'time' 进行颜色着色
fig3=px.sunburst(df,path=['sex','day','time'],values='total_bill',
                 color='time')
fig3.show()


# 创建旭日图，并设置路径、数值列，根据 'time' 进行颜色着色
# 并使用离散颜色映射为不同的时间段设置不同的颜色
fig4=px.sunburst(df,path=['sex','day','time'],values='total_bill',
                 color='time',color_discrete_map={'(?)':'black',
                     'Lunch':'gold','Dinner':'darkblue'})
fig4.show()
```

上述代码展示了如何使用 Plotly Express 库中的 sunburst() 函数创建旭日图。通过指定路径和数值列，可以构建层次化的旭日图。可以根据不同的列进行颜色着色，并使用离散颜色映射为不同的类别设置不同的颜色，以便更好地展示数据的分布和关系。输出的结果如图 6-1 所示。

（a）默认　　　　（b）根据 'day' 着色　　（c）根据 'time' 着色　　（d）使用离散颜色映射

图 6-1　旭日图 1

【例 6-2】利用 Plotly 绘制旭日图示例 2。输入如下代码：

```
import plotly.express as px    # 导入 Plotly 库中的 Express 模块，用于快速绘制图表

# 创建一个包含角色、父母和数值的字典数据
data=dict(
    character=["Eve","Cain","Seth","Enos","Noam","Abel","Awan",
               "Enoch","Azura"],
    parent=["","Eve","Eve","Seth","Seth","Eve","Eve","Awan","Eve"],
    value=[10,14,12,10,2,6,6,4,4])

# 使用 Plotly Express 的 sunburst 函数创建旭日图，传入数据和对应的列名
fig=px.sunburst(data,names='character',parents='parent',values='value')
fig.show()
```

上述代码展示了如何使用 Plotly Express
库中的 sunburst() 函数创建旭日图。通过提
供包含角色、父母和数值的字典数据，指定
相应的列名，可以创建具有层次结构的旭日
图，直观展示数据之间的关系。输出的结果
如图 6-2 所示。

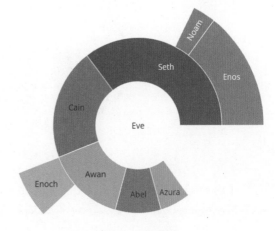

图 6-2　旭日图 2

【例6-3】利用 Plotly 绘制旭日图示例 3。输入如下代码：

```
import plotly.express as px
import numpy as np

# 使用 Plotly Express提供的示例数据 gapminder()，并筛选出年份为2007的数据
df=px.data.gapminder().query("year==2007")

# 使用 Plotly Express 的 sunburst() 函数创建旭日图，指定路径以及数值列 'pop'
# 并设置颜色映射为 'lifeExp'，悬停数据为 'iso_alpha' 列
# 设置颜色映射的连续色板为 'Red-Blue'，以及颜色映射的中点为 'lifeExp' 列值的加权平均值
fig=px.sunburst(df,path=['continent','country'],values='pop',
                color='lifeExp',hover_data=['iso_alpha'],
                color_continuous_scale='RdBu',
                color_continuous_midpoint=np.average(df['lifeExp'],
                weights=df['pop']))
fig.show()
```

上述代码利用 Plotly Express 中的 sunburst() 函数创建了一个旭日图。通过筛选出年份为 2007 的数据，并指定路径、数值列、颜色映射、悬停数据等参数，可以直观地展示各个国家在不同大洲的人口数量，并根据寿命的不同使用颜色来区分。输出的结果如图 6-3 所示。

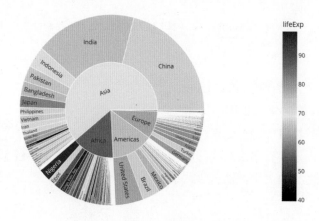

图 6-3 旭日图 3

【例6-4】创建一个包含供应商、行业、地区和销售额的数据框，并使用 Plotly Express 绘制旭日图。输入如下代码：

```
import plotly.express as px    # 导入 Plotly 库中的 Express 模块，用于快速绘制图表
import pandas as pd            # 导入 Pandas 库，用于数据处理
```

```
# 创建包含供应商、行业、地区和销售额的数据
vendors=["A","B","C","D",None,"E","F","G","H",None]
sectors=["Tech","Tech","Finance","Finance","Other",
         "Tech","Tech","Finance","Finance","Other"]
regions=["North","North","North","North","North",
         "South","South","South","South","South"]
sales=[1,3,2,4,1,2,2,1,4,1]
df=pd.DataFrame(
    dict(vendors=vendors,sectors=sectors,regions=regions,sales=sales))
# print(df)

# 使用 Plotly Express 的 sunburst 函数创建旭日图, 设置路径与数值列
fig=px.sunburst(df,path=['regions','sectors','vendors'],values='sales')
fig.show()
```

上述代码使用 Plotly Express 中的 sunburst() 函数创建了一个旭日图。该图展示了不同地区、行业和供应商之间的销售额关系。通过指定路径和数值列，可以直观地显示数据的层级结构和销售额的分布情况。输出的结果如图 6-4 所示。

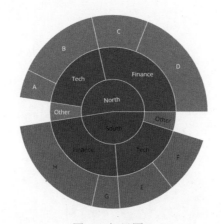

图 6-4 旭日图 4

【例 6-5】利用 Plotly 的 Graph Objects 模块创建旭日图。输入如下代码：

```
import plotly.graph_objects as go

# 创建旭日图
fig=go.Figure(go.Sunburst(
 ids=[
    "North America","Europe","Australia","North America-Football",
    "Soccer","North America-Rugby","Europe-Football","Rugby",
```

```
        "Europe-American Football","Australia-Football","Association",
        "Australian Rules","Autstralia-American Football","Australia-Rugby",
        "Rugby League","Rugby Union"],
    labels=[
        "North<br>America","Europe","Australia","Football","Soccer","Rugby",
        "Football","Rugby","American<br>Football","Football","Association",
        "Australian<br>Rules","American<br>Football","Rugby","Rugby<br>League",
        "Rugby<br>Union"],
    parents=[
        "","","","North America","North America","North America","Europe",
        "Europe","Europe","Australia","Australia-Football",
        "Australia-Football","Australia-Football","Australia-Football",
        "Australia-Rugby","Australia-Rugby"],
))
fig.update_layout(margin=dict(t=0,l=0,r=0,b=0))          # 更新布局，设置边距
fig.show()
```

上述代码使用 Plotly 图形对象中的 Sunburst 类创建了一个旭日图。该图展示了不同地区和运动项目之间的层级关系。通过指定节点的 ID、标签和父节点，构建了旭日图的层级结构。最后，通过更新布局设置了图形的边距，使得图形更加美观。输出的结果如图 6-5 所示。

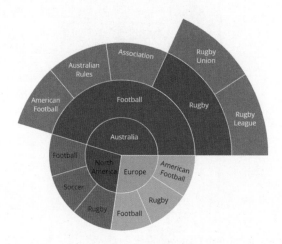

图 6-5 旭日图 5

【例 6-6】利用 Plotly 绘制旭日图示例 1。输入如下代码：

```
import plotly.graph_objects as go
import pandas as pd

# 从 CSV 文件读取数据
```

```
df1=pd.read_csv('D:/DingJB/PyData/coffee-flavors-complete.csv')
df2=pd.read_csv('D:/DingJB/PyData/coffee-flavors.csv')

fig=go.Figure()                               # 创建一个空的图形对象

# 向图形对象添加第 1 个旭日图
fig.add_trace(go.Sunburst(ids=df1.ids,labels=df1.labels,
            parents=df1.parents,domain=dict(column=0)))
# 向图形对象添加第 2 个旭日图
fig.add_trace(go.Sunburst( ids=df2.ids,labels=df2.labels,
            parents=df2.parents,domain=dict(column=1),maxdepth=2
))

# 更新布局, 设置网格和边距
fig.update_layout(grid=dict(columns=2,rows=1),     # 设置网格布局, 2 列 1 行
                  margin=dict(t=0,l=0,r=0,b=0))     # 设置边距
fig.show()
```

上述代码从两个文件中读取数据,并使用 Plotly 的 Sunburst 类创建了两个旭日图,随后将它们添加到同一个图形对象中。第一个旭日图展示了较为详细的层级结构,而第二个旭日图的最大深度被限制在 2 级以内。最后,通过更新布局设置了图形的网格和边距,使得图形更加整齐美观。输出的结果如图 6-6 所示。

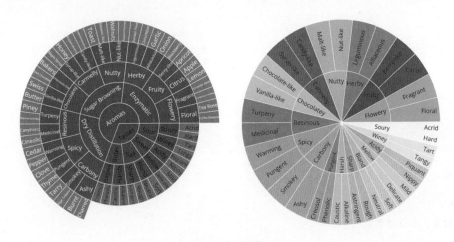

图 6-6　旭日图 6

【例 6-7】利用 Plotly 绘制旭日图示例 2。输入如下代码:

```
import plotly.graph_objects as go
from plotly.subplots import make_subplots
```

```python
import pandas as pd

df=pd.read_csv('D:/DingJB/PyData/sales_success.csv')
print(df.head())

levels=['salesperson','county','region']        # 层级用于构建层次结构图表
color_columns=['sales','calls']                  # 颜色列
value_column='calls'                             # 数值列

def build_hierarchical_dataframe(df,levels, value_column,color_columns=None):
    df_all_trees=[]
    for i,level in enumerate(levels):
        df_tree=pd.DataFrame(columns=['id','parent','value','color'])
        dfg=df.groupby(levels[i:]).sum()
        dfg=dfg.reset_index()
        df_tree['id']=dfg[level].copy()
        if i<len(levels)-1:
            df_tree['parent']=dfg[levels[i+1]].copy()
        else:
            df_tree['parent']='total'
        df_tree['value']=dfg[value_column]
        df_tree['color']=dfg[color_columns[0]]/dfg[color_columns[1]]
        df_all_trees.append(df_tree)
    total=pd.Series(dict(id='total',parent='',
            value=df[value_column].sum(),
            color=df[color_columns[0]].sum()/df[color_columns[1]].sum()))
    df_all_trees.append(pd.DataFrame(total).T)
    return pd.concat(df_all_trees,ignore_index=True)

# 构建层次结构的数据框
df_all_trees=build_hierarchical_dataframe(df,levels,
                                    value_column,color_columns)
average_score=df['sales'].sum()/df['calls'].sum()

# 创建子图,1行2列
fig=make_subplots(1,2,specs=[[{"type":"domain"},{"type":"domain"}]],)

# 向第1个子图添加旭日图
fig.add_trace(go.Sunburst(labels=df_all_trees['id'],
    parents=df_all_trees['parent'],
    values=df_all_trees['value'],branchvalues='total',
    marker=dict( colors=df_all_trees['color'],
                colorscale='RdBu',cmid=average_score),
    hovertemplate='<b>%{label} </b> <br> Sales:%{value}<br>  \
```

```
                        Success rate:%{color:.2f}',
    name='' ),1,1)

# 向第 2 个子图添加旭日图，设置最大深度为 2
fig.add_trace(go.Sunburst( labels=df_all_trees['id'],
    parents=df_all_trees['parent'],values=df_all_trees['value'],
    branchvalues='total',marker=dict(colors=df_all_trees['color'],
                          colorscale='RdBu',cmid=average_score),
    hovertemplate='<b>%{label} </b> <br> Sales:%{value} <br>  \
                   Success rate:%{color:.2f}',maxdepth=2 ),1,2)

# 更新布局，设置边距
fig.update_layout(margin=dict(t=10,b=10,r=10,l=10))
fig.show()
```

上述代码首先从 CSV 文件中读取了销售成功数据。接着，根据给定的层级结构和数据构建了层次结构的数据框，并计算了销售成功率的平均值。然后，利用 Plotly 的 make_subplots 创建了一个包含两个子图的图形对象，并向每个子图添加了一个旭日图以展示层次结构。最后，通过设置布局的边距美化了图形的显示效果。输出的结果如图 6-7 所示。

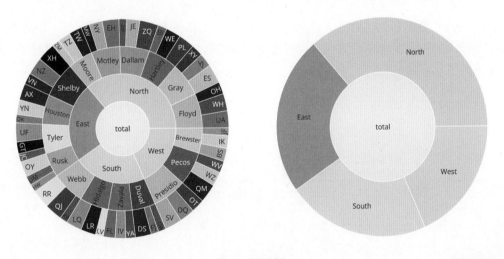

图 6-7 旭日图 7

6.2 树状图

树状图（Dendrogram）有时也称为谱系图，是一种用于可视化层级结构和分支关系的图表类型。它以树的形式展示数据的层级关系，其中每个节点代表一个数据点或一个层级，而分支表示节点之间的连接关系或从属关系。树状图基于给定的距离度量将相似的点组合在一起，并基于点的相似性将它们组织在树状链接中。

树状图的优点是能够清晰地展示数据的层级结构和分支关系。它可以帮助观察数据的组织结构、从属关系和分支发展，并帮助用户理解数据的分层逻辑。

【例 6-8】树状图绘制示例 1。输入如下代码：

```
import plotly.figure_factory as ff      # 导入 P figure_factory 模块，用于创建图表
import numpy as np                       # 导入 NumPy 库，用于生成随机数据

# 生成随机数据，创建一个 18×10 的随机数组，表示 18 个样本，每个样本有 10 个维度
X=np.random.rand(18,10)
# 创建谱系图，使用随机数据 X，设置颜色阈值为 1.5
fig=ff.create_dendrogram(X,color_threshold=1.5)
# 更新图表布局，设置宽度为 800 像素，高度为 500 像素
fig.update_layout(width=800,height=500)
fig.show()
```

上述代码使用 Plotly 的 figure_factory 模块创建了一个谱系图，通过随机数据 X 生成。在谱系图中，每个样本有 10 个维度，共有 18 个样本。颜色阈值设置为 1.5，以区分不同的聚类。图表布局的宽度设置为 800 像素，高度设置为 500 像素，以便更好地展示谱系图的结构。输出的结果如图 6-8 所示。

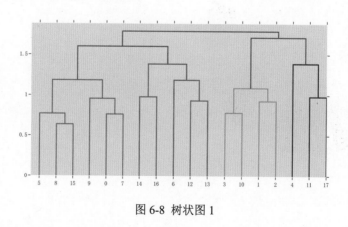

图 6-8 树状图 1

【例 6-9】树状图绘制示例 2。输入如下代码：

```
import scipy.cluster.hierarchy as shc
import pandas as pd
```

```
import matplotlib.pyplot as plt

df=pd.read_csv('D:/DingJB/PyData/USArrests.csv')          # 导入数据
# 绘制谱系图
plt.figure(figsize=(12,6),dpi=80)                         # 设置图表大小
plt.title("USArrests Dendograms",fontsize=22)             # 设置图表标题
# 使用 ward 方法计算层次聚类，并绘制谱系图
dend=shc.dendrogram(
    shc.linkage(df[['Murder','Assault','UrbanPop','Rape']],
                method='ward'),
    labels=df.State.values,          # 设置州名为标签
    color_threshold=100)             # 设置颜色阈值，超过此值的线将以相同的颜色显示
plt.xticks(fontsize=12)              # 设置 X 轴刻度标签的字体大小
plt.show()                           # 显示谱系图
```

上述代码使用 SciPy 库中的 scipy.cluster.hierarchy 模块创建了一个谱系图，通过各地区的犯罪数据进行层次聚类。首先，从 CSV 文件中读取了数据，然后使用 ward 方法计算层次聚类，并绘制了谱系图。在谱系图中，每个叶节点代表一个州，节点之间的距离表示它们的相似性。图表的标题设置为 USArrests Dendograms，颜色阈值设置为 100，超过该值的线将以相同的颜色显示。输出的结果如图 6-9 所示。

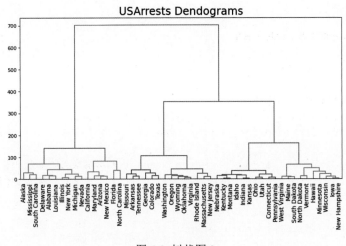

图 6-9　树状图 2

【例 6-10】使用 Plotly 库绘制在热图上添加树状图。输入如下代码：

```
import plotly.graph_objects as go
import plotly.figure_factory as ff
import numpy as np
```

```
from scipy.spatial.distance import pdist,squareform

# 从文件中获取数据
data=np.genfromtxt("D:/DingJB/PyData/ExpRawData_E_TABM.tab",
                   names=True,usecols=tuple(range(1,30)),
                   dtype=float,delimiter="\t")

# 转换数据格式
data_array=data.view((float,len(data.dtype.names)))
data_array=data_array.transpose()
labels=data.dtype.names                          # 获取数据的列标签

# 创建一个上方的树状图
fig=ff.create_dendrogram(data_array,orientation='bottom',labels=labels)
# 将树状图中的所有数据的 Y 轴设置为第 2 个 Y 轴（即右侧的 Y 轴）
for i in range(len(fig['data'])):
    fig['data'][i]['yaxis']='y2'

# 创建一个右侧的树状图
dendro_side=ff.create_dendrogram(data_array,orientation='right')
# 将右侧树状图中的所有数据的 X 轴设置为第 2 个 X 轴（即上方的 X 轴）
for i in range(len(dendro_side['data'])):
    dendro_side['data'][i]['xaxis']='x2'

# 将右侧树状图的数据添加到主图中
for data in dendro_side['data']:
    fig.add_trace(data)

# 获取右侧树状图的叶节点顺序
dendro_leaves=dendro_side['layout']['yaxis']['ticktext']
dendro_leaves=list(map(int,dendro_leaves))

data_dist=pdist(data_array)                       # 计算数据的距离矩阵
heat_data=squareform(data_dist)                   # 将距离矩阵转换为方阵
# 根据树状图的顺序重新排列距离矩阵
heat_data=heat_data[dendro_leaves,:]
heat_data=heat_data[:,dendro_leaves]

# 创建热图
heatmap=[go.Heatmap(x=dendro_leaves,y=dendro_leaves,
                    z=heat_data,colorscale='Blues')]

# 将热图的 X 和 Y 轴与树状图对应的轴匹配
heatmap[0]['x']=fig['layout']['xaxis']['tickvals']
```

```
heatmap[0]['y']=dendro_side['layout']['yaxis']['tickvals']

for data in heatmap:fig.add_trace(data)          # 将热图添加到主图中

# 编辑图的布局
fig.update_layout({'width':800,'height':800,'showlegend':False,
                   'hovermode':'closest'})
# 编辑 X 轴的样式
fig.update_layout(xaxis={'domain':[.15,1],'mirror':False,
                         'showgrid':False,'showline':False,
                         'zeroline':False,'ticks':""})
# 编辑 X 轴 2 的样式
fig.update_layout(xaxis2={'domain':[0,.15],'mirror':False,
                          'showgrid':False,'showline':False,
                          'zeroline':False,'ticks':""})
# 编辑 Y 轴的样式
fig.update_layout(yaxis={'domain':[0,.85],'mirror':False,
                         'showgrid':False,'showline':False,
                         'zeroline':False,'ticks':""})
# 编辑 Y 轴 2 的样式
fig.update_layout(yaxis2={'domain':[.825,.975],'mirror':False,
                          'showgrid':False,'showline':False,
                          'zeroline':False,'ticks':""})
fig.show()
```

上述代码从一个 tab 分隔的文件中读取数据，并创建数据的树状图（Dendrogram）以及相应的热图，展示数据的层次聚类结构和相似性关系，通过调整图的布局和样式使其更加清晰易懂，并最终显示图形。输出的结果如图 6-10 所示。

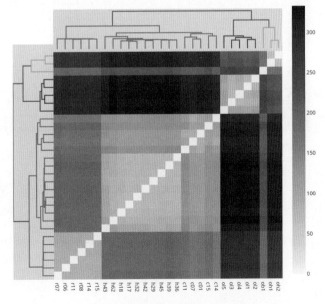

图 6-10　树状图与热图的组合图

6.3 桑基图

桑基图（Sankey Diagram）是一种用于可视化流量、流程或能量转移的图表类型。它使用有向图的方式表示数据的流动，通过不同宽度的箭头连接表示不同的流量量级，并显示出流量的起点和终点。

桑基图的优点是能够直观地显示数据的流动和转移过程，帮助观察数据的来源、目的和量级。它可用于可视化各种流程，如物质流量、能源转移、人员流动等。

【例 6-11】绘制简易桑基图，展示节点之间的流动关系和数量关系。输入如下代码：

```
import plotly.graph_objects as go

# 创建桑基图
fig=go.Figure(go.Sankey(
    arrangement="snap",                          # 设置节点位置的排列方式
    node={"label":["A","B","C","D","E","F"],     # 节点标签
          "x":[0.2,0.1,0.5,0.7,0.3,0.5],         # 节点的 X 坐标
          "y":[0.7,0.5,0.2,0.4,0.2,0.3],         # 节点的 Y 坐标
          'pad':10},                             # 节点的间距
    link={"source":[0,0,1,2,5,4,3,5],            # 每条链接的源节点索引
          "target":[5,3,4,3,0,2,2,3],            # 每条链接的目标节点索引
          "value":[1,2,1,1,1,1,1,2]}             # 每条链接的值，表示流动的数量
))
fig.show()
```

上述代码绘制的桑基图显示了 6 个节点（A、B、C、D、E、F），它们之间存在流动关系，每条链接表示一定数量的流动。输出的结果如图 6-11 所示。

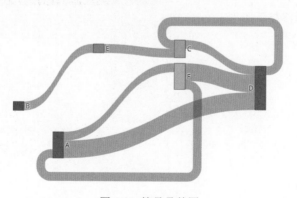

图 6-11 简易桑基图

【例 6-12】通过绘制桑基图展示 2050 年能源预测数据。输入如下代码：

```
import plotly.graph_objects as go
import json

# 从本地文件获取数据
file_path='D:/sankey_energy.json'
with open(file_path,'r')as file:data=json.load(file)

# 重写灰色链接的颜色为对应源节点的颜色，并添加透明度
opacity=0.4
data['data'][0]['node']['color']=['rgba(255,0,255,0.8)'
                if color=="magenta" else color
                for color in data['data'][0]['node']['color']]
data['data'][0]['link']['color']=[data['data'][0]['node']['color']
                [src].replace("0.8",str(opacity))
                for src in data['data'][0]['link']['source']]

# 创建 Sankey 图
fig=go.Figure(data=[go.Sankey(
    valueformat=".0f",
    valuesuffix="TWh",
    # 定义节点
    node=dict( pad=15,thickness=15,
                line=dict(color="black",width=0.5),
                label=data['data'][0]['node']['label'],
                color=data['data'][0]['node']['color']),
    # 添加链接
    link=dict( source=data['data'][0]['link']['source'],
                target=data['data'][0]['link']['target'],
                value=data['data'][0]['link']['value'],
                label=data['data'][0]['link']['label'],
                color=data['data'][0]['link']['color']))])

# 设置图表标题和字体大小
fig.update_layout(title_text="Energy forecast for 2050",font_size=10)
fig.show()
```

上述代码显示了不同能源之间的流动关系，以及它们的数量关系。代码中使用 go.Sankey
创建桑基图，并设置节点和链接的属性。使用 update_layout() 方法设置图表的标题和字体大小。
使用 show() 方法显示生成的桑基图。输出的结果如图 6-12 所示。

Energy forecast for 2050

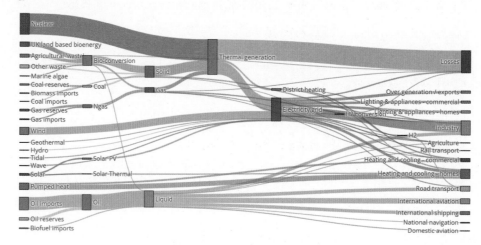

图 6-12 桑基图

6.4 矩形树状图

矩形树状图（Rectangular Tree Diagram）是一种用于可视化层级结构和分支关系的图表类型。它以矩形的形式展示数据的层级关系，其中每个矩形代表一个数据点或一个层级，而矩形之间的相对位置和大小表示节点之间的连接关系或从属关系。

矩形树状图的优点是能够清晰地展示数据的层级结构和分支关系，并通过矩形的相对位置和大小来传达从属关系。它可以帮助观察数据的组织结构、层级关系和分支发展，并帮助用户理解数据的分层逻辑。

【例 6-13】矩形树状图创建示例。输入如下代码：

```
import plotly.express as px
import numpy as np

# 从 Plotly 中导入 gapminder 数据集，并选择 2007 年的数据
df=px.data.gapminder().query("year==2007")

# 使用 treemap 图表绘制
fig=px.treemap(df,
               path=[px.Constant("world"),'continent','country'],
               values='pop',color='lifeExp',
```

```
                         hover_data=['iso_alpha'],
                         color_continuous_scale='RdBu',
                         color_continuous_midpoint=np.average(df['lifeExp'],
                                              weights=df['pop']))

fig.update_layout(margin=dict(t=50,l=25,r=25,b=25))        # 更新图表布局
fig.show()
```

上述代码利用 Plotly 的 Express 模块创建了一个树状图（Treemap），展示了 2007 年的全球人口数据。树状图按照世界、大洲和国家的层次结构进行组织，并根据人口数量进行了分区，同时使用国家的生命周期指标对颜色进行了编码。通过这种方式，可以直观地展示不同国家在人口规模和生命周期方面的差异。输出的结果如图 6-13 所示。

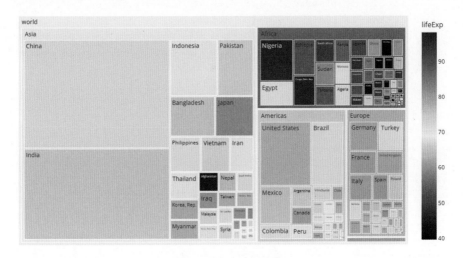

图 6-13 矩形树状图 1

```
import plotly.graph_objects as go
from plotly.subplots import make_subplots
import pandas as pd

df=pd.read_csv('D:/DingJB/PyData/sales_success.csv')       # 读取数据集
print(df.head())                                           # 打印数据集的前几行，输出略

# 设置层级关系
levels=['salesperson','county','region']
color_columns=['sales','calls']
value_column='calls'

def build_hierarchical_dataframe(df,levels,value_column,color_columns=None):
```

```
        """
        构建用于 Sunburst 或 Treemap 图的层次结构
        从底层到顶层给出层次关系，即最后一级对应根
        """
        df_all_trees=pd.DataFrame(columns=['id','parent','value','color'])
        for i,level in enumerate(levels):
            df_tree=pd.DataFrame(columns=['id','parent','value','color'])
            dfg=df.groupby(levels[i:]).sum()
            dfg=dfg.reset_index()
            df_tree['id']=dfg[level].copy()
            if i<len(levels)-1:
                df_tree['parent']=dfg[levels[i+1]].copy()
            else:
                df_tree['parent']='total'
            df_tree['value']=dfg[value_column]
            df_tree['color']=dfg[color_columns[0]]/dfg[color_columns[1]]
            df_all_trees=pd.concat([df_all_trees,df_tree],ignore_index=True)
        total=pd.Series(dict(id='total',parent='',
                    value=df[value_column].sum(),
                   color=df[color_columns[0]].sum()/df[color_columns[1]].sum()))
        df_all_trees=pd.concat([df_all_trees,pd.DataFrame([total],
            columns=total.index)],ignore_index=True)
        return df_all_trees


# 构建层次结构数据
df_all_trees=build_hierarchical_dataframe(df,levels,
                                          value_column,color_columns)
average_score=df['sales'].sum()/df['calls'].sum()


# 创建子图
fig=make_subplots(1,2,specs=[[{"type":"domain"},{"type":"domain"}]],)


# 添加 Treemap 图表
fig.add_trace(go.Treemap(
    labels=df_all_trees['id'],
    parents=df_all_trees['parent'],
    values=df_all_trees['value'],
    branchvalues='total',
    marker=dict( colors=df_all_trees['color'],colorscale='RdBu',
            cmid=average_score),
    hovertemplate='<b>%{label} </b> <br> Sales:%{value}<br>   \
            Success rate:%{color:.2f}',
            name='' ),1,1)
```

```
# 添加 Treemap 图表，设置最大深度为 2
fig.add_trace(go.Treemap(
    labels=df_all_trees['id'],
    parents=df_all_trees['parent'],
    values=df_all_trees['value'],
    branchvalues='total',
    marker=dict(
        colors=df_all_trees['color'],
        colorscale='RdBu',
        cmid=average_score),
    hovertemplate='<b>%{label} </b> <br> Sales:%{value}<br>    \
        Success rate:%{color:.2f}',
    maxdepth=2
    ),1,2)

# 更新图表布局
fig.update_layout(margin=dict(t=50,l=25,r=25,b=25))
fig.show()
```

上述代码通过 Plotly 的图形对象创建了一个由两个 Treemap 组成的子图，展示了销售成功率数据的层次结构。Treemap 中的矩形区域表示不同层级的销售数据，颜色编码表示成功率，越深的色彩表示成功率越高。通过这样的可视化方式，可以直观地比较不同层级之间的销售数据，并了解其成功率的差异。输出的结果如图 6-14 所示。

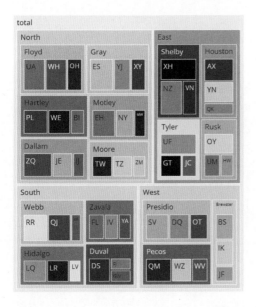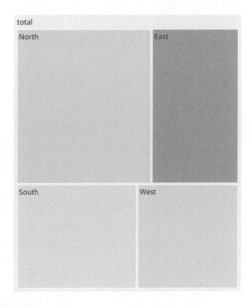

图 6-14 矩形树状图 2

6.5 圆堆积图

圆堆积图（Circle Packing）是树形图的变体，使用圆形（而非矩形）一层又一层地代表整个层次结构：树木的每个分支由一个圆圈表示，而其子分支则以圆圈内的圆圈来表示。每个圆形的面积也可用来表示额外的任意数值，如数量或文件大小。也可用颜色对数据进行分类，或通过不同色调表示另一个变量。

【例 6-14】利用 Matplotlib 与 Plotly 库绘制圆堆积图。输入如下代码：

```python
import circlify
import matplotlib.pyplot as plt          # 导入 Matplotlib 库用于绘图
import plotly.graph_objects as go         # 导入 Plotly 库用于交互式绘图

magnitudes=[2,10,12,23,65,87]             # 定义数据列表

# 计算圆的位置和大小
circles=circlify.circlify(magnitudes,show_enclosure=False,
    target_enclosure=circlify.Circle(x=0,y=0,r=1))

# 根据父圆位置和大小创建子圆
child_circle_groups=[]
for i in range(len(magnitudes)):
    child_circle_groups.append(circlify.circlify(
        magnitudes,show_enclosure=False,
        target_enclosure=circlify.Circle(x=circles[i].x,
                            y=circles[i].y,r=circles[i].r)))

# Matplotlib 绘图
fig,ax=plt.subplots(figsize=(10,10))                    # 创建一个图形和一个子图

# 设置图形属性
ax.axis('off')                                          # 关闭坐标轴
lim=max(max(abs(circle.x)+ circle.r, abs(circle.y)+ circle.r,)
    for circle in circles)
plt.xlim(-lim,lim)                                      # 设置 X 轴范围
plt.ylim(-lim,lim)                                      # 设置 Y 轴范围

# 添加父圆
for circle in circles:
    x,y,r=circle
    ax.add_patch(plt.Circle((x,y),r,alpha=0.2,linewidth=2,fill=False))
```

```python
# 添加子圆
for child_circles in child_circle_groups:
    for child_circle in child_circles:
        x,y,r=child_circle
        ax.add_patch(plt.Circle((x,y),r,alpha=0.2,linewidth=2,fill=False))
plt.show()


# Plotly 绘图
fig=go.Figure()                                        # 创建一个新的图形
# 设置坐标轴属性
fig.update_xaxes(range=[-1.05,1.05],                   # 设置 X 轴范围
    showticklabels=False,                              # 不显示刻度标签
    showgrid=False,                                    # 不显示网格线
    zeroline=False)                                    # 不显示零线
fig.update_yaxes(range=[-1.05,1.05],                   # 设置 Y 轴范围
    showticklabels=False,                              # 不显示刻度标签
    showgrid=False,                                    # 不显示网格线
    zeroline=False,)                                   # 不显示零线
# 添加父圆
for circle in circles:
    x,y,r=circle
    fig.add_shape(type="circle",xref="x",yref="y",
                x0=x-r,y0=y-r,x1=x+r,y1=y+r,
                line_color="LightSeaGreen",            # 设置圆边框颜色
                line_width=2)                          # 设置圆边框宽度
# 添加子圆
for child_circles in child_circle_groups:
    for child_circle in child_circles:
        x,y,r=child_circle
        fig.add_shape(type="circle",xref="x",yref="y",
                    x0=x-r,y0=y-r,x1=x+r,y1=y+r,
                    line_color="LightSeaGreen",        # 设置圆边框颜色
                    line_width=2)                      # 设置圆边框宽度
# 设置图形大小
fig.update_layout(width=800,height=800,plot_bgcolor="white")
fig.show()
```

上述代码演示了使用 circlify 库创建圆堆积图，并利用 Matplotlib 和 Plotly 两种图形库分别进行静态和交互式的可视化展示。首先，通过 circlify.circlify() 函数计算出圆形排列图中每个圆的位置和大小，然后根据父圆的位置和大小创建了一组子圆，最后利用 Matplotlib 在静态图中绘制了父圆和子圆，以及利用 Plotly 在交互式图中进行了相同的绘制。输出的结果如图 6-15 所示。

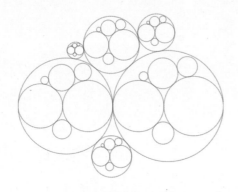 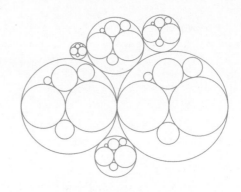

（a）静态图（Matplotlib）　　　　　　　（b）交互式图（Plotly）

图 6-15　圆堆积图

6.6　本章小结

本章聚焦于展示层次关系数据在 Python 中的可视化方法，内容包括旭日图、桑基图、矩形树状图等不同类型的图形。通过本章的学习，可以帮助读者更好地理解和呈现数据的组织结构、层级关系以及嵌套模式。这些可视化方法将使数据的组织结构和层级关系更加明确，帮助分析师、决策者以及其他相关人员更好地理解数据的内在关系。

第7章

局部整体型数据可视化

当涉及局部整体型数据可视化时，Python 提供了强大的工具包，使得分析人员能够以直观和有力的方式呈现数据的结构和模式。在本章的学习过程中，将使用公开的数据集和示例代码来演示可视化方法，包括饼图、华夫图、马赛克图等。希望读者在面对局部整体型数据时，能够灵活、准确地选择合适的可视化方法，并从中获得有价值的见解和发现。

7.1 饼图

饼图（Pie Chart）用于展示各类别在整体中的比例关系。它以圆形为基础，将整体分成多个扇形，每个扇形的角度大小表示该类别在总体中的比例或占比。

饼图的优点是可以直观地展示各类别在整体中的相对比例，常用于表示不同类别的市场份额、调查结果中的频数分布等。在使用饼图时，应选择合适的数据和合适的类别数量，以确保图表的可读性和准确传达数据。在使用饼图时，建议明确标记饼图每个部分的百分比或数字。

【例 7-1】饼图绘制示例 1。输入如下代码：

```
import pandas as pd
import matplotlib.pyplot as plt

# 准备数据
df_raw=pd.read_csv("D:/DingJB/PyData/mpg_ggplot2.csv")      # 读取数据
# 根据车辆类型（class）对数据进行分组，并计算每个类型的数量
df=df_raw.groupby('class').size()
df.plot(kind='pie',subplots=True,figsize=(5,5))            # 使用 Pandas 绘制饼图

# 设置标题和坐标轴标签
plt.title("Pie Chart of Vehicle Class-Bad")
plt.ylabel("")
plt.show()
```

上述代码使用 Pandas 从 CSV 文件中读取数据，然后根据车辆类型对数据进行分组，并计算每个类型的数量。接着使用 Pandas 绘制了一个饼图，用于展示每个车辆类型所占的比例。最后，添加了标题和坐标轴标签，使图表更具可读性。输出的结果如图 7-1 所示。

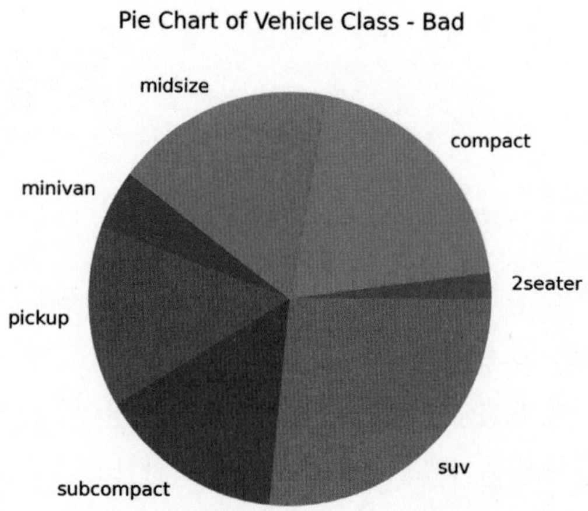

图 7-1 饼图 1

【例 7-2】饼图绘制示例 2。输入如下代码：

```
import pandas as pd
import matplotlib.pyplot as plt
import numpy as np

# 从 CSV 文件中读取数据
df_raw=pd.read_csv("D:/DingJB/PyData/mpg_ggplot2.csv")

# 准备数据
# 根据车辆类型（class）对数据进行分组，并计算每个类型的数量
```

```
df=df_raw.groupby('class').size().reset_index(name='counts')

# 绘制图形
# 创建图形和轴对象，设置图形大小和等轴比例
fig,ax=plt.subplots(figsize=(8,6),subplot_kw=dict(aspect="equal"))

# 提取数据和类别
data=df['counts']
categories=df['class']
explode=[0,0,0,0,0,0.1,0]                    # 设置饼图的爆炸程度

# 定义一个函数，用于在饼图上显示百分比和绝对值
def func(pct,allvals):
    absolute=int(pct/100.*np.sum(allvals))
    return "{:.1f}% ({:d} )".format(pct,absolute)

# 绘制饼图
wedges,texts,autotexts=ax.pie(data,
                              autopct=lambda pct:func(pct,data),
                              textprops=dict(color="w"),
                              colors=plt.cm.Dark2.colors,
                              startangle=140,
                              explode=explode)
# 图形修饰
ax.legend(wedges,categories,title="Vehicle Class",loc="center left",
          bbox_to_anchor=(1,0,0.5,1))            # 添加图例
plt.setp(autotexts,size=10,weight=700)           # 设置自动文本的大小和字重
ax.set_title("Class of Vehicles:Pie Chart")      # 设置图形标题
plt.show()
```

上述代码首先从 CSV 文件中读取数据，然后根据车辆类型（class）对数据进行分组，并计算每个类型的数量。接着使用 Matplotlib 绘制了一个饼图，用于展示每个车辆类型所占的比例，并在饼图上显示百分比和绝对值。最后，添加了图例和图形标题，使图表更具可读性。输出的结果如图 7-2 所示。

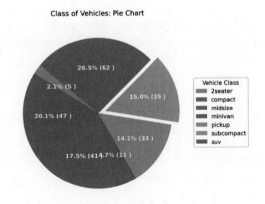

图 7-2　饼图 2

【例 7-3】饼图绘制示例 3。输入如下代码：

```
import matplotlib.pyplot as plt
import numpy as np
from matplotlib.patches import ConnectionPatch

# 创建图形和轴对象
fig,(ax1,ax2)=plt.subplots(1,2,figsize=(9,5))
fig.subplots_adjust(wspace=0)

# 饼图参数
overall_ratios=[.27,.56,.17]
labels=['Approve','Disapprove','Undecided']
explode=[0.1,0,0]
angle=-180*overall_ratios[0]          # 旋转角度使得第 1 个楔形图被 X 轴分隔
wedges,*_=ax1.pie(overall_ratios,autopct='%1.1f%%',startangle=angle,
                  labels=labels,explode=explode)

# 柱状图参数
age_ratios=[.33,.54,.07,.06]
age_labels=['Under 35','35-49','50-65','Over 65']
bottom=1
width=.2

# 从顶部开始添加,以匹配图例
for j,(height,label)in enumerate(reversed([*zip(age_ratios,age_labels)])):
    bottom -=height
    bc=ax2.bar(0,height,width,bottom=bottom,color='C0',label=label,
               alpha=0.1+0.25*j)
    ax2.bar_label(bc,labels=[f"{height:.0%}"],label_type='center')

# 设置柱状图的标题、图例和坐标轴
ax2.set_title('Age of approvers')
ax2.legend()
ax2.axis('off')
ax2.set_xlim(-2.5*width,2.5*width)

# 使用 ConnectionPatch 在两个子图之间绘制连接线
theta1,theta2=wedges[0].theta1,wedges[0].theta2
center,r=wedges[0].center,wedges[0].r
bar_height=sum(age_ratios)

# 绘制顶部连接线
x=r*np.cos(np.pi/180*theta2)+center[0]
y=r*np.sin(np.pi/180*theta2)+center[1]
```

```
con=ConnectionPatch(xyA=(-width/2,bar_height),coordsA=ax2.transData,
                            xyB=(x,y),coordsB=ax1.transData)
con.set_color([0,0,0])
con.set_linewidth(2)
ax2.add_artist(con)

# 绘制底部连接线
x=r*np.cos(np.pi/180*theta1)+center[0]
y=r*np.sin(np.pi/180*theta1)+center[1]
con=ConnectionPatch(xyA=(-width/2,0),coordsA=ax2.transData,
                            xyB=(x,y),coordsB=ax1.transData)
con.set_color([0,0,0])
ax2.add_artist(con)
con.set_linewidth(2)
plt.show()
```

上述代码创建了一个具有两个子图的图形，一个子图是饼图，另一个是柱状图。饼图显示了 Approve、Disapprove 和 Undecided 的比例，而柱状图显示了不同年龄段的比例。通过 ConnectionPatch 类在两个子图之间绘制连接线，将柱状图的柱子与饼图的楔形图连接起来，以突出不同年龄段在 Approve 类别中的比例。输出的结果如图 7-3 所示。

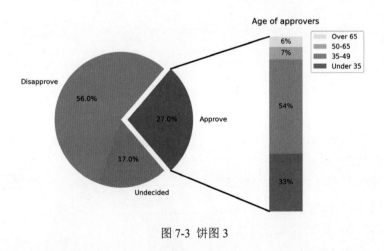

图 7-3　饼图 3

【例 7-4】绘制环形饼图，并对其进行标记。输入如下代码：

```
import matplotlib.pyplot as plt
import numpy as np

# 创建一个大小为 (6,4) 的图，并设置子图属性为"等比例"
fig,ax=plt.subplots(figsize=(6,4),subplot_kw=dict(aspect="equal"))
```

```
# 配方和数据
recipe=["225 g flour","90 g sugar","1 egg",
        "60 g butter","100 ml milk","1/2 package of yeast"]
data=[225,90,50,60,100,5]
# 绘制饼图
wedges,texts=ax.pie(data,wedgeprops=dict(width=0.5),startangle=-40)

# 注释框的属性
bbox_props=dict(boxstyle="square,pad=0.3",fc="w",ec="k",lw=0.72)
kw=dict(arrowprops=dict(arrowstyle="-"),
        bbox=bbox_props,zorder=0,va="center")

# 遍历每个扇形并添加注释
for i,p in enumerate(wedges):
    # 计算注释的位置
    ang=(p.theta2-p.theta1)/2.+p.theta1
    y=np.sin(np.deg2rad(ang))
    x=np.cos(np.deg2rad(ang))
    # 水平对齐方式根据 X 坐标的正负确定
    horizontalalignment={-1:"right",1:"left"}[int(np.sign(x))]
    # 设置连接线的样式
    connectionstyle=f"angle,angleA=0,angleB={ang}"
    kw["arrowprops"].update({"connectionstyle":connectionstyle})
    # 添加注释
    ax.annotate(recipe[i],xy=(x,y),xytext=(1.35*np.sign(x),1.4*y),
                horizontalalignment=horizontalalignment,**kw)
ax.set_title("Matplotlib bakery:A donut")        # 设置标题
plt.show()
```

上述代码利用 Matplotlib 创建了一个饼图，展示了烘焙食谱中不同成分的比例，通过注释标明每个扇形对应的成分及其比例，并在每个扇形中心添加了成分名称的注释，使得图形更具可读性。输出的结果如图 7-4 所示。

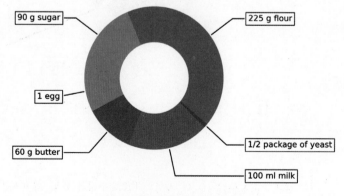

图 7-4 添加标记的环形饼图

210

7.2 嵌套饼图

嵌套饼图（Nested Pie Charts）是一种用于可视化多层次数据的图表类型。它通过将多个圆形饼图嵌套在一起，以一种分层的方式来显示数据。每个圆环表示数据的一个层次，而每个扇形表示该层次下的数据占比。嵌套饼图可实现以下功能。

（1）显示多层次的数据关系：嵌套饼图能够清晰地展示数据的多层次结构，使观察者能够理解各层次之间的关系。

（2）比较不同层次的占比：通过不同大小的圆环和扇形，可以直观地比较不同层次的数据占比。

（3）可视化层次结构：每个圆环代表一个层次，内部的扇形代表该层次下的子类别或数据分组，从而可视化层次结构。

在 Python 中可以使用 Matplotlib、Seaborn 等绘制出嵌套饼图。在绘制时，可以通过调整参数（如标签、颜色、大小等）来定制图表的外观，使其更具可读性和吸引力。

【例 7-5】绘制嵌套饼图。输入如下代码：

```
import matplotlib.pyplot as plt
import numpy as np

fig,ax=plt.subplots()                                      # 创建图形和轴对象
# 设置环形饼图的参数
size=0.3
vals=np.array([[60.,32.],[37.,40.],[29.,10.]])             # 数据

# 使用 colormaps 获取颜色
cmap=plt.colormaps["tab20c"]
outer_colors=cmap(np.arange(3)*4)
inner_colors=cmap([1,2,5,6,9,10])

# 绘制外层环
ax.pie(vals.sum(axis=1),radius=1,colors=outer_colors,
       wedgeprops=dict(width=size,edgecolor='w'))
# 绘制内层环
ax.pie(vals.flatten(),radius=1-size,colors=inner_colors,
       wedgeprops=dict(width=size,edgecolor='w'))

ax.set(aspect="equal",title='Pie plot with ax.pie')        # 设置图形属性
plt.show()
```

上述代码使用 Matplotlib 创建了一个环形饼图，包括内外两层环。内层环表示每个外层环的部分组成，外层环表示整体的组成。利用 colormaps 设置了不同部分的颜色，使得图形更具可视化效果。输出的结果如图 7-5 所示。

Pie plot with ax.pie

图 7-5 环形饼图

7.3 华夫图

华夫图（Waffle Chart）是一种用于展示部分与整体之间比例关系的可视化图表。它以方格或正方形为基础，通过填充或着色的方式，将整体分成若干小区块，每个小区块表示一个部分，并以它在整体中所占的比例来决定区块的大小。

华夫图的优点是简单直观，能够快速展示部分与整体之间的比例关系。它常用于表示市场份额、人口组成、调查结果中的比例等。在使用华夫图时，应谨慎选择适合的数据和合适的部分与整体比例，以确保图表的可读性和准确传达数据。

在 Python 中，使用 Pywaffle 包可以创建华夫图，并且可以用于显示更大群体中各组的组成。

【例 7-6】华夫图绘制示例。输入如下代码：

```
import matplotlib.pyplot as plt          # 导入 Matplotlib 库
from pywaffle import Waffle              # 导入 Pywaffle 库

# 创建一个 Figure 对象，绘制华夫图
fig=plt.figure(FigureClass=Waffle,        # 使用 Waffle 类作为 FigureClass 参数
               rows=5,                     # 设置行数为 5
               columns=10,                 # 设置列数为 10
               values=[48,46,6],           # 设置值
               figsize=(5,3))              # 设置图表尺寸
plt.show()
```

上述代码利用 Matplotlib 和 Pywaffle 库创建了一个华夫图，通过指定行数、列数和值来绘制图形，并且展示了数据的相对比例。华夫图是一种简单直观的可视化方式，有助于呈现数据的比例关系。输出的结果如图 7-6 所示。

图 7-6　基础华夫图

```
# 在图中添加标签
data={'Cat1':40,'Cat2':16,'Cat3':28}
fig=plt.figure( FigureClass=Waffle,rows=5,values=data,
            legend={'loc':'upper left','bbox_to_anchor':(1.05,1)},)
plt.show()
```

　　上述代码在之前的基础上添加了标签，通过传递一个字典作为值来指定每个类别的值，然后在图中添加了图例，使得数据更加清晰易懂。输出的结果如图 7-7 所示。

图 7-7　添加标签的华夫图

```
# 样式设置，包括图例、标题、颜色、方向、排列样式等
data={'Car':58,'Pickup':21,'Truck':11,'Motorcycle':7}
fig=plt.figure( FigureClass=Waffle,rows=5,values=data,
    colors=["#C1D82F","#00A4E4","#FBB034",'#6A737B'],
    title={'label':'Vehicle Sales by Vehicle Type','loc':'left'},
    labels=[f"{k} ({v}%)" for k,v in data.items()],
    legend={'loc':'lower left','bbox_to_anchor':(0,-0.4),
            'ncol':len(data),'framealpha':0},
    starting_location='NW',vertical=True,
    block_arranging_style='snake')
fig.set_facecolor('#EEEEEE')
plt.show()
```

　　上述代码使用了华夫图来可视化不同车辆类型的销售数据，通过设置颜色、标题、标签、图例位置、起始方向和方块排列样式等参数，调整了图表的样式，使得图表更具吸引力和可读性。输出的结果如图 7-8 所示。

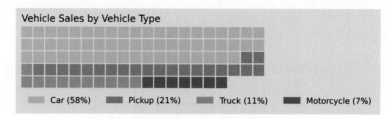

图 7-8 设置样式后的华夫图

```
# 利用图标绘图（象形图）
data={'Car':58,'Pickup':21,'Truck':11,'Motorcycle':7}
fig=plt.figure( FigureClass=Waffle,rows=5,values=data,
    colors=["#c1d82f","#00a4e4","#fbb034",'#6a737b'],
    legend={'loc':'upper left','bbox_to_anchor':(1,1)},
    icons=['car-side','truck-pickup','truck','motorcycle'],
    font_size=12,icon_legend=True)
plt.show()
```

上述代码使用华夫图来展示不同车辆类型的销售数据，通过添加象形图标、调整图例位置和字体大小等参数，增强了图表的可视化效果和信息传达能力。输出的结果如图 7-9 所示。

图 7-9 利用象形图的华夫图

```
# 在现有图形和轴上绘图
fig=plt.figure()
ax=fig.add_subplot(111)
# 修改现有轴
ax.set_title("Axis Title")
ax.set_aspect(aspect="equal")


# 在轴上绘制华夫图
Waffle.make_waffle(ax=ax,rows=5,columns=10,        # 将轴传递给 make_waffle() 函数
            values=[40,26,8],
    title={"label":"Waffle Title","loc":"left"} )
plt.show()
```

上述代码展示了如何在现有的 Matplotlib 图形和轴上绘制华夫图。通过将轴对象传递给

make_waffle() 函数，可以在指定的轴上绘制华夫图，并可通过参数设置标题、行数、列数、值等属性。输出的结果如图 7-10 所示。

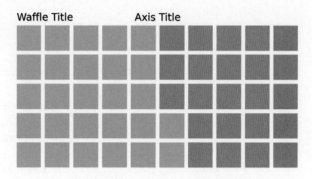

图 7-10　在现有图形和轴上绘图

【例 7-7】组合华夫图绘制示例。输入如下代码：

```
import matplotlib.pyplot as plt                    # 导入 Matplotlib 库
from pywaffle import Waffle                         # 导入 Pywaffle 库
import pandas as pd

data=pd.DataFrame(
    {
        'labels':['Car','Truck','Motorcycle'],      # 创建包含车辆类型的标签
        'Factory A':[32384,13354,5245],             # 工厂 A 的车辆生产量
        'Factory B':[22147,6678,2156],              # 工厂 B 的车辆生产量
        'Factory C':[8932,3879,82896],              # 工厂 C 的车辆生产量
    },
).set_index('labels')                               # 将标签设置为 DataFrame 的索引

# A glance of the data:
#              Factory A    Factory B    Factory C
# labels
# Car          27384        22147        8932
# Truck        7354         6678         3879
# Motorcycle   3245         2156         1196

fig=plt.figure(                                     # 创建一个新的 Figure 对象
    FigureClass=Waffle,                             # 使用 Waffle 类创建图形
    plots={                                         # 在子图中绘制华夫图
        311:{                                       # 子图 1
            'values':data['Factory A']/1000,        # 将实际数量转换为合理的块数
            'labels':[f"{k} ({v})" for k,v in
```

```
                                 data['Factory A'].items()],    # 添加标签和值
                    'legend':{'loc':'upper left','bbox_to_anchor':(1.05,1),
                             'fontsize':8},                    # 图例设置
                    'title':{'label':'Vehicle Production of Factory A',
                            'loc':'left','fontsize':12}    # 子图标题设置
              },
          312:{                                              # 子图2
              'values':data['Factory B']/1000,         # 将实际数量转换为合理的块数
              'labels':[f"{k} ({v})" for k,v in
                       data['Factory B'].items()],    # 添加标签和值
              'legend':{'loc':'upper left','bbox_to_anchor':(1.2,1),
                       'fontsize':8},                 # 图例设置
              'title':{'label':'Vehicle Production of Factory B',
                      'loc':'left','fontsize':12}    # 子图标题设置
          },
          313:{                                         # 子图3
              'values':data['Factory C']/1000,       # 将实际数量转换为合理的块数
              'labels':[f"{k} ({v})" for k,v in
                       data['Factory C'].items()],      # 添加标签和值
              'legend':{'loc':'upper left','bbox_to_anchor':(1.3,1),
                       'fontsize':8},                      # 图例设置
              'title':{'label':'Vehicle Production of Factory C',
                      'loc':'left','fontsize':12}         # 子图标题设置
          },
      },
      rows=5,                           # 设置外部参数应用于所有子图
      cmap_name="Accent",               # 使用 cmap 更改颜色
      rounding_rule='ceil',             # 更改舍入规则，以便值小于 1000 的仍至少有 1 个块
      figsize=(6,5))                    # 设置图形大小

fig.suptitle('Vehicle Production by Vehicle Type',fontsize=14,
            fontweight='bold')                         # 设置图形的总标题
fig.supxlabel('1 block=1000 vehicles',fontsize=8,x=0.14)    # 设置 X 轴标签
fig.set_facecolor('#EEEDE7')                           # 设置图形的背景颜色
plt.show()
```

上述代码使用 PyWaffle 库创建一个包含多个子图的华夫图。通过将数据放入 Pandas DataFrame 中，每个子图显示了不同工厂生产的车辆类型及其数量。每个子图的标题、图例位置、数据标签都进行了设置，最后通过设置图形的总标题、X 轴标签和背景颜色来完善图形的外观。输出的结果如图 7-11 所示。

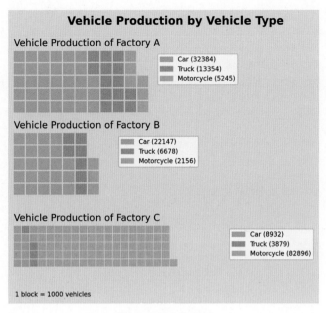

图 7-11　组合华夫图

7.4　马赛克图

马赛克图（Mosaic Plot）是一种用于可视化多个分类变量之间关系的图表类型。它以矩形区域为基础，将整体分割成多个小矩形，每个小矩形的面积大小表示对应分类变量组合的频数或占比。

马赛克图的优点是能够同时显示多个分类变量之间的关系，并直观地展示各个组合的频数或占比。它适用于探索多个分类变量之间的相关性和模式，并且可以帮助发现不同组合之间的差异。在使用马赛克图时，应谨慎选择合适的数据和合适的分类变量组合，以确保图表的可读性和准确传达数据。

【例 7-8】利用 Altair 和 Vega 数据集绘制一个堆叠矩形图，展示汽车数据集中不同产地和汽缸数的汽车数量。输入如下代码：

```
import altair as alt
from vega_datasets import data

source=data.cars()                                # 载入汽车数据集
# 创建基础图表
```

```python
base=( alt.Chart(source)
    # 聚合数据，计算每个组合的数量
    .transform_aggregate(count_="count()",groupby=["Origin","Cylinders"])
    # 堆叠数据，为堆叠创建必要的字段
    .transform_stack(
        stack="count_",                                    # 堆叠的字段
        as_=["stack_count_Origin1","stack_count_Origin2"], # 创建的堆叠字段
        offset="normalize",                                # 堆叠的方式
        sort=[alt.SortField("Origin","ascending")],        # 排序方式
        groupby=[],                                        # 不进行分组
    )
    # 窗口转换，计算堆叠后的范围
    .transform_window(
        x="min(stack_count_Origin1)",                      # X 轴的起始值
        x2="max(stack_count_Origin2)",                     # X 轴的结束值
        rank_Cylinders="dense_rank()",                     # Cylinders 排名
        distinct_Cylinders="distinct(Cylinders)",       # 不同 Cylinders 的数量
        groupby=["Origin"],                                # 按 Origin 分组
        frame=[None,None],                                 # 窗口的范围
        sort=[alt.SortField("Cylinders","ascending")],     # 排序方式
    )
    # 窗口转换，计算 Origin 排名
    .transform_window(
        rank_Origin="dense_rank()",                        # Origin 排名
        frame=[None,None],                                 # 窗口的范围
        sort=[alt.SortField("Origin","ascending")],        # 排序方式
    )
    # 堆叠数据，为堆叠创建必要的字段
    .transform_stack(
        stack="count_",                                    # 堆叠的字段
        groupby=["Origin"],                                # 按 Origin 分组
        as_=["y","y2"],                                    # 创建的堆叠字段
        offset="normalize",                                # 堆叠的方式
        sort=[alt.SortField("Cylinders","ascending")],     # 排序方式
    )
    # 计算坐标轴的位置
    .transform_calculate(
        ny="datum.y+(datum.rank_Cylinders-1)*  \
            datum.distinct_Cylinders*0.01 / 3",            # Y 轴的起始位置
        ny2="datum.y2+(datum.rank_Cylinders-1)*\
            datum.distinct_Cylinders*0.01 / 3",            # Y 轴的结束位置
        nx="datum.x+(datum.rank_Origin-1)*0.01",           # X 轴的起始位置
        nx2="datum.x2+(datum.rank_Origin-1)*0.01",         # X 轴的结束位置
        xc="(datum.nx+datum.nx2)/2",                       # X 轴的中心位置
```

```
                yc="(datum.ny+datum.ny2)/2",                    # Y 轴的中心位置
    )
)
# 绘制矩形图层
rect=base.mark_rect().encode(
    x=alt.X("nx:Q",axis=None),                                  # X 轴坐标
    x2="nx2",                                                    # X 轴的结束坐标
    y="ny:Q",                                                    # Y 轴坐标
    y2="ny2",                                                    # Y 轴的结束坐标
    color=alt.Color("Origin:N",legend=None),                    # 颜色编码
    opacity=alt.Opacity("Cylinders:Q",legend=None),             # 透明度编码
    tooltip=["Origin:N","Cylinders:Q"],                         # 提示信息
)


# 绘制文本图层
text=base.mark_text(baseline="middle").encode(
    x=alt.X("xc:Q",axis=None),                                  # X 轴坐标
    y=alt.Y("yc:Q",title="Cylinders"),                          # Y 轴坐标
    text="Cylinders:N",                                         # 显示的文本
)
mosaic=rect+text                                                # 组合图层
# 添加 Origin 标签
origin_labels=base.mark_text(baseline="middle",align="center").encode(
    x=alt.X(
        "min(xc):Q",
        axis=alt.Axis(title="Origin",orient="top"),             # 设置 Origin 标题位置
    ),
    color=alt.Color("Origin",legend=None),                      # 颜色编码
    text="Origin",                                              # 显示的文本
)
# 配置图表外观和布局
(
    (origin_labels & mosaic)                                    # 图层组合
    .resolve_scale(x="shared")                                  # X 轴范围共享
    .configure_view(stroke="")                                  # 设置视图样式
    .configure_concat(spacing=10)                               # 设置图层间距
    .configure_axis(domain=False,ticks=False,
                    labels=False,grid=False)                    # 配置坐标轴
)
```

上述代码首先对数据进行了聚合和堆叠处理，然后通过多次窗口转换计算了坐标轴的位置和排列方式，最后绘制了矩形图层和文本图层，并在图表中添加了 Origin 标签，完成了图表的外观和布局配置。输出的结果如图 7-12 所示。

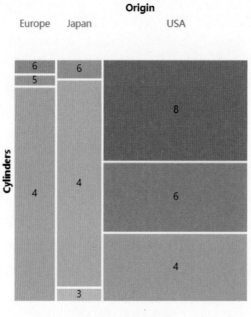

图 7-12 马赛克图

7.5 本章小结

本章聚焦于展示局部整体型数据在 Python 中的可视化方法，内容包括饼图、华夫图、马赛克图等不同类型的图形。通过本章的学习，可以帮助读者更好地理解和呈现数据的结构。这些可视化方法将使数据的组织结构更加明确，帮助分析师、决策者以及其他相关人员更好地理解数据的内在关系。

第 8 章

分布式数据可视化

本章聚焦于分布式数据的可视化，数据的分布性质对于统计分析、模型建立以及风险评估都至关重要。通过本章的学习，可以掌握如何在 Python 中选择适当的可视化工具和技术，以更好地理解数据的分布特性，并从中获取有价值的信息。本章介绍常见的分布数据可视化，包括直方图、箱线图、密度图、小提琴图、脊线图等。读者通过学习可以掌握分布式数据可视化的 Python 实现方法。

8.1 直方图

直方图（Histogram）是一种用于可视化连续变量的分布情况的统计图表。直方图的主要特点是通过柱状图展示连续变量在每个区间内的观测频数。横轴表示连续变量的取值范围，纵轴表示频数或频率（频数除以总数）。每个柱子的高度表示该区间内的观测频数。

直方图常用于观察数据的分布情况，包括集中趋势、离散程度和偏态。它可以帮助我们识别数据的峰值、模式、异常值以及数据的整体形态。直方图是数据探索和分析的常见工具，为我们提供了对数据分布的直观认识，从而有助于做出推断和决策。

Python 数据可视化：科技图表绘制

连续变量直方图用于显示给定变量的频率分布。基于类型变量对频率条进行分组，可以更好地了解连续变量和类型变量。类型变量直方图用于显示该变量的频率分布。通过对条形图进行着色，可以将分布与表示颜色的另一个类型变量相关联。

【例 8-1】使用 Matplotlib 创建不同类型的直方图。输入如下代码：

```python
import matplotlib.pyplot as plt
import numpy as np

from matplotlib import colors
from matplotlib.ticker import PercentFormatter

# 使用固定的种子创建随机数生成器，以便结果可复现
rng=np.random.default_rng(19781101)
N_points=100000
n_bins=20
# 生成两个正态分布
dist1=rng.standard_normal(N_points)
dist2=0.4*rng.standard_normal(N_points)+5

# 创建具有共享 Y 轴的子图
fig,axs=plt.subplots(1,2,figsize=(8,4),sharey=True,tight_layout=True)

# 使用 *bins* 关键字参数设置每个子图的箱数
axs[0].hist(dist1,bins=n_bins)
axs[1].hist(dist2,bins=n_bins)

# 创建新的图形，具有共享 Y 轴的子图
fig,axs=plt.subplots(1,2,figsize=(8,4),tight_layout=True)

# N 是每个箱中的计数，bins 是每个箱的下限
N,bins,patches=axs[0].hist(dist1,bins=n_bins)

# 通过高度对颜色进行编码，但用户可以使用任何标量
fracs=N/N.max()

# 将数据归一化为 0 ~ 1 的范围，以适应色彩映射的完整范围
norm=colors.Normalize(fracs.min(),fracs.max())

# 遍历对象，并相应地设置每个对象的颜色
for thisfrac,thispatch in zip(fracs,patches):
    color=plt.cm.viridis(norm(thisfrac))
    thispatch.set_facecolor(color)
# 将输入归一化为总计数
axs[1].hist(dist1,bins=n_bins,density=True)
# 格式化 Y 轴以显示百分比
axs[1].yaxis.set_major_formatter(PercentFormatter(xmax=1))

# 创建新的图形（2D 直方图），具有共享 X 轴和 Y 轴的子图
```

222

```
fig,axs=plt.subplots(1,3,figsize=(15,5),sharex=True,sharey=True,
                        tight_layout=True)
axs[0].hist2d(dist1,dist2,bins=40)                    # 增加每个轴上的箱数

# 定义颜色的归一化
axs[1].hist2d(dist1,dist2,bins=40,norm=colors.LogNorm())
# 为每个轴定义自定义数量的箱
axs[2].hist2d(dist1,dist2,bins=(80,10),norm=colors.LogNorm())
plt.show()
```

上述代码创建了不同类型的直方图,并自定义了颜色和比例尺。这些直方图可以帮助用户理解数据的分布和关系。输出的结果如图 8-1 所示。

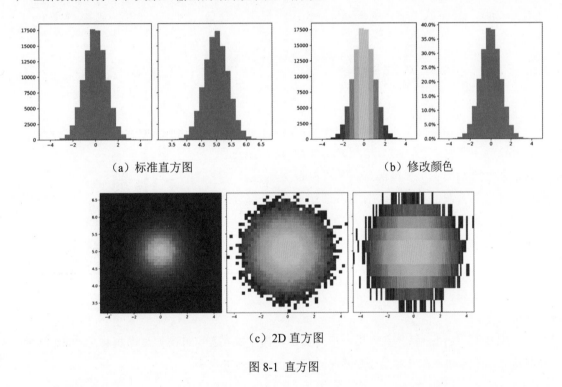

（a）标准直方图　　　　　　　　　　　（b）修改颜色

（c）2D 直方图

图 8-1　直方图

【例 8-2】自行生成一个正态分布的样本数据,绘制直方图以及对应的拟合曲线。输入如下代码:

```
import matplotlib.pyplot as plt
import numpy as np

rng=np.random.default_rng(19781101)           # 设置随机数生成器的种子
# 示例数据
```

```
mu=106                                          # 分布的均值
sigma=17                                        # 分布的标准差
x=rng.normal(loc=mu,scale=sigma,size=420)

num_bins=42
fig,ax=plt.subplots()                           # 创建图形和坐标轴
n,bins,patches=ax.hist(x,num_bins,density=True) # 绘制数据的直方图

# 添加拟合线
y=((1/(np.sqrt(2*np.pi)*sigma))*
    np.exp(-0.5*(1/sigma*(bins-mu))**2))
ax.plot(bins,y,'--')
ax.set_xlabel('Value')                          # 设置 X 轴标签
ax.set_ylabel('Probability density')            # 设置 Y 轴标签
ax.set_title('Histogram of normal distribution sample:'   # 设置标题
            fr'$\mu={mu:.0f}$,$\sigma={sigma:.0f}$')

# 调整间距以防止 Y 轴标签被裁剪
fig.tight_layout()
plt.show()
```

上述代码创建了一个正态分布的样本数据，并绘制了其直方图。随后根据样本数据拟合了正态分布的概率密度函数，并将拟合曲线绘制在直方图上。最后，对图形进行了标签设置，并调整了布局以避免标签被裁剪。输出的结果如图 8-2 所示。

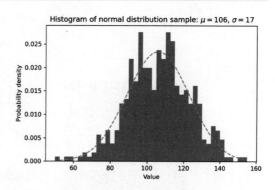

图 8-2 直方图以及对应的拟合曲线

【例 8-3】绘制一幅叠直方图，用于显示不同车辆类型（class）发动机排量（displ）的分布情况，并为每个车辆类型分配不同的颜色。输入如下代码：

```
import matplotlib.pyplot as plt
import numpy as np

np.random.seed(19781101)                # 固定随机数种子，以便结果可复现
# 生成第 1 个正态分布
mu_x=200
sigma_x=25
x=np.random.normal(mu_x,sigma_x,size=100)
# 生成第 2 个正态分布
```

```
mu_w=200
sigma_w=10
w=np.random.normal(mu_w,sigma_w,size=100)

fig,axs=plt.subplots(nrows=2,ncols=2)                        # 创建 2×2 的子图
# 绘制步骤填充的直方图
axs[0,0].hist(x,20,density=True,histtype='stepfilled',facecolor='g',
              alpha=0.75)
axs[0,0].set_title('stepfilled')

# 绘制步骤的直方图
axs[0,1].hist(x,20,density=True,histtype='step',facecolor='g',alpha=0.75)
axs[0,1].set_title('step')

# 绘制堆叠的直方图
axs[1,0].hist(x,density=True,histtype='barstacked',rwidth=0.8)
axs[1,0].hist(w,density=True,histtype='barstacked',rwidth=0.8)
axs[1,0].set_title('barstacked')

# 创建直方图，并提供不等间距的箱体边界
bins=[100,150,180,195,205,220,250,300]
axs[1,1].hist(x,bins,density=True,histtype='bar',rwidth=0.8)
axs[1,1].set_title('bar,unequal bins')

fig.tight_layout()                                           # 调整布局以避免重叠
plt.show()
```

上述代码创建了 2×2 个子图，分别用于展示阶梯填充的直方图、阶梯的直方图、堆叠的直方图以及提供了不等间距箱体边界的直方图。这些直方图的不同类型和参数可以帮助用户更好地理解数据的分布情况。输出的结果如图 8-3 所示。

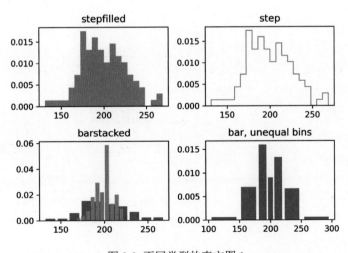

图 8-3　不同类型的直方图 1

【例 8-4】使用 Matplotlib 绘制不同类型的直方图，并对其进行堆叠和图例标注。输入如下代码：

```
import matplotlib.pyplot as plt
import numpy as np

np.random.seed(19781101)                                        # 固定随机数种子，以便结果可复现
n_bins=10
x=np.random.randn(1000,3)

fig,((ax0,ax1),(ax2,ax3))=plt.subplots(nrows=2,ncols=2)         # 创建 2×2 的子图
colors=['red','tan','blue']                                     # 定义颜色列表

# 绘制带有图例的直方图
ax0.hist(x,n_bins,density=True,histtype='bar',color=colors,label=colors)
ax0.legend(prop={'size':10})
ax0.set_title('bars with legend')

# 绘制堆叠的直方图
ax1.hist(x,n_bins,density=True,histtype='bar',stacked=True)
ax1.set_title('stacked bar')

# 绘制堆叠的步骤直方图（未填充）
ax2.hist(x,n_bins,histtype='step',stacked=True,fill=False)
ax2.set_title('stack step (unfilled)')

# 绘制不同样本大小的多个直方图
x_multi=[np.random.randn(n) for n in [10000,5000,2000]]
ax3.hist(x_multi,n_bins,histtype='bar')
ax3.set_title('different sample sizes')

fig.tight_layout()                                              # 调整布局以避免重叠
plt.show()
```

上述代码展示了 4 种不同的直方图类型：带有图例的直方图、堆叠的直方图、堆叠的步骤直方图（未填充）以及不同样本大小的多个直方图。这些直方图的不同参数和特性可以帮助用户更好地理解数据的分布情况。输出的结果如图 8-4 所示。

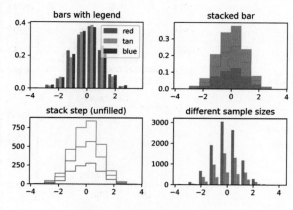

图 8-4 不同类型的直方图 2

【**例 8-5**】绘制堆叠直方图，用于显示不同车辆类型（class）的发动机排量（displ）的分布情况，并为每个车辆类型分配不同的颜色。输入如下代码：

```
import pandas as pd                     # 导入 Pandas 库并简写为 pd
import numpy as np                      # 导入 NumPy 库并简写为 np
import matplotlib.pyplot as plt         # 导入 Matplotlib.pyplot 库并简写为 plt

# 导入数据
df=pd.read_csv("D:/DingJB/PyData/mpg_ggplot2.csv")
                                        # 读取数据并存储在 DataFrame 对象 df 中
x_var='displ'                           # 指定 X 轴变量为发动机排量
groupby_var='class'                     # 指定分组变量为车辆类型

# 根据分组变量对数据进行分组并聚合
df_agg=df.loc[:,[x_var,groupby_var]].groupby(groupby_var)

vals=[df[x_var].values.tolist()for i,df in df_agg]   # 提取每个分组的数据值
plt.figure(figsize=(8,4),dpi=250)                    # 设置图形大小

# 使用色谱来为每个分组分配颜色
colors=[plt.cm.Spectral(i/float(len(vals)-1))for i in range(len(vals))]
# 绘制堆叠直方图
n,bins,patches=plt.hist(vals,30,stacked=True,density=False,
                        color=colors[:len(vals)])
# 图例
legend_dict={group:col for group,col in zip(
    np.unique(df[groupby_var]).tolist(),colors[:len(vals)])}
plt.legend(legend_dict)                              # 添加图例

# 图形修饰
plt.title(f"${x_var}$ colored by ${groupby_var}$",fontsize=18)  # 设置标题
plt.xlabel(x_var)                                    # 设置 X 轴标签
plt.ylabel("Frequency")                              # 设置 Y 轴标签
plt.ylim(0,25)                                       # 设置 Y 轴范围
plt.xticks(ticks=bins[::3],
           labels=[round(b,1)for b in bins[::3]])    # 设置 X 轴刻度和标签
plt.show()
```

上述代码从 CSV 文件中读取数据，并根据指定的车辆类型（class）对发动机排量（displ）进行分组。最终绘制一个堆叠直方图，将不同车辆类型的发动机排量分布显示在同一个图形中，并为每个车辆类型分配了不同的颜色。图例显示每种颜色对应的车辆类型。代码最后对图形进行了修饰，包括添加标题、坐标轴标签以及设置坐标轴范围和刻度等。输出的结果如图 8-5 所示。

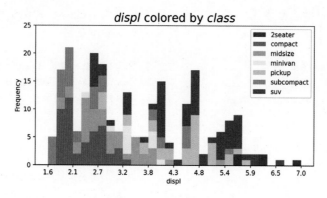

图 8-5 堆叠直方图 1

【例 8-6】使用 Matplotlib 库绘制堆叠直方图，展示不同车辆类型在发动机排量（displ）上的分布情况，不同颜色代表不同的车辆类型。输入如下代码：

```
import pandas as pd
import numpy as np
import matplotlib.pyplot as plt

df=pd.read_csv("D:/DingJB/PyData/mpg_ggplot2.csv")          # 导入数据
# 准备数据
x_var='manufacturer'                                        # X 轴变量为制造商
groupby_var='class'                                         # 分组变量为车辆类型
# 根据分组变量对数据进行分组并聚合
df_agg=df.loc[:,[x_var,groupby_var]].groupby(groupby_var)
# 提取每个分组的数据值
vals=[df[x_var].values.tolist()for i,df in df_agg]
plt.figure(figsize=(8,5),dpi=250)                           # 创建图形
# 使用色谱来为每个分组分配颜色
colors=[plt.cm.Spectral(i/float(len(vals)-1))for i in range(len(vals))]

# 绘制堆叠直方图，其中，n 为 bin 的数量，bins 为 bin 的边界值，patches 为 patch 对象
n,bins,patches=plt.hist(vals,df[x_var].unique().__len__(),
            stacked=True,density=False,color=colors[:len(vals)])

# 创建一个字典，将分组变量与对应的颜色关联起来
legend_dict={group:col for group,col in
            zip(np.unique(df[groupby_var]).tolist(),colors[:len(vals)])}
plt.legend(legend_dict)

# 图形修饰
plt.title(f"${x_var}$ colored by ${groupby_var}$",fontsize=18)
```

```
plt.xlabel(x_var)
plt.ylabel("Frequency")
plt.ylim(0,40)                                                    # 设置 Y 轴的范围
plt.xticks(ticks=np.arange(len(np.unique(df[x_var]))),
        labels=np.unique(df[x_var]).tolist(),
        rotation=30,horizontalalignment='right')                 # 设置 X 轴的刻度和标签
plt.show()
```

上述代码根据车辆类型（class）对制造商（manufacturer）进行分组，并绘制了一个堆叠直方图，展示了不同制造商的车辆分布，并用不同颜色表示不同类型的车辆。图例显示了每种颜色对应的车辆类型。最后，对图形进行了修饰，包括添加标题、坐标轴标签以及设置坐标轴范围和刻度。输出的结果如图 8-6 所示。

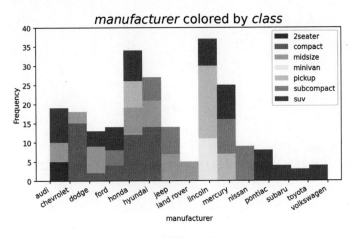

图 8-6　堆叠直方图 2

8.2　核密度图

核密度图（Kernel Density Plot）用于估计连续变量的概率密度函数，并展示数据的分布情况。核密度图的主要特点是通过平滑连续变量的数据分布来估计其概率密度函数。它通过将每个数据点周围的核函数进行叠加，使用适当的带宽参数来调整平滑程度，从而得到连续的概率密度曲线。

核密度图常用于分析数据的分布形态和峰值位置，并与其他分布进行比较。它可以帮助观察数据的集中趋势、峰态（比如是否呈现单峰、多峰或无峰分布）、密度变化等。通过核密度图，我们可以直观地了解数据的分布特征，有助于进行数据探索、比较和推断分析。

在 Seaborn 中，可以使用 seaborn.kdeplot() 函数来绘制核密度图。我们可以绘制一维、二维或多维的核密度图，还可以通过调整参数来定制图形的外观，如选择核函数、调整带宽、设置颜色等。核密度图通常与其他图表（如散点图）一起使用，以提供更全面的数据分析。

【例 8-7】使用 Seaborn 库来绘制核密度估计图，展示鸢尾花数据集中萼片宽度和萼片长度之间的关系。输入如下代码：

```
import matplotlib.pyplot as plt          # 导入 Matplotlib 库并简写为 plt
import seaborn as sns                     # 导入 Seaborn 库并简写为 sns

df=sns.load_dataset('iris')               # 加载 iris 数据集
sns.set_style("white")                    # 设置 Seaborn 的样式为 "white"

sns.kdeplot(x=df.sepal_width,y=df.sepal_length)     # 绘制核密度估计图
plt.show()

# 绘制填充的核密度估计图，并使用 Reds 调色板
sns.kdeplot(x=df.sepal_width,y=df.sepal_length,cmap="Reds",fill=True)
plt.show()

# 绘制填充的核密度估计图，并使用 Blues 调色板调整带宽参数为 0.5
sns.kdeplot(x=df.sepal_width,y=df.sepal_length,
            cmap="Blues",fill=True,bw_adjust=0.5)
plt.show()
```

上述代码绘制了简单的核密度估计图与填充的核密度估计图，并分别使用 Reds 和 Blues 调色板突显不同的密度分布情况，最后调整带宽参数以控制估计的平滑程度。输出的结果如图 8-7 所示。

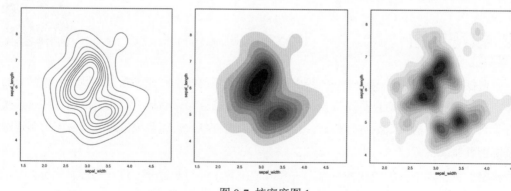

图 8-7 核密度图 1

【例 8-8】使用 Seaborn 绘制基于不同气缸数（cylinders）的城市里程（city mileage）的核密度图。输入如下代码：

```
import pandas as pd
import matplotlib.pyplot as plt
import seaborn as sns

df=pd.read_csv("D:/DingJB/PyData/mpg_ggplot2.csv")         # 导入数据
plt.figure(figsize=(10,6),dpi=80)                          # 创建图形

# 对于每种气缸数，绘制对应的城市里程密度图
sns.kdeplot(df.loc[df['cyl']==4,"cty"],shade=True,color="g",
        label="Cyl=4",alpha=.7)
sns.kdeplot(df.loc[df['cyl']==5,"cty"],shade=True,color="deeppink",
        label="Cyl=5",alpha=.7)
sns.kdeplot(df.loc[df['cyl']==6,"cty"],shade=True,color="dodgerblue",
        label="Cyl=6",alpha=.7)
sns.kdeplot(df.loc[df['cyl']==8,"cty"],shade=True,color="orange",
        label="Cyl=8",alpha=.7)

# 图形修饰
plt.title('City Mileage by n_Cylinders',fontsize=16)
                                                           # 设置标题
plt.legend()                                               # 显示图例
plt.xlabel('City Mileage')                                 # 设置 X 轴标签
plt.ylabel('Density')                                      # 设置 Y 轴标签
plt.show()
```

上述代码分别绘制了气缸数为 4、5、6 和 8 时的城市里程密度图，并使用不同的颜色进行区分，以直观展示不同气缸数下城市里程的分布情况。图形修饰包括标题、图例、X 轴标签和 Y 轴标签，使图形更加清晰易懂。输出的结果如图 8-8 所示。

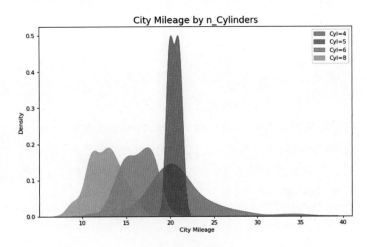

图 8-8　核密度图 2

带有直方图的密度曲线汇集了两个图所传达的集体信息，因此用户可以将它们放在一个图中，而不是两个图中。

【例 8-9】利用 Seaborn 库中的 distplot() 函数绘制不同车辆类型的城市里程密度图和直方图。输入如下代码：

```python
import pandas as pd
import matplotlib.pyplot as plt
import seaborn as sns

df=pd.read_csv("D:/DingJB/PyData/mpg_ggplot2.csv")      # 导入数据
plt.figure(figsize=(8,6),dpi=80)                        # 创建图形

# 使用 sns.distplot 绘制密度图和直方图
# 对于每种车辆类型，绘制对应的城市里程密度图和直方图
sns.distplot(df.loc[df['class']=='compact',"cty"],color="dodgerblue",
            label="Compact",hist_kws={'alpha':.7},
            kde_kws={'linewidth':3})
sns.distplot(df.loc[df['class']=='suv',"cty"],color="orange",
            label="SUV",hist_kws={'alpha':.7},
            kde_kws={'linewidth':3})
sns.distplot(df.loc[df['class']=='minivan',"cty"],color="g",
            label="Minivan",hist_kws={'alpha':.7},
            kde_kws={'linewidth':3})
plt.ylim(0,0.35)                                        # 设置 Y 轴的范围

# 图形修饰
plt.title('City Mileage by Vehicle Type', fontsize=16)  # 设置标题
plt.xlabel('City Mileage')                              # 设置 X 轴标签
plt.ylabel('Density')                                   # 设置 Y 轴标签
plt.legend()                                            # 显示图例
plt.show()
```

上述代码从 CSV 文件中导入数据，并创建了一个图形窗口。然后，使用 distplot() 函数分别绘制紧凑型车（compact）、SUV 和小型货车（minivan）的城市里程分布图。每种车辆类型的密度图用实线表示，直方图用填充的颜色表示，同时设置了透明度（alpha）和线宽度。最后，设置了 Y 轴范围、添加了标题、X 轴标签和 Y 轴标签，并显示了图例。输出的结果如图 8-9 所示。

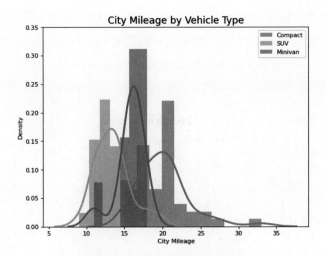

图 8-9　带有直方图的密度图

【例 8-10】利用 Proplot 库绘制密度图。输入如下代码：

```
import proplot as pplt
import numpy as np

M,N=300,3                        # 定义样本数据的维度：300 个样本，每个样本有 3 个特征
state=np.random.RandomState(51423)    # 创建随机状态实例，并指定随机数种子为 51423
x=state.normal(size=(M,N))       # 生成服从标准正态分布的样本数据，大小为 (M,N)
# 添加一定的噪声，使得每个特征的均值偏离一定程度，并随特征索引递增
x+=state.rand(M)[:,None]*np.arange(N)
# 对每个特征的值进行线性平移，使得每个特征的数据范围不同
x+=2*np.arange(N)


# Sample overlayed histograms
fig,ax=pplt.subplots(refwidth=4,refaspect=(3,2))    # 创建图形和坐标轴对象
ax.format(suptitle='Overlaid histograms',xlabel='distribution',
          ylabel='count')       # 设置图形格式
res=ax.hist( x,                  # 数据数组，可以是多维数组
    pplt.arange(-3,8,0.2),       # 直方图的边界数组，定义了每个直方图的边界
    filled=True,                 # 是否填充直方图的颜色
    alpha=0.7,                   # 透明度
    edgecolor='k',               # 直方图的边界颜色
    cycle=('indigo9','gray3','red9'),    # 指定不同直方图的颜色
    labels=list('abc'),          # 直方图的标签
    legend='ul',)                # 图例的位置
```

上述代码利用 ProPlot 库创建了一个图形和坐标轴对象，并绘制了三个样本数据的叠加直方图。样本数据通过 NumPy 生成，其中每个样本有 3 个特征，服从标准正态分布，并添加了噪声和线性平移以模拟真实数据。利用 ax.hist() 方法绘制了直方图，并设置了填充颜色、透明度、边界颜色、颜色循环、标签和图例位置等参数。输出的结果如图 8-10 所示。

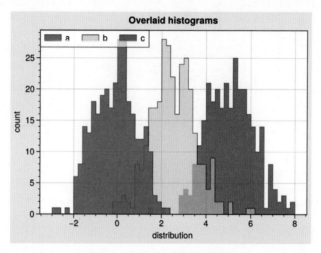

图 8-10 带有直方图的密度图

8.3 箱线图

箱线图（Box Plot）也称为盒须图或盒式图，是一种常用的统计图表，用于显示数值变量的分布情况（包括中位数、四分位数、离散程度等）和异常值的存在，如图 8-11 所示。

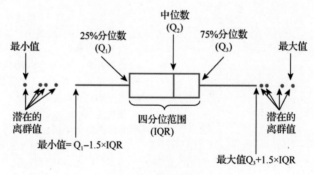

图 8-11 箱线图结构

箱线图的主要组成部分说明如下。

（1）箱体：箱体由两条水平线和一条垂直线组成。箱体的底边界表示数据的下四分位数（Q1），顶边界表示数据的上四分位数（Q3），箱体的中线表示数据的中位数（或称为第二四分位数）。

（2）须线：从箱体延伸出两条线段，分别表示数据的最小值和最大值，也可以是在异常值之外的数据范围。

（3）异常值点：在箱体外部的点表示数据中的异常值，即与其他观测值相比显著偏离的值。

【例 8-11】使用 Matplotlib 生成多个箱线图，并通过设置不同的参数来改变箱线图的外观和显示方式。输入如下代码：

```python
import matplotlib.pyplot as plt
import numpy as np

np.random.seed(19781101)                        # 固定随机数种子，以便结果可复现
# 生成随机数据
spread=np.random.rand(50)*100
center=np.ones(25)*50
flier_high=np.random.rand(10)*100+100
flier_low=np.random.rand(10)*-100
data=np.concatenate((spread,center,flier_high,flier_low))

fig,axs=plt.subplots(2,3)

# 基本的箱线图
axs[0,0].boxplot(data)
axs[0,0].set_title('basic plot')

# 带缺口的箱线图
axs[0,1].boxplot(data,notch=True)
axs[0,1].set_title('notched plot')

# 更改异常值点的符号
axs[0,2].boxplot(data,sym='gD')
axs[0,2].set_title('change outlier\npoint symbols')

# 不显示异常值点
axs[1,0].boxplot(data,showfliers=False)
axs[1,0].set_title("don't show\noutlier points")

# 水平箱线图
```

```
axs[1,1].boxplot(data,vert=False,sym='rs')
axs[1,1].set_title('horizontal boxes')

# 更改箱须长度
axs[1,2].boxplot(data,vert=False,sym='rs',whis=0.75)
axs[1,2].set_title('change whisker length')

fig.subplots_adjust(left=0.08,right=0.98,bottom=0.05,top=0.9,hspace=0.4,
                    wspace=0.3)

# 生成更多的虚拟数据
spread=np.random.rand(50)*100
center=np.ones(25)*40
flier_high=np.random.rand(10)*100+100
flier_low=np.random.rand(10)*-100
d2=np.concatenate((spread,center,flier_high,flier_low))
# 如果所有列的长度相同，则可以将数据组织为 2-D 数组。如果不同，则使用列表
# 使用列表更有效率，因为 boxplot 内部会将 2-D 数组转换为矢量列表
data=[data,d2,d2[::2]]

# 在同一个坐标轴上绘制多个箱线图
fig,ax=plt.subplots()
ax.boxplot(data)
plt.show()
```

上述代码演示了如何使用 Matplotlib 创建不同类型的箱线图。首先，生成了一组随机数据，并在一个图形中绘制了 6 种不同类型的箱线图。这些类型包括基本的箱线图、带缺口的箱线图、更改异常值点的符号、不显示异常值点、水平箱线图以及更改箱须长度。接着，创建了更多的虚拟数据，并在同一个坐标轴上绘制了多个箱线图，展示了如何在同一幅图中比较多组数据的分布情况。输出的结果如图 8-12 所示。

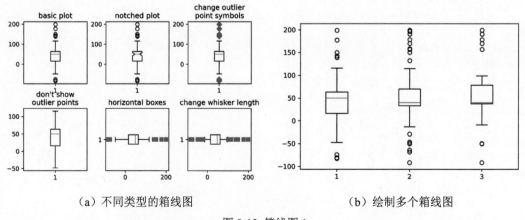

（a）不同类型的箱线图　　　　　　　　　　（b）绘制多个箱线图

图 8-12　箱线图 1

【例 8-12】绘制两个箱线图，分别展示不同样本数据的分布情况。其中，一个是矩形箱线图，另一个是有缺口的箱线图。输入如下代码：

```
import matplotlib.pyplot as plt
import numpy as np

# 随机测试数据
np.random.seed(19781101)                          # 固定随机数种子，以便结果可复现
all_data=[np.random.normal(0,std,size=100)for std in range(1,4)]
labels=['x1','x2','x3']

# 创建图形和轴对象
fig,(ax1,ax2)=plt.subplots(nrows=1,ncols=2,figsize=(9,4))

# 绘制矩形箱线图
bplot1=ax1.boxplot(all_data,
                   vert=True,                     # 垂直箱体对齐
                   patch_artist=True,             # 用颜色填充
                   labels=labels)                 # 将用于标记 X 轴刻度
ax1.set_title('Rectangular box plot')

# 绘制有缺口的箱线图
bplot2=ax2.boxplot(all_data,
                   notch=True,                    # 缺口形状
                   vert=True,                     # 垂直箱体对齐
                   patch_artist=True,             # 用颜色填充
                   labels=labels)                 # 将用于标记 X 轴刻度
ax2.set_title('Notched box plot')

# 使用颜色填充
colors=['pink','lightblue','lightgreen']
for bplot in (bplot1,bplot2):
    for patch,color in zip(bplot['boxes'],colors):
        patch.set_facecolor(color)

# 添加水平网格线
for ax in [ax1,ax2]:
    ax.yaxis.grid(True)
    ax.set_xlabel('Three separate samples')
    ax.set_ylabel('Observed values')
plt.show()
```

上述代码使用 boxplot() 函数生成了两个子图，分别为矩形箱线图和带缺口的箱线图，使用循环为每个箱体设置了不同的颜色，并显示了水平网格线和轴标签。输出的结果如图 8-13 所示。

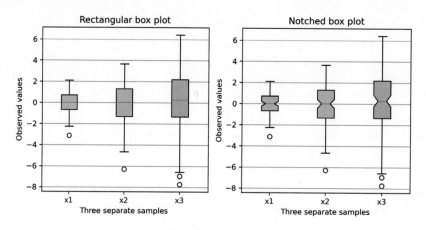

图 8-13 箱线图 2

【例 8-13】生成并展示不同类型的箱线图和小提琴图。输入如下代码：

```
import matplotlib.pyplot as plt
import numpy as np
import seaborn as sns
import pandas as pd

# 构造数据集
a=pd.DataFrame({'group':np.repeat('A',500),
                'value':np.random.normal(10,5,500)})
b=pd.DataFrame({'group':np.repeat('B',500),
                'value':np.random.normal(13,1.2,500)})
c=pd.DataFrame({'group':np.repeat('B',500),
                'value':np.random.normal(18,1.2,500)})
d=pd.DataFrame({'group':np.repeat('C',20),
                'value':np.random.normal(25,4,20)})
e=pd.DataFrame({'group':np.repeat('D',100),
                'value':np.random.uniform(12,size=100)})
df=pd.concat([a,b,c,d,e])                          # 合并数据框

sns.boxplot(x='group',y='value',data=df)           # 常规箱线图
plt.show()

# 添加 jitter 的箱线图
ax=sns.boxplot(x='group',y='value',data=df)
# 添加 stripplot
ax=sns.stripplot(x='group',y='value',data=df,color="orange",
                 jitter=0.2,size=2.5)
plt.title("Boxplot with jitter",loc="left")        # 添加标题
plt.show()
```

```
# 绘制小提琴图
sns.violinplot(x='group',y='value',data=df)
plt.title("Violin plot",loc="left")                    # 添加标题
plt.show()

# 绘制基本的箱线图
sns.boxplot(x="group",y="value",data=df)

# 计算每组观测数量和中位数以定位标签
medians=df.groupby(['group'])['value'].median().values
nobs=df.groupby("group").size().values
nobs=[str(x)for x in nobs.tolist()]
nobs=["n:"+i for i in nobs]

# 添加到图形中
pos=range(len(nobs))
for tick,label in zip(pos,ax.get_xticklabels()):
    plt.text(pos[tick],medians[tick]+0.4,nobs[tick],
            horizontalalignment='center',size='medium',
            color='w',weight='semibold')

plt.title("Boxplot with number of observation",loc="left")    # 添加标题
plt.show()
```

上述代码使用 Seaborn 库创建了不同类型的箱线图和小提琴图，并对图形进行了一些定制化的处理。首先，使用 sns.boxplot() 函数绘制了常规的箱线图。接着，在箱线图的基础上使用 sns.stripplot() 函数添加了 jitter，以更好地展示数据分布的密度。然后，使用 sns.violinplot() 函数绘制了小提琴图。最后，对基本的箱线图进行了定制化处理，在图中添加了每组观测数量和中位数的标签。输出的结果如图 8-14 所示。

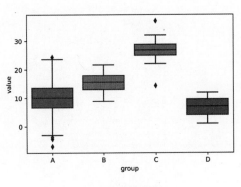

（a）常规箱线图

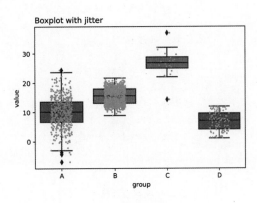

（b）添加 jitter

图 8-14　箱线图与小提琴图

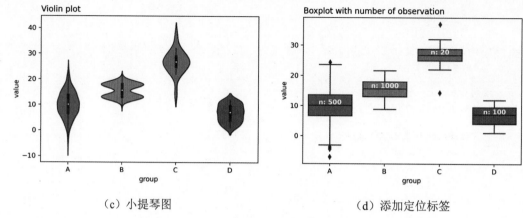

（c）小提琴图　　　　　　　　　　（d）添加定位标签

图 8-14 箱线图与小提琴图（续）

【例 8-14】利用 mpg_ggplot2 数据集，通过绘制箱线图展示不同车辆类型的高速公路里程分布情况。输入如下代码：

```python
import pandas as pd
import matplotlib.pyplot as plt
import seaborn as sns

df=pd.read_csv("D:/DingJB/PyData/mpg_ggplot2.csv")        # 导入数据

# 绘制图表
plt.figure(figsize=(13,10),dpi=80)
sns.boxplot(x='class',y='hwy',data=df,notch=False)

# 在箱线图中添加观测数量（可选）
def add_n_obs(df,group_col,y):
    # 计算每个类别的中位数
    medians_dict={grp[0]:grp[1][y].median()for grp in df.groupby(group_col)}
    # 获取 X 轴标签
    xticklabels=[x.get_text()for x in plt.gca().get_xticklabels()]
    # 计算每个类别的观测数量
    n_obs=df.groupby(group_col)[y].size().values
    # 遍历每个类别，在箱线图上方添加观测数量信息
    for (x,xticklabel),n_ob in zip(enumerate(xticklabels),n_obs):
        plt.text(x,medians_dict[xticklabel]*1.01,"#obs :"+str(n_ob),
                horizontalalignment='center',fontdict={'size':10},
                color='white')

# 调用函数添加观测数量信息
add_n_obs(df,group_col='class',y='hwy')
```

```
# 图表修饰
plt.title('Highway Mileage by Vehicle Class',fontsize=22)
plt.ylim(10,40)
plt.show()
```

上述代码使用 Seaborn 的 boxplot() 函数绘制箱线图，横轴表示车辆类型，纵轴表示高速公路里程。代码中定义了一个函数 add_n_obs()，用于在箱线图上方添加每个类别的观测数量信息，然后调用该函数将观测数量信息添加到图中。最后设置了标题，并限制了 Y 轴的范围。输出的结果如图 8-15 所示。

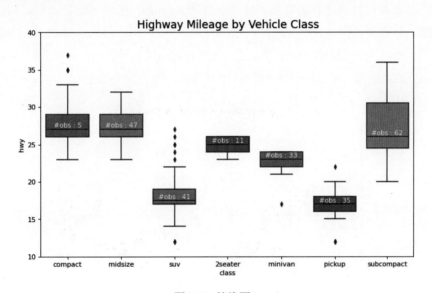

图 8-15 箱线图 3

【例 8-15】绘制一个箱线图和散点图的组合图，展示不同车辆类型的高速公路里程分布情况，并根据汽缸数进行着色区分。输入如下代码：

```
import pandas as pd
import matplotlib.pyplot as plt
import seaborn as sns

df=pd.read_csv("D:/DingJB/PyData/mpg_ggplot2.csv")          # 导入数据
plt.figure(figsize=(10,6),dpi=80)                           # 绘制图表

# 绘制箱线图，并根据汽缸数进行着色
sns.boxplot(x='class',y='hwy',data=df,hue='cyl')
# 绘制散点图
sns.stripplot(x='class',y='hwy',data=df,color='black',size=3,jitter=0.6)
```

```
# 在图上添加垂直线
for i in range(len(df['class'].unique())-1):
    plt.vlines(i+.5,10,45,linestyles='solid',colors='gray',alpha=0.2)

# 图表修饰
plt.title('Highway Mileage by Vehicle Class',fontsize=16)
plt.legend(title='Cylinders')
plt.show()
```

上述代码使用 Seaborn 的 boxplot() 函数绘制箱线图，横轴表示车辆类型，纵轴表示高速公路里程，并根据汽缸数进行了着色。接着，使用 stripplot() 函数绘制散点图，同样横轴表示车辆类型，纵轴表示高速公路里程，散点颜色为黑色，大小为 3，并添加了一些随机抖动以避免重叠。然后，通过循环在图上添加了垂直线以增强可读性。最后，设置了图表的标题，并添加了汽缸数的图例。输出的结果如图 8-16 所示。

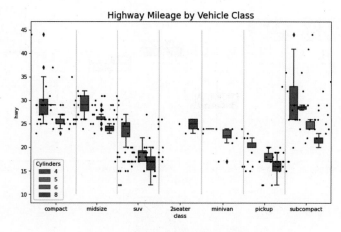

图 8-16 箱线图和散点图的组合图

8.4 小提琴图

小提琴图（Violin Plot）用于展示数值变量的分布情况。它结合了箱线图和核密度图的特点，可以同时显示数据的中位数、四分位数、离群值以及数据的密度分布。小提琴图的主要组成部分包括：

（1）小提琴身体：由两个镜像的核密度估计曲线组成，展示了数据的密度分布情况。较宽的部分表示密度高，较窄的部分表示密度低。

（2）白点 / 线条：表示数据的中位数和四分位数。

（3）边缘：垂直的线条称为边缘，显示了数据的范围。离群值可以通过边缘以外的点来表示。

小提琴图常用于比较不同组别之间数值变量的分布情况，可以帮助观察数据的集中趋势、离散程度以及异常值的存在情况。

【例 8-16】通过绘制小提琴图展示不同车辆类型的高速公路里程分布情况。输入如下代码：

```python
import pandas as pd
import matplotlib.pyplot as plt
import seaborn as sns

df=pd.read_csv("D:/DingJB/PyData/mpg_ggplot2.csv")          # 导入数据
# 绘制小提琴图
plt.figure(figsize=(10,6),dpi=80)
sns.violinplot(x='class',y='hwy',data=df,scale='width',inner='quartile')

plt.title('Highway Mileage by Vehicle Class',fontsize=16)   # 图表修饰
plt.show()
```

上述代码使用 Seaborn 的 violinplot() 函数绘制小提琴图，横轴表示车辆类型，纵轴表示高速公路里程。通过参数 scale='width' 设置小提琴图的宽度自适应箱线图的箱体宽度，inner='quartile' 设置小提琴内部显示四分位数。最后，设置图表的标题。输出的结果如图 8-17 所示。

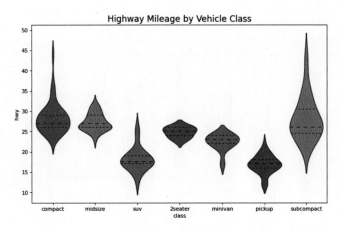

图 8-17 小提琴图 1

【例 8-17】使用 Seaborn 库绘制小提琴图，展示脑网络之间的相关性。输入如下代码：

```
import seaborn as sns
import matplotlib.pyplot as plt
sns.set_theme(style="whitegrid")

# 加载示例数据集，这是一个关于脑网络相关性的数据集
df=sns.load_dataset("brain_networks",header=[0,1,2],index_col=0)

# 提取特定子集的网络
used_networks=[1,3,4,5,6,7,8,11,12,13,16,17]
used_columns=(df.columns.get_level_values("network")
                                        .astype(int)
                                        .isin(used_networks))
df=df.loc[:,used_columns]

# 计算相关矩阵并对网络进行平均
corr_df=df.corr().groupby(level="network").mean()
corr_df.index=corr_df.index.astype(int)
corr_df=corr_df.sort_index().T

# 设置 Matplotlib 图形
f,ax=plt.subplots(figsize=(11,6))
# 绘制小提琴图，带有比默认值更窄的带宽
sns.violinplot(data=corr_df,bw_adjust=.5,cut=1,linewidth=1,palette="Set3")
# 完成图形
ax.set(ylim=(-.7,1.05))
sns.despine(left=True,bottom=True)
plt.show()
```

上述代码从示例数据集中加载脑网络相关性数据后，选择特定的网络子集，并计算这些网络之间的相关性。最后绘制小提琴图来可视化这些相关性数据。输出的结果如图 8-18 所示。

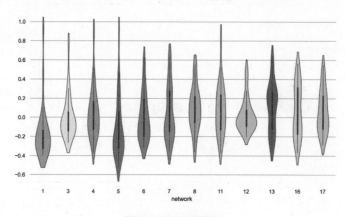

图 8-18 小提琴图 2

【例 8-18】绘制小提琴图，其中一个采用默认样式，另一个采用自定义样式。输入如下代码：

```
import matplotlib.pyplot as plt
import numpy as np

# 定义函数：计算邻近值
def adjacent_values(vals,q1,q3):
    upper_adjacent_value=q3+(q3-q1)*1.5
    upper_adjacent_value=np.clip(upper_adjacent_value,q3,vals[-1])

    lower_adjacent_value=q1-(q3-q1)*1.5
    lower_adjacent_value=np.clip(lower_adjacent_value,vals[0],q1)
    return lower_adjacent_value,upper_adjacent_value

# 定义函数：设置坐标轴样式
def set_axis_style(ax,labels):
    ax.set_xticks(np.arange(1,len(labels)+1),labels=labels)
    ax.set_xlim(0.25,len(labels)+0.75)
    ax.set_xlabel('Sample name')

# 创建测试数据
np.random.seed(19781101)                            # 固定随机数种子，以便结果可复现
data=[sorted(np.random.normal(0,std,100)) for std in range(1,5)]

# 创建图形和子图
fig, (ax1,ax2)=plt.subplots(nrows=1,ncols=2,figsize=(9,4),sharey=True)

# 绘制默认小提琴图
ax1.set_title('Default violin plot')
ax1.set_ylabel('Observed values')
ax1.violinplot(data)

# 绘制自定义样式的小提琴图
ax2.set_title('Customized violin plot')
parts=ax2.violinplot(
        data,showmeans=False,showmedians=False,
        showextrema=False)

# 设置小提琴图的填充颜色和边缘颜色
for pc in parts['bodies']:
    pc.set_facecolor('#D43F3A')
    pc.set_edgecolor('black')
    pc.set_alpha(1)

# 计算四分位数和范围
quartile1,medians,quartile3=np.percentile(data,[25,50,75],axis=1)
whiskers=np.array([
    adjacent_values(sorted_array,q1,q3)
```

```
        for sorted_array,q1,q3 in zip(data,quartile1,quartile3)])
whiskers_min,whiskers_max=whiskers[:,0],whiskers[:,1]

inds=np.arange(1,len(medians)+1)
ax2.scatter(inds,medians,marker='o',color='white',s=30,zorder=3)
ax2.vlines(inds,quartile1,quartile3,color='k',linestyle='-',lw=5)
ax2.vlines(inds,whiskers_min,whiskers_max,color='k',linestyle='-',lw=1)

# 设置坐标轴样式
labels=['A','B','C','D']
for ax in [ax1,ax2]:
    set_axis_style(ax,labels)

plt.subplots_adjust(bottom=0.15,wspace=0.05)
plt.show()
```

上述代码首先定义了两个函数，用于计算小提琴图的邻近值和设置坐标轴样式。然后生成了测试数据，创建了一个包含两个子图的图形，并分别绘制了默认样式和自定义样式的小提琴图。最后设置了水平间距和底部间距，并显示了图形。输出的结果如图 8-19 所示。

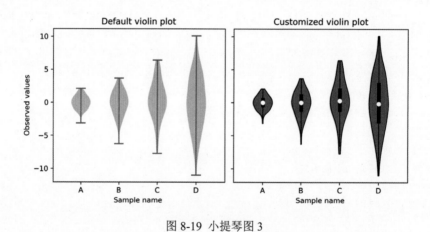

图 8-19 小提琴图 3

【例 8-19】利用 Matplotlib 绘制不同样式的小提琴图。输入如下代码：

```
import matplotlib.pyplot as plt
import numpy as np

np.random.seed(19781101)                      # 固定随机数种子，以便结果可复现
# 生成随机数据
fs=10                                         # 字体大小
pos=[1,2,4,5,7,8]                             # 每个小提琴图的位置
```

```
data=[np.random.normal(0,std,size=100)for std in pos]      # 正态分布随机数据

# 创建图形和子图
fig,axs=plt.subplots(nrows=2,ncols=5,figsize=(10,6))

# 绘制自定义小提琴图
axs[0,0].violinplot(data,pos,points=20,widths=0.3,          # 绘制第 1 个小提琴图
                    showmeans=True,showextrema=True,showmedians=True)
axs[0,0].set_title('Custom violinplot 1',fontsize=fs)      # 设置子图标题

axs[0,1].violinplot(data,pos,points=40,widths=0.5,          # 绘制第 2 个小提琴图
                    showmeans=True,showextrema=True,showmedians=True,
                    bw_method='silverman')
axs[0,1].set_title('Custom violinplot 2',fontsize=fs)      # 设置子图标题

axs[0,2].violinplot(data,pos,points=60,widths=0.7,showmeans=True,
                    showextrema=True,showmedians=True,bw_method=0.5)
axs[0,2].set_title('Custom violinplot 3',fontsize=fs)

axs[0,3].violinplot(data,pos,points=60,widths=0.7,showmeans=True,
                    showextrema=True,showmedians=True,bw_method=0.5,
                    quantiles=[[0.1],[],[],[0.175,0.954],[0.75],[0.25]])
axs[0,3].set_title('Custom violinplot 4',fontsize=fs)

axs[0,4].violinplot(data[-1:],pos[-1:],points=60,widths=0.7,
                    showmeans=True,showextrema=True,showmedians=True,
                    quantiles=[0.05,0.1,0.8,0.9],bw_method=0.5)
axs[0,4].set_title('Custom violinplot 5',fontsize=fs)

axs[1,0].violinplot(data,pos,points=80,vert=False,widths=0.7,
                    showmeans=True,showextrema=True,showmedians=True)
axs[1,0].set_title('Custom violinplot 6',fontsize=fs)

axs[1,1].violinplot(data,pos,points=100,vert=False,widths=0.9,
                    showmeans=True,showextrema=True,showmedians=True,
                    bw_method='silverman')
axs[1,1].set_title('Custom violinplot 7',fontsize=fs)

axs[1,2].violinplot(data,pos,points=200,vert=False,widths=1.1,
                    showmeans=True,showextrema=True,showmedians=True,
                    bw_method=0.5)
axs[1,2].set_title('Custom violinplot 8',fontsize=fs)

axs[1,3].violinplot(data,pos,points=200,vert=False,widths=1.1,
```

```
                        showmeans=True,showextrema=True,showmedians=True,
                        quantiles=[[0.1],[],[],[0.175,0.954],[0.75],[0.25]],
                        bw_method=0.5)
axs[1,3].set_title('Custom violinplot 9',fontsize=fs)

axs[1,4].violinplot(data[-1:],pos[-1:],points=200,vert=False,widths=1.1,
                    showmeans=True,showextrema=True,showmedians=True,
                    quantiles=[0.05,0.1,0.8,0.9],bw_method=0.5)
axs[1,4].set_title('Custom violinplot 10',fontsize=fs)

# 隐藏每个子图的 Y 轴刻度标签
for ax in axs.flat:
    ax.set_yticklabels([])

fig.suptitle("Violin Plotting Examples")        # 设置图形标题
fig.subplots_adjust(hspace=0.4)                 # 调整子图之间的垂直间距
plt.show()
```

上述代码生成了 10 个自定义小提琴图的子图，并展示了不同参数设置下的效果。每个子图包含正态分布随机数据的小提琴图以及相应的设置，例如指定的点数、宽度、是否显示均值、极值和中位数等。输出的结果如图 8-20 所示。

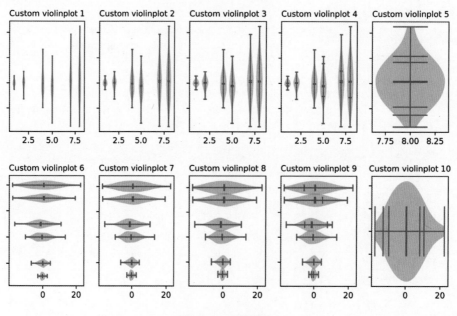

图 8-20 小提琴图 4

【例 8-20】利用 Proplot 库绘制箱线图与小提琴图。输入如下代码：

```python
import proplot as pplt
import numpy as np
import pandas as pd

# 创建样本数据
N=500                                    # 样本数量
state=np.random.RandomState(51423)       # 创建随机状态实例，并指定随机数种子
# 生成服从正态分布的数据，每列的均值在逐渐增加，添加了一定程度的随机噪声
data1=state.normal(size=(N,5))+2*(state.rand(N,5)-0.5)*np.arange(5)
# 将数据转换为 DataFrame 格式，并指定列名
data1=pd.DataFrame(data1,columns=pd.Index(list('abcde'),name='label'))
# 生成随机数据，每行代表一个样本，列数为 7
data2=state.rand(100,7)
data2=pd.DataFrame(data2,columns=pd.Index(list('abcdefg'),name='label'))

# 创建图形和子图，指定子图的排列方式
fig,axs=pplt.subplots([1,1,1],span=False)
# 设置图形的格式
axs.format( abc='A.',titleloc='l',grid=False,
            suptitle='Boxes and violins demo')

# 在第 1 个子图中绘制箱线图，指定显示均值和样本点的样式
ax=axs[0]
obj1=ax.box(data1,means=True,marker='x',meancolor='r',fillcolor='gray4')
ax.format(title='Box plots')

# 在第 2 个子图中绘制小提琴图，指定填充颜色，显示均值和样本点的样式
ax=axs[1]
obj2=ax.violin(data1,fillcolor='gray6',means=True,points=100)
ax.format(title='Violin plots')

# 在第 3 个子图中绘制箱线图，指定不同箱子的颜色
ax=axs[2]
ax.boxh(data2,cycle='pastel2')
ax.format(title='Multiple colors',ymargin=0.15)
```

上述代码使用 ProPlot 库创建不同类型的箱线图和小提琴图，并对图形进行定制化处理。首先，使用 ax.box() 函数在第一个子图中绘制了箱线图，并指定了显示均值和样本点的样式。接着，在第二个子图中使用 ax.violin() 函数绘制了小提琴图，并指定了填充颜色、显示均值和样本点的样式。最后，在第三个子图中使用 ax.boxh() 函数绘制了水平箱线图，并指定了不同箱子的颜色。输出的结果如图 8-21 所示。

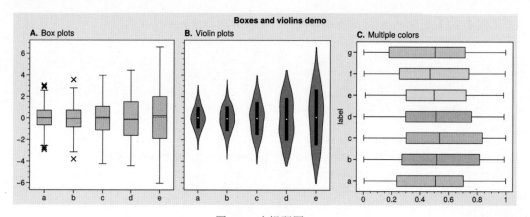

图 8-21　小提琴图 5

8.5　金字塔图

金字塔图通常用于展示层级关系或者数据分层的结构。金字塔图底部较宽，顶部较窄，由一系列水平横条组成。金字塔图可以用于展示人口统计数据、市场份额分析、销售层级和组织结构等信息。

【例 8-21】通过绘制金字塔图展示不同性别的用户在不同购买阶段的数量分布情况。输入如下代码：

```python
import pandas as pd
import matplotlib.pyplot as plt
import seaborn as sns

# 读取数据
df=pd.read_csv("D:/DingJB/PyData/email_campaign_funnel.csv")

# 绘制图表
plt.figure(figsize=(10,8),dpi=80)
group_col='Gender'
order_of_bars=df.Stage.unique()[::-1]
colors=[plt.cm.Spectral(i/float(len(df[group_col].unique())-1))for i in
                        range(len(df[group_col].unique()))]

for c,group in zip(colors,df[group_col].unique()):
    # 绘制金字塔图
    sns.barplot(x='Users',y='Stage',data=df.loc[df[group_col]==group,:],
                order=order_of_bars,color=c,label=group)
```

```
# 图表修饰
plt.xlabel("$Users$")
plt.ylabel("Stage of Purchase")
plt.yticks(fontsize=12)
plt.title("Marketing Funnel",fontsize=18)
plt.legend()
plt.show()
```

上述代码从 CSV 文件中读取数据，并使用 Seaborn 的 barplot() 函数绘制金字塔图。金字塔图的横轴表示用户数量，纵轴表示购买阶段，不同颜色代表不同性别。最后设置图表的标题等。输出的结果如图 8-22 所示。

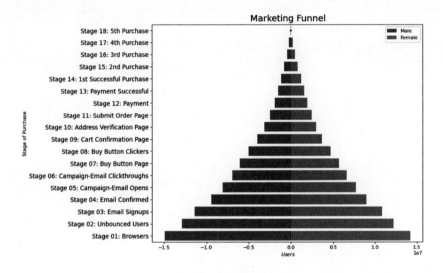

图 8-22 金字塔图 1

【例 8-22】使用 Bokeh 库创建一个人口金字塔图，显示泰坦尼克号乘客的年龄分布，并根据性别进行区分。输入如下代码：

```
import numpy as np

from bokeh.models import CustomJSTickFormatter,Label
from bokeh.palettes import DarkText,Vibrant3 as colors
from bokeh.plotting import figure,show
from bokeh.sampledata.titanic import data as df

# 根据性别对数据进行分组
sex_group=df.groupby("sex")

# 获取女性和男性的年龄数据
```

```
female_ages=sex_group.get_group("female")["age"].dropna()
male_ages=sex_group.get_group("male")["age"].dropna()

# 设置每个柱子的宽度和分箱
bin_width=5
bins=np.arange(0,72,bin_width)
m_hist,edges=np.histogram(male_ages,bins=bins)
f_hist,edges=np.histogram(female_ages,bins=bins)

# 创建 Bokeh 图表对象
p=figure(title="Age population pyramid of Titanic passengers,by gender",
         height=400,width=600,x_range=(-90,90),x_axis_label="count")

# 绘制女性年龄人口金字塔图
p.hbar(right=f_hist,y=edges[1:],height=bin_width*0.8,color=colors[0],
       line_width=0)

# 绘制男性年龄人口金字塔图
p.hbar(right=m_hist*-1,y=edges[1:],height=bin_width*0.8,
       color=colors[1],line_width=0)

# 在每隔一条柱子上添加年龄标签
for i,(count,age)in enumerate(zip(f_hist,edges[1:])):
    if i % 2==1:
        continue
    p.text(x=count,y=edges[1:][i],text=[f"{age-bin_width}-{age}yrs"],
           x_offset=5,y_offset=7,text_font_size="12px",
           text_color=DarkText[5])

# 自定义 X 轴和 Y 轴
p.xaxis.ticker=(-80,-60,-40,-20,0,20,40,60,80)
p.xaxis.major_tick_out=0
p.y_range.start=3
p.ygrid.grid_line_color=None
p.yaxis.visible=False

# 将两侧图表的 X 轴标签格式化为绝对值
p.xaxis.formatter=CustomJSTickFormatter(code="return Math.abs(tick);")

# 添加标签
p.add_layout(Label(x=-40,y=70,text="Men",text_color=colors[1],x_offset=5))
p.add_layout(Label(x=20,y=70,text="Women",text_color=colors[0],x_offset=5))
show(p)
```

上述代码首先根据性别对乘客数据进行了分组，然后获取了女性和男性的年龄数据。接着，设置了每个柱子的宽度和分箱，并绘制了女性和男性的年龄人口金字塔图。在每隔一条柱子上添加了年龄标签，并自定义了 X 轴和 Y 轴的刻度以及标签的显示格式。最后，添加了男性和女性的标签，并展示了生成的图表。输出的结果如图 8-23 所示。

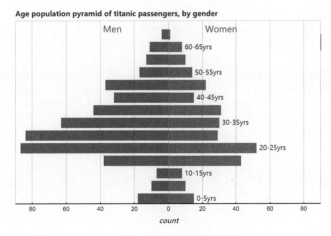

图 8-23　金字塔图 2

8.6　脊线图

脊线图（Ridge Plot）是一种用于可视化多个概率密度函数或频率分布的图表。它通过在横向轴上放置多个密度曲线或直方图，并将它们沿纵向轴对齐，形成一系列相互堆叠的曲线或柱状图来展示数据分布的变化情况。脊线图常用于比较不同组、类别或条件下的数据分布，并可用于发现和显示分布之间的差异和相似性。

在脊线图中，每个密度曲线或柱状图代表一个组、类别或条件的数据分布。它们沿着纵向轴对齐，并且在水平轴上根据相对密度或频率进行堆叠。通过堆叠的方式，脊线图可以显示整体分布形态以及各组之间的差异。

脊线图通常使用透明度来避免不同曲线或柱状图之间的重叠，从而提高可视化的可读性。此外，还可以通过添加标签、颜色编码等方式来进一步增强脊线图的信息展示。

【例 8-23】使用 joypy 库绘制城市和高速公路里程的可视化，按照不同车辆类型分类。输入如下代码：

```
import pandas as pd
import matplotlib.pyplot as plt
import joypy                                           # 确保已经安装 joypy 库

mpg=pd.read_csv("D:/DingJB/PyData/mpg_ggplot2.csv")    # 导入数据
plt.figure(figsize=(10,6),dpi=80)                      # 创建图形

# 使用 joypy.joyplot() 函数绘制 Joy Plot
```

```
# column 参数指定要绘制的列，by 参数指定分类的基准列
# ylim='own' 表示 Y 轴范围会根据数据自动调整
fig,axes=joypy.joyplot(mpg,column=['hwy','cty'],by="class", ylim='own',
                       figsize=(10,6))

# 图形修饰
plt.title('City and Highway Mileage by Class',fontsize=18)        # 设置标题
plt.xlabel('Mileage')                          # 设置 X 轴标签
plt.ylabel('Class')                            # 设置 Y 轴标签
plt.xticks(fontsize=12)                         # 设置 X 轴标签的字体大小
plt.yticks(fontsize=12)                         # 设置 Y 轴标签的字体大小
plt.grid(True,which='both',linestyle='--',linewidth=0.5)          # 添加网格线
plt.tight_layout()                            # 调整子图的布局以适应画布
plt.show()
```

上述代码从 CSV 文件中导入数据，并指定要绘制的列。随后使用 joypy.joyplot() 函数创建脊线图，其中 column 参数指定要绘制的列，by 参数指定分类的基准列，ylim='own' 表示 Y 轴范围会根据数据自动调整。最后，对图形进行修饰，设置标题、坐标轴标签、刻度字体大小，并添加网格线，最终显示图形。输出的结果如图 8-24 所示。

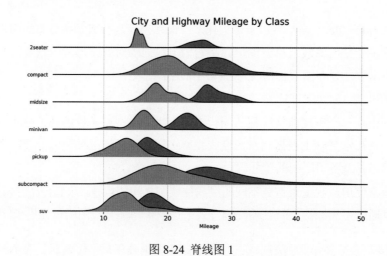

图 8-24 脊线图 1

【例 8-24】基于 Weather-data 数据集，通过 Seaborn 和 Matplotlib 可视化某年每月的平均温度分布情况。输入如下代码：

```
import pandas as pd
import seaborn as sns
import matplotlib.pyplot as plt
```

```
# 设置 Seaborn 的样式，包括白色背景和隐藏坐标轴背景
sns.set_theme(style="white",rc={"axes.facecolor":(0,0,0,0)})

# 获取数据
temp=pd.read_csv('D:/DingJB/PyData/Weather-data.csv')
# 将日期列转换为月份，并存储在一个单独的 'month' 列中
temp['month']=pd.to_datetime(temp['Date']).dt.month

# 定义一个字典，将月份数字映射到对应的月份名称
month_dict={1:'january',2:'february',3:'march',4:'april',
            5:'may',6:'june',7:'july',8:'august',
            9:'september',10:'october',11:'november',12:'december'}

# 使用字典映射月份数字到月份名称，创建一个新的 'month' 列
temp['month']=temp['month'].map(month_dict)

# 生成一个包含每月平均温度的 Series（用于图中的颜色），并创建一个新列
month_mean_serie=temp.groupby('month')['Mean_TemperatureC'].mean()
temp['mean_month']=temp['month'].map(month_mean_serie)

# 生成一个调色板，用于在图中表示不同月份
pal=sns.color_palette(palette='viridis',n_colors=12)

# 创建一个 FacetGrid 对象，将数据按月份分组，并以月份为行，使用颜色表示平均温度
g=sns.FacetGrid(temp,row='month',hue='mean_month',aspect=15,
                height=0.75,palette=pal)

# 添加每个月的 KDE（Kernel Density Estimation，核密度估计）图
g.map(sns.kdeplot,'Mean_TemperatureC',bw_adjust=1,clip_on=False,
      fill=True,alpha=1,linewidth=1.5)

# 添加表示每个 KDE 图轮廓的白色线
g.map(sns.kdeplot,'Mean_TemperatureC',
      bw_adjust=1,clip_on=False,color="w",lw=2)

g.map(plt.axhline,y=0,lw=2,clip_on=False)                # 添加每个子图的水平线

# 在每个子图中添加文本，表示对应的月份，文本颜色与 KDE 图的颜色相匹配
for i,ax in enumerate(g.axes.flat):
    ax.text(-15,0.02,month_dict[i+1],
            fontweight='bold',fontsize=15,
            color=ax.lines[-1].get_color())
g.fig.subplots_adjust(hspace=-0.3)                # 使用 Matplotlib 调整子图之间的间距

# 移除子图的标题、Y 轴刻度和脊柱
```

```
g.set_titles("")
g.set(yticks=[],ylabel="")                          # 不显示 Y 轴刻度和标签
g.despine(bottom=True,left=True)

# 设置 X 轴标签的字体大小和粗细
plt.setp(ax.get_xticklabels(),fontsize=15,fontweight='bold')
plt.xlabel('Temperature in degree Celsius',fontweight='bold',fontsize=15)

# 设置图的标题
g.fig.suptitle('Daily average temperature in Seattle per month',
               ha='right',fontsize=20,fontweight=20)
plt.show()
```

上述代码利用脊线图展示了每月温度的分布特征，每个子图代表一个月份，水平轴表示温度，颜色深浅表示温度高低，并添加了对应月份的标签。输出的结果如图 8-25 所示。

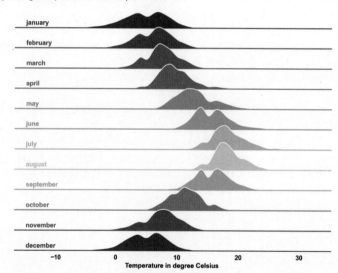

图 8-25 脊线图 2

【例 8-25】利用 Bokeh 库创建一组脊线图，展示一系列类别数据的分布情况。输入如下代码：

```
import colorcet as cc
from numpy import linspace
from scipy.stats import gaussian_kde

from bokeh.models import ColumnDataSource,FixedTicker,PrintfTickFormatter
```

```
from bokeh.plotting import figure,show
from bokeh.sampledata.perceptions import probly

# 定义函数用于生成脊线图数据
def ridge(category,data,scale=20):
    return list(zip([category]*len(data),scale*data))

# 反转类别顺序并获取颜色
cats=list(reversed(probly.keys()))
palette=[cc.rainbow[i*15]for i in range(17)]

x=linspace(-20,110,500)                    # 生成 X 坐标轴数据
source=ColumnDataSource(data=dict(x=x))    # 创建数据源

# 创建 Bokeh 图表对象
p=figure(y_range=cats,width=900,x_range=(-5,105),toolbar_location=None)

# 遍历每个类别，绘制脊线图
for i,cat in enumerate(reversed(cats)):
    # 使用高斯核密度估计函数拟合数据
    pdf=gaussian_kde(probly[cat])
    # 计算并添加脊线图数据到数据源
    y=ridge(cat,pdf(x))
    source.add(y,cat)
    # 绘制脊线图
    p.patch('x',cat,color=palette[i],alpha=0.6,line_color="black",
                    source=source)

# 设置图表样式
p.outline_line_color=None
p.background_fill_color="#efefef"

# 设置 X 轴刻度和格式
p.xaxis.ticker=FixedTicker(ticks=list(range(0,101,10)))
p.xaxis.formatter=PrintfTickFormatter(format="%d%%")

# 隐藏网格线和轴线
p.ygrid.grid_line_color=None
p.xgrid.grid_line_color="#dddddd"
p.xgrid.ticker=p.xaxis.ticker
p.axis.minor_tick_line_color=None
p.axis.major_tick_line_color=None
p.axis.axis_line_color=None

p.y_range.range_padding=0.12               # 设置 Y 轴范围填充
show(p)
```

上述代码通过高斯核密度估计函数拟合数据，生成了一组脊线图，并将它们展示在一个图表中。在图表中，每个类别对应一个脊线图，颜色从暖色调到冷色调变化，同时 X 轴表示数据的分布范围，Y 轴表示不同的类别。通过设置图表的样式，使得图表更具可读性和美观性。输出的结果如图 8-26 所示。

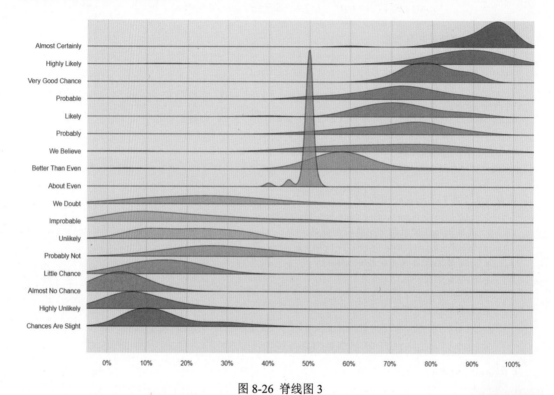

图 8-26 脊线图 3

8.7 累积分布曲线图

累积分布函数（Cumulative Distribution Function，CDF）是描述随机变量在某一取值之前累积概率的函数。对于连续型随机变量，累积分布函数在一个特定取值处的值等于该取值以下所有可能取值的概率之和；对于离散型随机变量，CDF 在某个取值处的值等于该取值及其以下所有可能取值的概率之和。

在统计学和概率论中，累积分布函数是对一个随机变量的全部可能取值的概率分布进行描述的一种方法。通过累积分布函数，我们可以得知随机变量小于或等于某个特定值的概率。

使用经验累积分布函数（Empirical Cumulative Distribution Function，ECDF）可以估计累积分布函数。ECDF 是对数据集的累积分布进行估计的一种非参数方法，它将每个数据点视为累积概率，并将这些点连接起来形成一个阶梯状的曲线。ECDF 提供了一种直观的方式来了解数据的累积分布情况，尤其适用于小样本数据。

通过绘制累积分布曲线图，我们可以直观地观察到随机变量在不同取值下的累积概率分布情况，从而更好地理解数据的分布特征和变化趋势。

【例8-26】绘制累积分布和互补累积分布曲线图。输入如下代码：

```python
import matplotlib.pyplot as plt
import numpy as np

np.random.seed(19781101)                        # 固定随机数种子，以便结果可复现
mu=200
sigma=25
n_bins=25
data=np.random.normal(mu,sigma,size=100)

# 创建图形和子图
fig=plt.figure(figsize=(9,4),constrained_layout=True)
axs=fig.subplots(1,2,sharex=True,sharey=True)

# 累积分布
axs[0].ecdf(data,label="CDF")                   # 绘制经验累积分布函数
n,bins,patches=axs[0].hist(data,n_bins,density=True,histtype="step",
        cumulative=True,label="Cumulative histogram")   # 绘制累积分布曲线图
x=np.linspace(data.min(),data.max())
y=((1/(np.sqrt(2*np.pi)*sigma))* np.exp(-0.5*(1/sigma*(x-mu))**2))
y=y.cumsum()
y /=y[-1]
axs[0].plot(x,y,"k--",linewidth=1.5,label="Theory")      # 绘制理论曲线

# 互补累积分布
axs[1].ecdf(data,complementary=True,label="CCDF")        # 绘制互补累积分布函数
axs[1].hist(data,bins=bins,density=True,histtype="step",cumulative=-1,
            label="Reversed cumulative histogram")       # 绘制反向累积直方图
axs[1].plot(x,1-y,"k--",linewidth=1.5,label="Theory")    # 绘制理论曲线

# 图形标签
fig.suptitle("Cumulative distributions")
for ax in axs:
    ax.grid(True)
    ax.legend()
    ax.set_xlabel("Annual rainfall (mm)")
    ax.set_ylabel("Probability of occurrence")
```

```
     ax.label_outer()
 plt.show()
```

上述代码绘制了两个子图，分别展示了正态分布数据的累积分布和互补累积分布。左侧子图显示了经验累积分布函数、累积直方图以及对应的理论曲线；右侧子图显示了互补累积分布函数、反向累积直方图以及对应的理论曲线。输出的结果如图 8-27 所示。

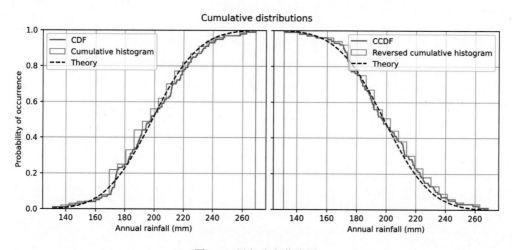

图 8-27 累积分布曲线图

8.8 本章小结

本章聚焦于展示分布数据在 Python 中的可视化方法，内容包括直方图、核密度图、箱线图、小提琴图、金字塔图、脊线图、累积分布曲线图等不同类型的图形。通过本章的学习，可以帮助读者更好地理解和呈现数据的分布情况，从而揭示数据的模式、离散程度和异常值等特征。

第**9**章

时间序列数据可视化

时间序列数据是在各个领域中广泛使用的一种数据类型，它记录了随着时间推移而收集的观测值或测量结果。时间序列数据可用于分析趋势、季节性、周期性以及异常事件等，这些信息对于数据分析、预测和制定决策都至关重要。Python 提供了丰富的可视化包和函数，用于处理和可视化时间序列数据。

9.1 折线图

折线图（Line Chart）用于显示随时间、顺序或其他连续变量变化的趋势和模式。它通过连接数据点来展示数据的变化，并利用直线段来表示数据的趋势。

折线图的优点是能够清晰地展示变量随时间或顺序的变化趋势，它可以帮助观察者识别趋势、周期性、增长或下降等模式。它常用于分析时间序列数据、比较不同组的趋势、展示实验结果的变化等。

【例 9-1】通过绘制的折线图查看 1949 — 1969 年间航空客运量的变化情况。输入如下代码：

```
import pandas as pd
import matplotlib.pyplot as plt

df=pd.read_csv('D:/DingJB/PyData/AirPassengers.csv')      # 导入数据
plt.figure(figsize=(10,6),dpi=300)                        # 绘制图表
plt.plot('date','value',data=df,color='tab:red')          # 绘制折线图

# 图表修饰
plt.ylim(50,750)                                          # 设置 Y 轴范围
# 设置 X 轴刻度位置和标签
xtick_location=df.index.tolist()[::12]
xtick_labels=[x[-4:]for x in df.date.tolist()[::12]]
plt.xticks(ticks=xtick_location,labels=xtick_labels,rotation=0,
           fontsize=12,horizontalalignment='center',alpha=.7)
plt.yticks(fontsize=12,alpha=.7)                          # 设置 Y 轴刻度标签的字体大小和透明度
plt.title("Air Passengers Traffic (1949-1969)",fontsize=18)  # 设置标题
plt.grid(axis='both',alpha=.3)                            # 添加网格线，设置透明度

# 移除边框
plt.gca().spines["top"].set_alpha(0.0)
plt.gca().spines["bottom"].set_alpha(0.3)
plt.gca().spines["right"].set_alpha(0.0)
plt.gca().spines["left"].set_alpha(0.3)
plt.show()
```

上述代码首先读取包含空乘客流量数据的 CSV 文件，然后绘制出空乘客流量随时间变化的折线图，并对图表进行修饰，包括设置图表尺寸、添加网格线、设置刻度标签等。输出的结果如图 9-1 所示。

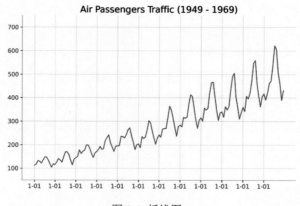

图 9-1 折线图 1

【例 9-2】绘制带波峰波谷标记的折线图，并注释所选特殊事件的发生。输入如下代码：

```python
import pandas as pd
import numpy as np
import matplotlib.pyplot as plt
import matplotlib as mpl

df=pd.read_csv('D:/DingJB/PyData/AirPassengers.csv')    # 导入数据
data=df['value'].values                                 # 获取峰值和谷值的位置

# 计算一阶差分
doublediff=np.diff(np.sign(np.diff(data)))
peak_locations=np.where(doublediff==-2)[0]+1

# 计算负数序列的一阶差分
doublediff2=np.diff(np.sign(np.diff(-1*data)))
trough_locations=np.where(doublediff2==-2)[0]+1

plt.figure(figsize=(10,6),dpi=300)                      # 绘制图表
# 绘制折线图
plt.plot('date','value',data=df,color='tab:blue',label='Air Traffic')
# 绘制峰值和谷值的散点图
plt.scatter(df.date[peak_locations],df.value[peak_locations],
            marker=mpl.markers.CARETUPBASE,color='tab:green',
            s=100,label='Peaks')
plt.scatter(df.date[trough_locations],df.value[trough_locations],
            marker=mpl.markers.CARETDOWNBASE,color='tab:red',s=100,
            label='Troughs')

# 添加标注
for t,p in zip(trough_locations[1::5],peak_locations[::3]):
    plt.text(df.date[p],df.value[p]+15,df.date[p],
            horizontalalignment='center',color='darkgreen')
    plt.text(df.date[t],df.value[t]-35,df.date[t],
            horizontalalignment='center',color='darkred')

# 图表修饰
plt.ylim(50,750)
xtick_location=df.index.tolist()[::6]
xtick_labels=df.date.tolist()[::6]
plt.xticks(ticks=xtick_location,labels=xtick_labels,rotation=90,
            fontsize=12,alpha=.7)
plt.title("Peak and Troughs of Air Passengers Traffic (1949-1969)",
            fontsize=18)
plt.yticks(fontsize=12,alpha=.7)

# 美化边框
plt.gca().spines["top"].set_alpha(.0)
```

```
plt.gca().spines["bottom"].set_alpha(.3)
plt.gca().spines["right"].set_alpha(.0)
plt.gca().spines["left"].set_alpha(.3)

# 添加图例、网格和显示图表
plt.legend(loc='upper left')
plt.grid(axis='y',alpha=.3)
plt.show()
```

上述代码通过读取空乘客流量数据，计算并标注数据中的峰值和谷值位置，然后绘制了空乘客流量随时间变化的折线图，并在图上突出显示了峰值和谷值，以便观察数据的波动情况。输出的结果如图 9-2 所示。

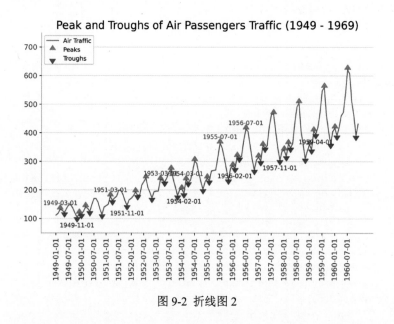

图 9-2 折线图 2

【例 9-3】绘制折线图，并将时间序列分解为趋势、季节和残差分量。输入如下代码：

```
import pandas as pd
import matplotlib.pyplot as plt
from statsmodels.tsa.seasonal import seasonal_decompose
from dateutil.parser import parse

# 导入数据
df=pd.read_csv('D:/DingJB/PyData/AirPassengers.csv')
dates=pd.DatetimeIndex([parse(d).strftime('%Y-%m-01')for d in df['date']])
df.set_index(dates,inplace=True)

# 分解时间序列
```

```
result=seasonal_decompose(df['value'],model='multiplicative')

# 绘图
plt.rcParams.update({'figure.figsize':(10,8)})
result.plot().suptitle('Time Series Decomposition of Air Passengers')
plt.show()
```

上述代码利用季节性分解方法对空乘客流量时间序列进行分解，包括趋势、季节性和残差成分，并绘制了相应的图表，以便观察每个成分在时间序列中的变化趋势。输出的结果如图 9-3 所示。

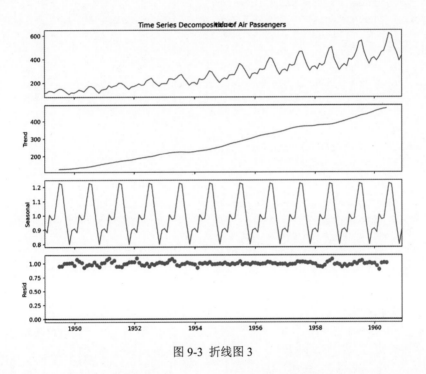

图 9-3 折线图 3

【例 9-4】在同一图表上绘制多条折线图，表征多个时间序列。输入如下代码：

```
import pandas as pd
import matplotlib.pyplot as plt

df=pd.read_csv('D:/DingJB/PyData/mortality.csv')          # 导入数据

# 定义 Y 轴的上限、下限、间隔和颜色
y_LL=100                                                   # Y 轴的下限
y_UL=int(df.iloc[:,1:].max().max()*1.1)      # Y 轴的上限，取数据中最大值的 1.1 倍
y_interval=400                                             # Y 轴刻度的间隔
mycolors=['tab:red','tab:blue','tab:green','tab:orange']   # 折线颜色
```

```
fig,ax=plt.subplots(1,1,figsize=(10,6),dpi=80)                    # 创建图表

# 遍历每列数据，绘制折线图并添加标签
columns=df.columns[1:]
for i,column in enumerate(columns):
    plt.plot(df.date.values,df[column].values,lw=1.5,
            color=mycolors[i])                                    # 绘制折线图
        plt.text(df.shape[0]+1,df[column].values[-1],column,fontsize=14,
            color=mycolors[i])                                    # 添加标签
# 绘制刻度线
for y in range(y_LL,y_UL,y_interval):
    plt.hlines(y,xmin=0,xmax=71,colors='black',alpha=0.3,
            linestyles="--",lw=0.5)                               # 绘制水平线
# 图表修饰
plt.tick_params(axis="both",which="both",bottom=False,top=False,
            labelbottom=True,left=False,
            right=False,labelleft=True)                           # 设置刻度线参数
# 美化边框
plt.gca().spines["top"].set_alpha(.3)
plt.gca().spines["bottom"].set_alpha(.3)
plt.gca().spines["right"].set_alpha(.3)
plt.gca().spines["left"].set_alpha(.3)

plt.title('Number of Deaths from Lung Diseases in the UK (1974-1979)',
        fontsize=16)                                              # 添加标题
plt.yticks(range(y_LL,y_UL,y_interval),
        [str(y)for y in range(y_LL,y_UL,y_interval)],
        fontsize=12)                                              # 设置 Y 轴刻度及标签
plt.xticks(range(0,df.shape[0],12),df.date.values[::12],
        horizontalalignment='left',fontsize=12)                  # 设置 X 轴刻度及标签
plt.ylim(y_LL,y_UL)                                               # 设置 Y 轴范围
plt.xlim(-2,80)                                                   # 设置 X 轴范围
plt.show()
```

上述代码读取了一份关于肺部疾病死亡人数的数据，绘制了 1974 — 1979 年期间的时间序列折线图。每条折线代表不同类型的肺部疾病，如红色表示呼吸道肿瘤、蓝色表示呼吸性肺炎等。图表展示了每种疾病在该时间段内的死亡人数变化情况，并通过标签指示每种疾病的名称。输出的结果如图 9-4 所示。

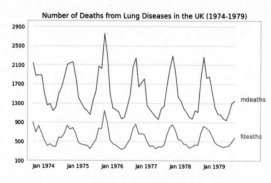

图 9-4 多条折线图

【例 9-5】数据集中每个时间点（日期 / 时间戳）有多个观测值，请计算 95% 置信区间，并试着构建带有误差带的折线图（时间序列）。输入如下代码：

```
from scipy.stats import sem                    # 导入 sem 函数，用于计算标准误差
import pandas as pd
import matplotlib.pyplot as plt

# 导入数据
df_raw=pd.read_csv('D:/DingJB/PyData/orders_45d.csv',
parse_dates=['purchase_time','purchase_date'])

# 准备数据：每日订单数量的平均值和标准误差带
df_mean=df_raw.groupby('purchase_date').quantity.mean()
                        # 计算每日订单数量的均值
df_se=df_raw.groupby('purchase_date').quantity.apply(sem).mul(1.96)
                        # 计算每日订单数量的标准误差，并乘以 1.96 得到 95% 置信区间


# 绘图
plt.figure(figsize=(12,6),dpi=300)
plt.ylabel("# Daily Orders",fontsize=16)
x=[d.date().strftime('%Y-%m-%d')for d in df_mean.index]
                                        # 提取每日日期并转换为字符串格式
plt.plot(x,df_mean,color="white",lw=2)          # 绘制每日订单数量的折线图
plt.fill_between(x,df_mean-df_se,df_mean+df_se,color="#3F5D7D")
                                        # 填充 95% 置信区间


# 图表修饰
# 美化边框
plt.gca().spines["top"].set_alpha(0)
plt.gca().spines["bottom"].set_alpha(1)
plt.gca().spines["right"].set_alpha(0)
plt.gca().spines["left"].set_alpha(1)
plt.xticks(x[::6],[str(d)for d in x[::6]],fontsize=12)    # 设置 X 轴刻度及标签
plt.title("Daily Order Quantity with Error Bands (95% confidence)"
            ,fontsize=16)

# 坐标轴限制
s,e=plt.gca().get_xlim()                      # 获取 X 轴的起始值和结束值
plt.xlim(s,e-2,)                              # 设置 X 轴范围
plt.ylim(4,10)                                # 设置 Y 轴范围

# 绘制水平刻度线
for y in range(5,10,1):
    plt.hlines(y,xmin=s,xmax=e,colors='black',
```

```
                      alpha=0.5,linestyles="--",lw=0.5)          # 绘制水平虚线
    plt.show()
```

上述代码从 CSV 文件中读取了订单数据，计算了每日订单数量的平均值和标准误差，并绘制了带有 95% 置信区间的每日订单数量折线图。图表展示了每日订单数量的变化趋势，并突出显示了置信区间，以反映数据的不确定性。输出的结果如图 9-5 所示。

图 9-5 带误差带的折线图

【例 9-6】创建一个包含三个子图的布局，用于可视化随机信号数据的不同视图。输入如下代码：

```
import time
import matplotlib.pyplot as plt
import numpy as np

# 创建一个 3×1 的子图布局
fig,axes=plt.subplots(nrows=3,figsize=(6,8),layout='constrained')

np.random.seed(19781101)                      # 固定随机数种子，以便结果可复现
# 生成一些数据，一维随机游走＋微小部分正弦波
num_series=1000
num_points=100
SNR=0.10                                       # 信噪比
x=np.linspace(0,4*np.pi,num_points)
# 生成无偏高斯随机游走
Y=np.cumsum(np.random.randn(num_series,num_points),axis=-1)
# 生成正弦信号
num_signal=round(SNR*num_series)
phi=(np.pi/8)*np.random.randn(num_signal,1)          # 小的随机偏移
```

```
Y[-num_signal:]=(np.sqrt(np.arange(num_points))          # 随机游走的 RMS 缩放因子
                *(np.sin(x-phi)
    +0.05*np.random.randn(num_signal,num_points))          # 小的随机噪声
)

# 使用 'plot' 绘制系列, 并使用小值的 'alpha'
# 因为有太多重叠的系列在该视图中, 所以很难观察到正弦行为
tic=time.time()
axes[0].plot(x,Y.T,color="C0",alpha=0.1)
toc=time.time()
axes[0].set_title("Line plot with alpha")
print(f"{toc-tic:.3f} sec. elapsed")

# 将多个时间序列转换为直方图。不仅隐藏的信号更容易看到, 而且这是一个更快的过程
tic=time.time()
# 在每个时间序列中的点之间进行线性插值
num_fine=800
x_fine=np.linspace(x.min(),x.max(),num_fine)
y_fine=np.concatenate([np.interp(x_fine,x,y_row)for y_row in Y])
x_fine=np.broadcast_to(x_fine,(num_series,num_fine)).ravel()

# 使用对数颜色标度在 2D 直方图中绘制 (x,y) 点, 可以看出, 噪声下存在某种结构
# 调整 vmax 使信号更可见
cmap=plt.colormaps["plasma"]
cmap=cmap.with_extremes(bad=cmap(0))
h,xedges,yedges=np.histogram2d(x_fine,y_fine,bins=[400,100])
pcm=axes[1].pcolormesh(xedges,yedges,h.T,cmap=cmap,
                       norm="log",vmax=1.5e2,rasterized=True)
fig.colorbar(pcm,ax=axes[1],label="# points",pad=0)
axes[1].set_title("2d histogram and log color scale")

# 线性颜色标度下的相同数据
pcm=axes[2].pcolormesh(xedges,yedges,h.T,cmap=cmap,
                                    vmax=1.5e2,rasterized=True)
fig.colorbar(pcm,ax=axes[2],label="# points",pad=0)
axes[2].set_title("2d histogram and linear color scale")

toc=time.time()
print(f"{toc-tic:.3f} sec. elapsed")
plt.show()
```

上述代码创建了一个包含三个子图的图形, 展示了不同数据可视化方法的效果。首先,
使用透明度 (alpha) 绘制了具有一定信噪比的大量时间序列数据的折线图。然后, 将这些数
据转换为二维直方图, 并使用对数颜色标度展示了数据的分布情况。最后, 展示了相同数据
的二维直方图, 但使用线性颜色标度展示。输出的结果如图 9-6 所示。

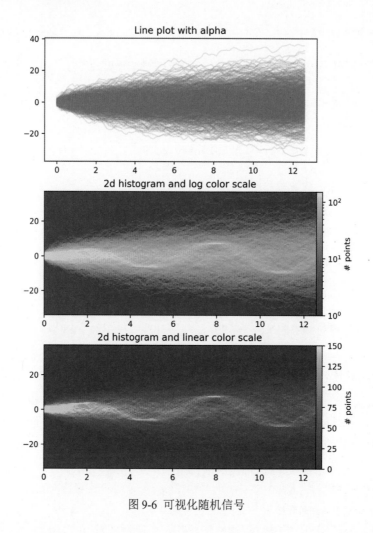

图 9-6 可视化随机信号

【例 9-7】当在同一时间点测量两个不同数量的时间序列时，可以在右侧的辅助 Y 轴上再绘制第 2 个系列，即绘制多 Y 轴图。

```
import pandas as pd
import numpy as np
import matplotlib.pyplot as plt

df=pd.read_csv("D:/DingJB/PyData/economics.csv")          # 导入数据

x=df['date']
y1=df['psavert']
y2=df['unemploy']
```

```
# 绘制线条 1（左 Y 轴）
fig,ax1=plt.subplots(1,1,figsize=(14,6),dpi=300)
ax1.plot(x,y1,color='tab:red')

# 绘制线条 2（右 Y 轴）
ax2=ax1.twinx()                    # 实例化一个共享相同 X 轴的第 2 个坐标轴
ax2.plot(x,y2,color='tab:blue')

# 图表修饰
# ax1（左 Y 轴）
ax1.set_xlabel('Year',fontsize=20)
ax1.tick_params(axis='x',rotation=0,labelsize=12)
ax1.set_ylabel('Personal Savings Rate',color='tab:red',fontsize=20)
ax1.tick_params(axis='y',rotation=0,labelcolor='tab:red' )
ax1.grid(alpha=.4)

# ax2（右 Y 轴）
ax2.set_ylabel("# Unemployed (1000's)",color='tab:blue',fontsize=20)
ax2.tick_params(axis='y',labelcolor='tab:blue')
ax2.set_xticks(np.arange(0,len(x),60))
ax2.set_xticklabels(x[::60],rotation=90,fontdict={'fontsize':10})
ax2.set_title("Personal Savings Rate vs Unemployed",fontsize=22)
fig.tight_layout()
plt.show()
```

上述代码绘制了两个数据系列的折线图，分别位于左右 Y 轴上。其中，左 Y 轴对应个人储蓄率（Personal Savings Rate），右 Y 轴对应失业人数（Unemployed）。图表还添加了适当的标签、刻度和标题，并使用不同颜色区分了两个数据系列。输出的结果如图 9-7 所示。

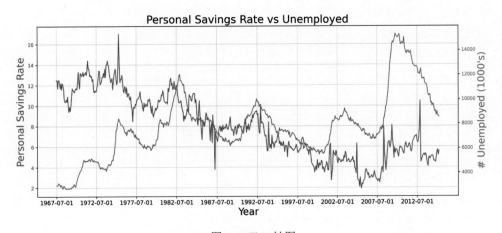

图 9-7　双 Y 轴图

9.2 K 线图

K 线图是一种用于展示金融市场价格走势的图表，主要用于股票、期货、外汇等金融市场。它由一系列矩形盒子（称为"K 线"）组成，每个矩形盒子代表一段时间内的价格变动情况，通常包括开盘价、收盘价、最高价和最低价。K 线图的构成部分有：

（1）实体：表示开盘价和收盘价之间的价格区间。如果收盘价高于开盘价，通常使用填充实体或者颜色填充表示上涨，反之表示下跌。

（2）上影线：表示最高价和实体上端之间的价格区间。

（3）下影线：表示实体下端和最低价之间的价格区间。

K 线图能够提供关于价格走势、市场情绪和交易活动的重要信息，包括支撑阻力位、趋势方向、买卖信号等。在金融分析中，K 线图是一种常见的技术分析工具，被广泛应用于制定交易策略和预测价格走势。

在 Python 中，使用 Plotly 可以绘制 K 线图，此时需要创建一个 go.Candlestick 对象，并将其添加到图表中。

【例 9-8】K 线图绘制示例 1。输入如下代码：

```
import plotly.graph_objects as go
import pandas as pd

# 使用 Pandas 的 read_csv() 函数从 CSV 文件中读取数据，并存储在 DataFrame 对象 df 中
df=pd.read_csv('D:/DingJB/PyData/finance-charts-apple.csv')

# 使用 Plotly 的 Candlestick 对象 go.Candlestick 创建 K 线图
fig=go.Figure(data=[go.Candlestick(x=df['Date'],
                    open=df['AAPL.Open'],high=df['AAPL.High'],
                    low=df['AAPL.Low'],close=df['AAPL.Close'])])
fig.show()
```

上述代码指定 X 轴为日期（Date 列），开盘价（AAPL.Open 列）、最高价（AAPL.High 列）、最低价（AAPL.Low 列）、收盘价（AAPL.Close 列）分别对应 K 线图的 open、high、low、close 参数。输出的结果如图 9-8 所示。

```
# 隐藏 X 轴上的滚动窗口
fig.update_layout(xaxis_rangeslider_visible=False)
fig.show()
```

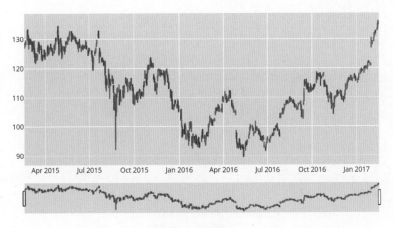

图 9-8　K 线图 1

输出的结果如图 9-9 所示。

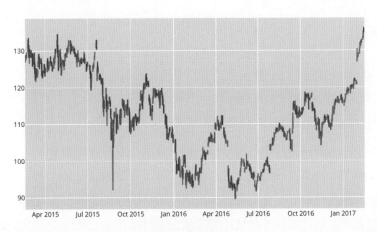

图 9-9　K 线图 2

```
# 更新布局，并添加图标题、Y 轴标签、注释
fig.update_layout(title='The Great Recession',yaxis_title='AAPL Stock',
    shapes=[dict(
        x0='2016-12-09',x1='2016-12-09',y0=0,y1=1,
        xref='x',yref='paper',line_width=2)],
    annotations=[dict(          # 添加注释，说明某个时间点
        x='2016-12-09',y=0.05,xref='x',yref='paper',
        showarrow=False,xanchor='left',text='Increase Period Begins')])
fig.show()
```

输出的结果如图 9-10 所示。

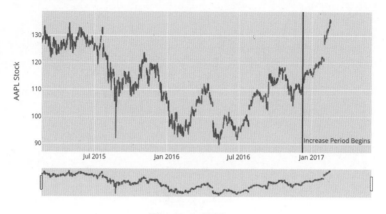

图 9-10 K线图 3

9.3 子弹图

子弹图（Bullet Chart）是一种用于显示单个指标在与目标值、良好和不良范围的比较中的表现的图表类型。它可以用于直观地展示一个度量值在一个或多个维度上的表现，通常用于业务绩效指标的可视化分析。子弹图通常包含以下几个元素。

（1）目标值线：表示目标值的水平线，用于显示期望的性能水平。

（2）实际值条：表示实际的度量值，通常以矩形条的形式显示。

（3）良好范围区域：表示良好性能的区域，通常以较浅的颜色或阴影标识。

（4）不良范围区域：表示不良性能的区域，通常以较深的颜色或阴影标识。

子弹图的优点在于能够清晰地显示实际值与目标值之间的差距，以及实际值在良好和不良范围内的位置，从而帮助用户快速判断表现情况并进行比较分析。在 Python 中，可以使用 Plotly 或其他数据可视化库来绘制子弹图。

【例 9-9】创建三个不同风格的子弹图，用于展示利润指标，每个子弹图通过不同的设置来强调特定的信息和视觉效果。输入如下代码：

```
import plotly.graph_objects as go

# 子弹图 1：简单的子弹图，只显示实际值和参考值之间的比较
```

```
fig=go.Figure(go.Indicator(
    mode="number+gauge+delta",          # 指示器模式，包括数字、仪表盘和增减值
    gauge={'shape':"bullet"},           # 设置子弹图的形状为 bullet
    value=220,                          # 实际值
    delta={'reference':300},            # 增减值的参考值
    domain={'x':[0,1],'y':[0,1]},       # 子弹图所占的区域
    title={'text':"Profit"}))           # 子弹图的标题

fig.update_layout(height=250)           # 更新布局，设置图表的高度
fig.show()
```

```
# 子弹图 2：增加阈值和颜色阶梯，显示更详细的信息，包括颜色的变化表示不同的区间范围
fig=go.Figure(go.Indicator(
    mode="number+gauge+delta",value=220,            # 实际值
    domain={'x':[0.1,1],'y':[0,1]},                 # 子弹图所占的区域
    title={'text':"<b>Profit</b>"},                 # 子弹图的标题
    delta={'reference':200},                        # 增减值的参考值
    gauge={'shape':"bullet",                        # 设置子弹图的形状为 bullet
        'axis':{'range':[None,300]},                # 指示器轴的范围
        'threshold':{'line':{'color':"red",'width':2},   # 阈值线的样式
                        'thickness':0.75,'value':280},# 阈值的样式和值
        'steps':[{'range':[0,150],'color':"lightgray"},  # 不同范围的颜色
                {'range':[150,250],'color':"gray"}]}))   # 不同范围的颜色
fig.update_layout(height=250)                       # 更新布局，设置图表的高度
fig.show()
```

```
# 子弹图 3：在子弹图 2 的基础上增加指示器的位置和附加标签
# 使得图表更加直观，并且包含更多信息
fig=go.Figure(go.Indicator(
    mode="number+gauge+delta",value=220,            # 实际值
    domain={'x':[0,1],'y':[0,1]},                   # 子弹图所占的区域
    delta={'reference':280,'position':"top"},       # 增减值的参考值和位置
    title={'text':"<b>Profit</b><br><span style='color:gray;
        font-size:0.8em'>U.S. $</span>",'font':{"size":14}},  # 子弹图的标题
    gauge={'shape':"bullet",                         # 设置子弹图的形状
        'axis':{'range':[None,300]},                 # 指示器轴的范围
        'threshold':{'line':{'color':"red",'width':2},  # 阈值线的样式
                        'thickness':0.75,'value':270},  # 阈值的样式和值
        'bgcolor':"white",                           # 背景颜色
        'steps':[{'range':[0,150],'color':"cyan"},   # 不同范围的颜色
                {'range':[150,250],'color':"royalblue"}],  # 不同范围的颜色
        'bar':{'color':"darkblue"}}))
fig.update_layout(height=250)                        # 更新布局，设置图表的高度
fig.show()
```

上述代码使用 Plotly 创建了 3 个子弹图：第一个子弹图简单地显示了实际值和参考值之间的比较，以及增减值；第二个子弹图增加了阈值和颜色阶梯，以显示更详细的信息，不同的阈值范围使用不同的颜色表示；第三个子弹图在第二个子弹图的基础上增加了指示器的位置和附加标签，使图表更直观，并包含更多信息。输出的结果如图 9-11 所示。

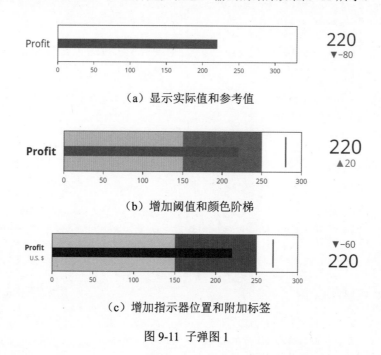

（a）显示实际值和参考值

（b）增加阈值和颜色阶梯

（c）增加指示器位置和附加标签

图 9-11 子弹图 1

【例 9-10】创建一个包含三个子弹图的 Plotly 图表，用于展示收入、利润和满意度等指标。每个子弹图都有不同的实际值、参考值、阈值和颜色范围，可以帮助用户快速理解数据的含义和分析结果。输入如下代码：

```
import plotly.graph_objects as go

fig=go.Figure()                                      # 创建一个图表对象
# 添加收入子弹图
fig.add_trace(go.Indicator(
    mode="number+gauge+delta",                       # 指示器模式，包括数字、仪表盘和增减值
    value=180,                                       # 实际值
    delta={'reference':200},                         # 增减值的参考值
    domain={'x':[0.25,1],'y':[0.08,0.25]},           # 子弹图所占的区域
    title={'text':"Revenue"},                        # 子弹图的标题
    gauge={'shape':"bullet",                          # 设置子弹图的形状为 bullet
           'axis':{'range':[None,300]},              # 指示器轴的范围
```

```
            'threshold':{'line':{'color':"black",'width':2},  # 阈值线的样式
                                'thickness':0.75,'value':170},# 阈值的样式和值
            'steps':[{'range':[0,150],'color':"gray"},        # 不同范围的颜色
                 {'range':[150,250],'color':"lightgray"}],     # 不同范围的颜色
            'bar':{'color':"black"}}))                        # 柱状条的颜色

# 添加利润子弹图
fig.add_trace(go.Indicator(
    mode="number+gauge+delta",                       # 指示器模式,包括数字、仪表盘和增减值
    value=35,                                        # 实际值
    delta={'reference':200},                         # 增减值的参考值
    domain={'x':[0.25,1],'y':[0.4,0.6]},             # 子弹图所占的区域
    title={'text':"Profit"},                         # 子弹图的标题
    gauge={'shape':"bullet",                         # 设置子弹图的形状为 bullet
          'axis':{'range':[None,100]},               # 指示器轴的范围
          'threshold':{'line':{'color':"black",'width':2},  # 阈值线的样式
                              'thickness':0.75,'value':50},  # 阈值的样式和值
          'steps':[{'range':[0,25],'color':"gray"},  # 不同范围的颜色
                  {'range':[25,75],'color':"lightgray"}],  # 不同范围的颜色
              'bar':{'color':"black"}}))             # 柱状条的颜色

# 添加满意度子弹图
fig.add_trace(go.Indicator(
    mode="number+gauge+delta",                       # 指示器模式,包括数字、仪表盘和增减值
    value=220,                                       # 实际值
    delta={'reference':200},                         # 增减值的参考值
    domain={'x':[0.25,1],'y':[0.7,0.9]},             # 子弹图所占的区域
    title={'text':"Satisfaction"},                   # 子弹图的标题
    gauge={'shape':"bullet",                         # 设置子弹图的形状为 bullet
          'axis':{'range':[None,300]},               # 指示器轴的范围
          'threshold':{'line':{'color':"black",'width':2},  # 阈值线的样式
                              'thickness':0.75,'value':210},  # 阈值的样式和值
          'steps':[{'range':[0,150],'color':"gray"},  # 不同范围的颜色
                  {'range':[150,250],'color':"lightgray"}],  # 不同范围的颜色
              'bar':{'color':"black"}}))             # 柱状条的颜色

# 更新布局,设置图表的高度和边距
fig.update_layout(height=400,margin={'t':0,'b':0,'l':0})
fig.show()
```

上述代码创建了一个包含三个子弹图的 Plotly 图表,分别表示收入、利润和满意度。每个子弹图包括以下要素:①实际值(Value);②增减值(Delta),表示实际值与参考值之间的差异;③阈值线(Threshold),表示某个特定的目标值;④不同范围的颜色(Steps),用于区分不同的数据范围。通过这些子弹图可以直观地了解每个指标的当前状态以及与预期

目标之间的差距。输出的结果如图 9-12 所示。

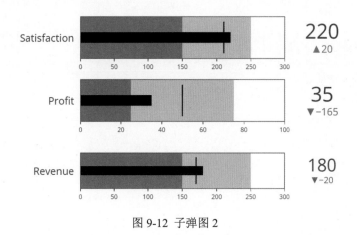

图 9-12 子弹图 2

9.4 仪表图

仪表图（Gauge chart）是一种用于展示单一指标或数值的图表类型，通常用于显示目标值与实际值之间的差异。它们类似于汽车仪表板上的速度计或油量计，因此也常被称为仪表板图。仪表图通常由一个圆形或半圆形的指示器和刻度盘组成，指示器的位置代表指标的值，而刻度盘上的刻度则表示该指标的范围。

在数据可视化中，仪表图通常用来展示某个指标的当前值，以及该值与理想目标值或预期范围之间的关系。它们在监控关键性能指标、比较实际和目标数值、评估进度等方面非常有用。

仪表图的设计旨在引人注目并直观地传达信息，因此在创建时需要考虑美学和易读性。虽然仪表图在一些情况下可能会过于炫目或不够准确，但在适当的情况下，它是非常有用的工具，可以帮助人们迅速了解关键指标的状态和趋势。

【例 9-11】使用 Plotly 库创建仪表图。输入如下代码：

```
import plotly.graph_objects as go
# 示例 1: 创建一个简单的仪表图
fig=go.Figure(go.Indicator(
    mode="gauge+number",              # 设置为仪表盘模式并显示数值
    value=270,                        # 设定指示器的数值为 270
```

```
        domain={'x':[0,1],'y':[0,1]},              # 指示器的位置占据整个图表空间
        title={'text':"Speed"}))                    # 指示器的标题为 "Speed"
fig.show()

# 示例 2: 创建一个带有增量和阈值的仪表图
fig=go.Figure(go.Indicator(
        domain={'x':[0,1],'y':[0,1]},        # 指示器的位置占据整个图表空间
        value=450,                           # 设定指示器的数值为 450
        mode="gauge+number+delta",           # 设置为仪表盘模式、显示数值和增量
        title={'text':"Speed"},              # 指示器的标题为 "Speed"
        delta={'reference':380},             # 增量设置为 380
        gauge={
            'axis':{'range':[None,500]},           # 指示器轴范围设定为 0 ~ 500
            'steps' :[                  # 阶梯设置, 将范围划分为两段, 分别设定为灰色和深灰色
                {'range':[0,250],'color':"lightgray"},
                {'range':[250,400],'color':"gray"}],
            'threshold' :{'line':{'color':"red",'width':4},
                'thickness':0.75,'value':490}          # 设定阈值, 超过阈值时显示红色
        }))
fig.show()

# 示例 3: 创建一个带有增量和阈值的仪表图, 样式定制更多
fig=go.Figure(go.Indicator(
        mode="gauge+number+delta",                    # 设置为仪表盘模式、显示数值和增量
        value=420,                                    # 设定指示器的数值为 420
        domain={'x':[0,1],'y':[0,1]},                 # 指示器的位置占据整个图表空间
        title={'text':"Speed",'font':{'size':24}},    # 指示器标题, 字体大小
        delta={'reference':400,'increasing':{'color':"RebeccaPurple"}},
                                                      # 增量设置为 400, 且增大时显示紫色
        gauge={
            'axis':{'range':[None,500],'tickwidth':1,
                    'tickcolor':"darkblue"},     # 指示器轴范围设定, 设置刻度宽度和颜色
            'bar':{'color':"darkblue"},          # 指示器条颜色设定为深蓝色
            'bgcolor':"white",                        # 背景色设定为白色
            'borderwidth':2,                          # 边框宽度设定为 2
            'bordercolor':"gray",                     # 边框颜色设定为灰色
            'steps':[                  # 阶梯设置, 将范围划分为两段, 分别设定为青色和皇家蓝
                {'range':[0,250],'color':'cyan'},
                {'range':[250,400],'color':'royalblue'}],
            'threshold':{              # 设定阈值为 490, 超过阈值时指示器显示红色
                'line':{'color':"red",'width':4},
                'thickness':0.75,'value':490 }}))

# 更新图表布局, 设置背景色和字体颜色
fig.update_layout(paper_bgcolor="lavender",
                font={'color':"darkblue",'family':"Arial"})
```

```
fig.show()
```

上述代码展示了如何使用 Plotly 创建仪表图，分别包括简单的仪表图显示数值、带有增量和阈值的仪表图以及样式定制更多的仪表图，通过设置不同的参数，如数值、增量、阈值以及自定义样式等，呈现出多样化的仪表图效果。输出的结果如图 9-13 所示。

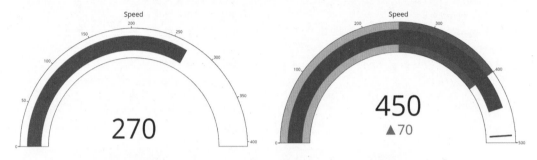

（a）默认属性的基本仪表图　　　　（b）增加步长、阈值和增量

（c）自定义

图 9-13 仪表图

9.5 面积图

面积图（Area Chart）类似于折线图，用于显示随时间、顺序或其他连续变量变化的趋势和模式。与折线图不同，面积图通过填充折线下的区域来强调数据的相对大小和累积值。

面积图的优点是能够清晰地展示变量随时间或顺序的变化趋势，并突出显示数据的相对大小和累积值。它常用于比较不同组的趋势、展示时间序列数据的变化情况以及观察数据的累积效果。

　　针对时间序列数据，面积图通过对轴和线之间的区域进行着色，不仅强调峰和谷，还强调高点和低点的持续时间。高点持续时间越长，线下面积越大。

【例9-12】绘制面积图。输入如下代码：

```
import numpy as np
import pandas as pd
import matplotlib.pyplot as plt

# 读取数据，并解析 'date' 列为日期类型，然后选取前 100 行
df=pd.read_csv("D:/DingJB/PyData/economics.csv",
                parse_dates=['date']).head(100)
x=np.arange(df.shape[0])                     # 生成 X 轴的数据，从 0～df 的行数 -1

# 计算月度储蓄率的变化率（回报率）
y_returns=(df.psavert.diff().fillna(0)/df.psavert.shift(1)).fillna(0)*100

plt.figure(figsize=(10,6),dpi=300)           # 绘图

# 使用 fill_between() 函数填充正值区域为绿色，负值区域为红色
plt.fill_between(x[1:],y_returns[1:],0,where=y_returns[1:]>=0,
                facecolor='green',interpolate=True,alpha=0.7)
plt.fill_between(x[1:],y_returns[1:],0,where=y_returns[1:]<=0,
                facecolor='red',interpolate=True,alpha=0.7)

# 添加注释
plt.annotate('Peak \n1975',xy=(94.0,21.0),xytext=(88.0,28),
              bbox=dict(boxstyle='square',fc='firebrick'),
              arrowprops=dict(facecolor='steelblue',shrink=0.05),
              fontsize=15,color='white')

# 图形修饰
# 设置 X 轴刻度值为日期的月份和年份的简写
xtickvals=[str(m)[:3].upper()+"-"+str(y)for y,
            m in zip(df.date.dt.year,df.date.dt.month_name())]
plt.gca().set_xticks(x[::6])
plt.gca().set_xticklabels(xtickvals[::6],rotation=90,
                        fontdict={'horizontalalignment':'center',
                        'verticalalignment':'center_baseline'})
plt.ylim(-35,35)                             # 设置 Y 轴范围
plt.xlim(1,100)                              # 设置 X 轴范围
plt.title("Month Economics Return %",fontsize=22)      # 设置标题
plt.ylabel('Monthly returns %')             # 设置 Y 轴标签
plt.grid(alpha=0.5)                          # 添加网格线
plt.show()
```

上述代码从经济数据中计算了月度储蓄率的变化率（回报率），并使用 Matplotlib 创建

了一个面积图，将正值区域填充为绿色，负值区域填充为红色。图中还标注了一个峰值，表示 1975 年的高点。修饰包括设置 X 轴刻度值为日期的月份和年份的简写，设置标题、标签和网格线。输出的结果如图 9-14 所示。

图 9-14 面积图

【例 9-13】绘制堆叠面积图，展示澳大利亚各地区夜间游客数量随时间的变化。堆叠面积图可以直观地显示多个时间序列的贡献程度，因此很容易相互比较。输入如下代码：

```python
import numpy as np
import pandas as pd
import matplotlib.pyplot as plt

# 导入数据
df=pd.read_csv('D:/DingJB/PyData/nightvisitors.csv')

# 决定颜色
mycolors=['tab:red','tab:blue','tab:green','tab:orange','tab:brown',
          'tab:grey','tab:pink','tab:olive']

# 绘制图表并添加标注
fig,ax=plt.subplots(1,1,figsize=(10,6),dpi=80)
columns=df.columns[1:]
labs=columns.values.tolist()

# 准备数据
x=df['yearmon'].values.tolist()
y0=df[columns[0]].values.tolist()
```

```
y1=df[columns[1]].values.tolist()
y2=df[columns[2]].values.tolist()
y3=df[columns[3]].values.tolist()
y4=df[columns[4]].values.tolist()
y5=df[columns[5]].values.tolist()
y6=df[columns[6]].values.tolist()
y7=df[columns[7]].values.tolist()
y=np.vstack([y0,y2,y4,y6,y7,y5,y1,y3])

# 绘制每一列的堆叠区域图
labs=columns.values.tolist()
ax=plt.gca()
ax.stackplot(x,y,labels=labs,colors=mycolors,alpha=0.8)

# 修饰图表
ax.set_title('Night Visitors in Australian Regions',fontsize=18)
ax.set(ylim=[0,100000])
ax.legend(fontsize=10,ncol=4)
plt.xticks(x[::5],fontsize=10,horizontalalignment='center')
plt.yticks(np.arange(10000,100000,20000),fontsize=10)
plt.xlim(x[0],x[-1])

# 柔化边界
plt.gca().spines["top"].set_alpha(0)
plt.gca().spines["bottom"].set_alpha(.3)
plt.gca().spines["right"].set_alpha(0)
plt.gca().spines["left"].set_alpha(.3)
plt.show()
```

上述代码使用堆叠面积图展示了澳大利亚各地区夜间游客数量的变化趋势。不同颜色的区域代表不同的地区，堆叠在一起展示总体趋势。图表修饰包括设置标题、设置 Y 轴范围、添加图例、调整刻度标签和柔化边界。输出的结果如图 9-15 所示。

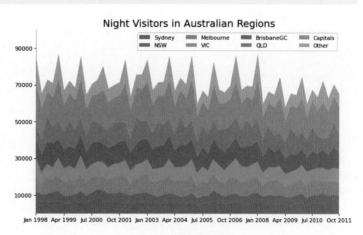

图 9-15　堆叠面积图

【例9-14】绘制未堆叠面积图，可视化两个或更多系列相对于彼此的进度（起伏）。输入如下代码：

```python
import numpy as np
import pandas as pd
import matplotlib.pyplot as plt

df=pd.read_csv("D:/DingJB/PyData/economics.csv")          # 导入数据
# 准备数据
x=df['date'].values.tolist()
y1=df['psavert'].values.tolist()
y2=df['uempmed'].values.tolist()
mycolors=['tab:red','tab:blue','tab:green','tab:orange',
          'tab:brown','tab:grey','tab:pink','tab:olive']
columns=['psavert','uempmed']

# 绘制图表
fig,ax=plt.subplots(1,1,figsize=(10,6),dpi=300)
ax.fill_between(x,y1=y1,y2=0,label=columns[1],alpha=0.5,
                color=mycolors[1],linewidth=2)
ax.fill_between(x,y1=y2,y2=0,label=columns[0],alpha=0.5,
                color=mycolors[0],linewidth=2)

# 修饰图表
ax.set_title('Personal Savings Rate vs Median Duration of Unemployment',
             fontsize=16)
ax.set(ylim=[0,30])
ax.legend(loc='best',fontsize=12)
plt.xticks(x[::50],fontsize=10,horizontalalignment='center')
plt.yticks(np.arange(2.5,30.0,2.5),fontsize=10)
plt.xlim(-10,x[-1])

# 绘制刻度线
for y in np.arange(2.5,30.0,2.5):
    plt.hlines(y,xmin=0,xmax=len(x),colors='black',alpha=0.3,
               linestyles="--",lw=0.5)

# 柔化边界
plt.gca().spines["top"].set_alpha(0)
plt.gca().spines["bottom"].set_alpha(.3)
plt.gca().spines["right"].set_alpha(0)
plt.gca().spines["left"].set_alpha(.3)
plt.show()
```

上述代码使用 fill_between() 函数绘制了个人储蓄率和失业中位数持续时间的变化趋势。通过面积图展示了两者之间的关系。读者可以清楚地看到随着失业中位数持续时间的增加，个人储蓄率会下降。图表修饰包括设置标题、设置 Y 轴范围、添加图例、调整刻度标签和柔化边界。输出的结果如图 9-16 所示。

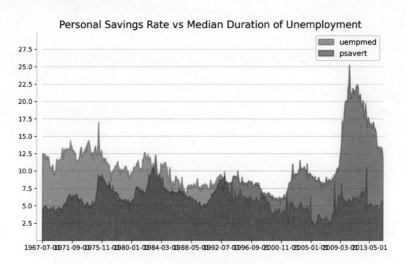

图 9-16　未堆叠面积图

【例 9-15】利用 Altair 库绘制分面面积图，展示不同股票的价格变化情况。输入如下代码：

```
import altair as alt
from vega_datasets import data

source=data.stocks()
alt.Chart(source).transform_filter(
    alt.datum.symbol != "GOOG",
).mark_area().encode(
    x="date:T",
    y="price:Q",
    color="symbol:N",
    row=alt.Row("symbol:N",sort=["MSFT","AAPL","IBM","AMZN"]),
).properties(height=50,width=400)
```

上述代码使通过数据筛选，剔除了谷歌（GOOG）的数据，并将剩余股票按照指定顺序排列在不同的行中。输出的结果如图 9-17 所示。

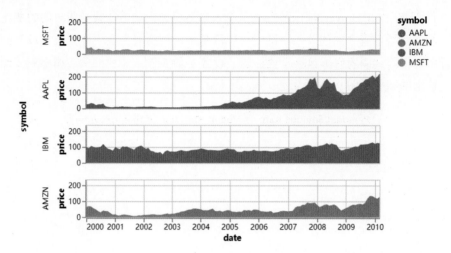

图 9-17 分面面积图

9.6 日历图

日历图（Calendar Chart）用于显示时间数据在一年中的分布和趋势。它以日历的形式呈现数据，将每个日期表示为一个方格或单元格，并通过单元格的颜色或填充来表示该日期的特定指标或数值。

日历图的优点是能够以直观的方式展示时间数据的分布和趋势，尤其适用于数据的季节性或周期性变化的观察。它常用于表示每天的销售额、气温、疾病发病率等与日期相关的数据。

【例 9-16】使用 Calmap 库创建一个日历热图，展示时间序列数据的变化趋势。输入如下代码：

```python
import pandas as pd
import matplotlib.pyplot as plt
import calmap

# 读取包含日期和值的 CSV 文件，解析日期列
df=pd.read_csv('D:/DingJB/PyData/Calendar.csv',parse_dates=['date'])
df.set_index('date',inplace=True)

# 创建日历热图
# fillcolor: 填充颜色; linecolor: 边框颜色; linewidth: 边框线宽; cmap: 颜色映射
# yearlabel_kws: 年份标签的样式; fig_kws:图形参数, 包括 figsize 和 dpi
```

```
fig,ax=calmap.calendarplot(df['value'],fillcolor='grey',
                            linecolor='w',linewidth=0.1,cmap='RdYlGn',
                            yearlabel_kws={'color': 'black','fontsize': 12},
                            fig_kws=dict(figsize=(14,8),dpi=300))
# 添加颜色条
fig.colorbar(ax[0].get_children()[1],ax=ax.ravel().tolist())
plt.show()
```

上述代码通过读取包含日期和值的 CSV 文件，解析日期列后，将数据绘制成日历热图。其中使用了一些参数来控制热图的样式，例如填充颜色、边框颜色、颜色映射等。最后，添加了颜色条以增强可视化效果。输出的结果如图 9-18 所示。

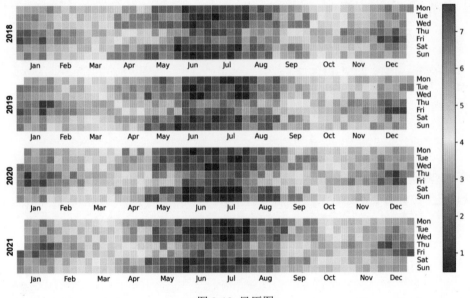

图 9-18 日历图

9.7 本章小结

本章聚焦于展示时间序列数据在 Python 中的可视化方法。通过本章的学习，读者可以获得处理和呈现时间序列数据的关键技能，这些技能对于从数据中提取有价值的见解和制定有效的业务决策至关重要。无论是初学者还是有一定经验的 Python 读者，都可以从中获取在时间序列数据可视化方面的实用知识和工具。

第 **10** 章

多维数据可视化

多维数据可视化是一种数据分析和数据呈现的方法，多维数据通常包含多个变量或维度，可能是数值型、分类型、时间序列等不同类型的数据。本章将介绍多热图、矩阵散点图和平行坐标图等多维数据可视化的关键方法，旨在帮助读者更清晰地理解数据中的关系、趋势和模式。通过本章的学习，读者可以掌握这些可视化方法，并将其应用于实际数据分析中，以更深入地理解和解释复杂的多维数据集。

10.1 热图

热图（Heatmap）是一种用于可视化矩阵数据的图表类型。它通过使用颜色编码来表示数据的大小或值，以便在二维空间中显示数据的模式、趋势或关联性。

热图的优点是能够直观地显示数据的模式和趋势，并帮助观察数据的关联性和相似性。它常用于分析多变量数据、基因表达数据、市场趋势分析等。

在绘制和解读热图时，需确保颜色编码的准确并合理，以避免造成误解。当矩阵数据较大时，可以使用矩阵聚类和排序方法，以便更好地展示数据的模式和关联性；当矩阵数据具有缺失值时，可以使用适当的填充或插值方法进行处理，以确保图表的完整性和可靠性。

【例 10-1】利用 Pandas、Seaborn 和 Matplotlib 库对汽车数据集进行处理和可视化分析。输入如下代码：

```
import pandas as pd                      # 导入 Pandas 库，用于数据处理和分析
import seaborn as sns                    # 导入 Seaborn 库，用于数据可视化
import matplotlib.pyplot as plt          # 导入 Matplotlib 库，用于绘图

# 导入数据集
df=pd.read_csv("D:/DingJB/PyData/mtcars.csv")
                        # 读取 mtcars.csv 的数据文件，并将数据存储在 df 中

# 删除非数值型的列
df_numeric=df.select_dtypes(include=['float64','int64'])
# 选择数据集中的数值型列（包括 float64 和 int64 类型），并存储在 df_numeric 中

# 绘制热力图，显示数值型列之间的相关性，使用 'viridis' 颜色映射，将相关性系数标注在图上
plt.figure(figsize=(10,5),dpi=200)                       # 创建图形对象
sns.heatmap(df_numeric.corr(),xticklabels=df_numeric.corr().columns,
            yticklabels=df_numeric.corr().columns,
            cmap='viridis',center=0,annot=True)          # 使用 Seaborn 绘制热力图

# 添加修饰
plt.title('Correlogram of mtcars',fontsize=18)           # 设置图形标题
plt.xticks(fontsize=12)                                  # 设置 X 轴标签的字体大小为 12
plt.yticks(fontsize=12,rotation=0)                       # 设置 Y 轴标签的字体大小为 12
plt.show()
```

上述代码首先导入数据集并删除了非数值型列，然后利用 Seaborn 的 heatmap() 函数绘制了数值型列之间的相关性热力图，使用了 'viridis' 颜色映射，并标注了相关性系数。最后，通过 Matplotlib 添加了一些修饰，包括设置图形标题和调整标签字体大小。输出的结果如图 10-1 所示。

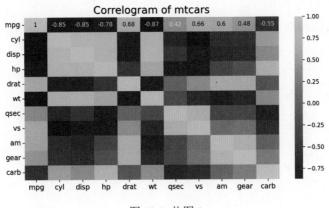

图 10-1　热图 1

【例 10-2】使用 Seaborn 库绘制聚类热图，展示脑网络之间的相关性，并使用分类调色板来标识不同的网络。输入如下代码：

```python
import pandas as pd
import seaborn as sns
sns.set_theme()

# 加载示例数据集
df=sns.load_dataset("brain_networks",header=[0,1,2],index_col=0)
# 选择网络的子集
used_networks=[1,5,6,7,8,12,13,17]
used_columns=(df.columns.get_level_values("network")
                .astype(int)
                .isin(used_networks))
df=df.loc[:,used_columns]

# 创建一个分类调色板以识别网络
network_pal=sns.husl_palette(8,s=.45)
network_lut=dict(zip(map(str,used_networks),network_pal))

# 将调色板转换为向量，将在矩阵的侧面绘制
networks=df.columns.get_level_values("network")
network_colors=pd.Series(networks,index=df.columns).map(network_lut)

# 绘制完整的图形
g=sns.clustermap(df.corr(),center=0,cmap="vlag",
                row_colors=network_colors,col_colors=network_colors,
                dendrogram_ratio=(.1,.2),
                cbar_pos=(.02,.32,.03,.2),
                linewidths=.75,figsize=(12,13))
g.ax_row_dendrogram.remove()
```

上述代码从示例数据集中加载了脑网络相关性数据后，选择了特定的网络子集，并根据这些网络创建了一个分类调色板。接下来，绘制了聚类热图，其中每个细胞的颜色表示对应网络之间的相关性，同时在行和列的侧面绘制了颜色条以标识不同的网络。输出的结果如图 10-2 所示。

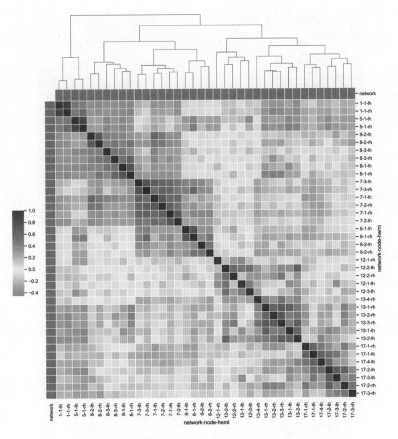

图 10-2　热图 2

【例 10-3】利用 mlxtend 绘制热图。输入如下代码：

```
from mlxtend.plotting import heatmap
import matplotlib.pyplot as plt
import numpy as np
import pandas as pd


np.random.seed(19781101)                    # 固定随机数种子，以便结果可复现
some_array=np.random.random((15,20))
heatmap(some_array,figsize=(20,10))
plt.show()
```

上述代码使用了 MLxtend 库的 heatmap() 函数来绘制热力图。首先，使用 NumPy 生成了一个随机的 15×20 的二维数组 some_array，然后调用 heatmap() 函数将其可视化为热力图，并设置图形的大小为 (20,10)。输出的结果如图 10-3 所示。

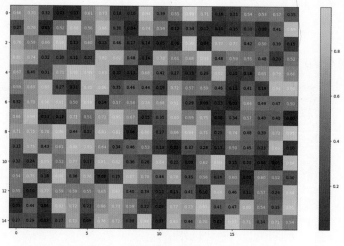

图 10-3 热图 3

```
heatmap(some_array,figsize=(15,8),cell_values=False)
plt.show()
```

上述代码通过将 cell_values 参数设置为 False，不显示单元格的数值。输出的结果如图 10-4 所示。

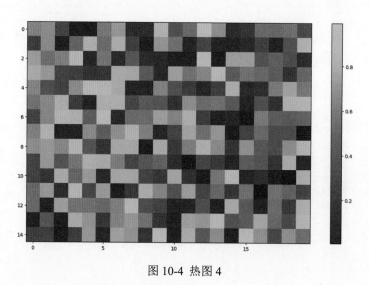

图 10-4 热图 4

【例 10-4】利用 Proplot 库绘制热图。输入如下代码：

```
import proplot as pplt
import numpy as np
```

```
import pandas as pd
# 生成协方差数据
state=np.random.RandomState(51423)          # 生成10×10的随机数据并进行累积和运算
data=state.normal(size=(10,10)).cumsum(axis=0)
data=(data-data.mean(axis=0))/data.std(axis=0)      # 对数据进行标准化处理
data=(data.T @ data)/data.shape[0]              # 计算协方差矩阵

# 将矩阵下三角部分的元素置为 NaN，使其不显示
data[np.tril_indices(data.shape[0],-1)]=np.nan
# 将数据转换为 DataFrame 格式，并设置行列索引
data=pd.DataFrame(data,columns=list('abcdefghij'),index=list('abcdefghij'))

# 绘制协方差矩阵热图
fig,ax=pplt.subplots(refwidth=4.5)
m=ax.heatmap(
    data,cmap='ColdHot',vmin=-1,vmax=1,N=100,lw=0.5,ec='k',
    labels=True,precision=2,labels_kw={'weight':'bold'},
    clip_on=False,                          # 关闭裁剪，以便完整显示盒子的边缘
)
ax.format(suptitle='Heatmap demo',
          title='Table of correlation coefficients',      # 设置标题
          xloc='top',yloc='right',yreverse=True,
          ticklabelweight='bold',              # 设置坐标轴位置和刻度标签样式
          alpha=0,linewidth=0,tickpad=4,        # 设置透明度、线宽和刻度标签间距
)
```

上述代码使用 ProPlot 库来绘制热力图。首先，生成了一个 10×10 的随机数据矩阵，并对其进行了累积和运算和标准化处理，然后计算了协方差矩阵。接下来，将矩阵下三角部分的元素置为 NaN，以便不显示。然后，将数据转换为 DataFrame 格式，并设置行列索引。最后，使用 ProPlot 库的 heatmap() 函数绘制了协方差矩阵的热力图，并设置了图形的标题、标签、颜色映射等属性。输出的结果如图 10-5 所示。

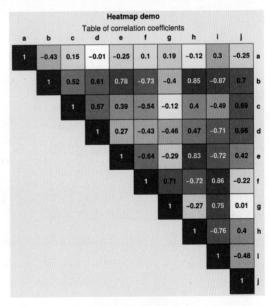

图 10-5　热图 5

【例 10-5】利用 mlxtend.plotting 库中的 heatmap() 函数和 Matplotlib 库来绘制热图，展示房价数据集中选定特征之间的相关性。输入如下代码：

```
from mlxtend.plotting import heatmap
import matplotlib.pyplot as plt
import numpy as np
import pandas as pd

# 加载房价数据集，并设置列名
df=pd.read_csv('D:/DingJB/PyData/housing.data.txt',
                header=None,sep='\s+')
df.columns=['CRIM','ZN','INDUS','CHAS','NOX','RM','AGE','DIS','RAD',
            'TAX','PTRATIO','B','LSTAT','MEDV']
df.head(2)                              # 输出略

from matplotlib import cm               # 从 Matplotlib 库中导入颜色映射
cols=['LSTAT','INDUS','NOX','RM','MEDV']   # 选择感兴趣的列

# 计算所选列的相关系数矩阵
corrmat=np.corrcoef(df[cols].values.T)
# 绘制热图并指定行名和列名
fig,ax=heatmap(corrmat,column_names=cols,row_names=cols,cmap=cm.PiYG)

# 将颜色条范围设置为 -1 ~ 1
for im in ax.get_images():
    im.set_clim(-1,1)
plt.show()
```

上述代码使用 Mlxtend 库中的 heatmap() 函数绘制了房价数据集中选定列的相关系数矩阵的热力图。首先，加载房价数据集，并设置列名。然后，选择感兴趣的列，并计算这些列的相关系数矩阵。接下来，调用 heatmap() 函数绘制热力图，并指定行名、列名和颜色映射。最后，将颜色条范围设置为 -1 ~ 1。输出的结果如图 10-6 所示。

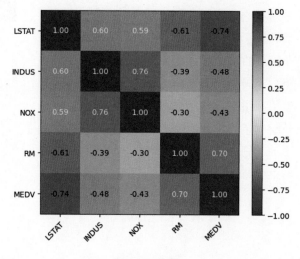

图 10-6 热图 6

【例 10-6】使用 Matp lotlib 库绘制热图，展示不同农场主种植的蔬菜收成量。输入如下代码：

```python
import matplotlib.pyplot as plt
import numpy as np

vegetables=["cucumber","tomato","lettuce","asparagus",
            "potato","wheat","barley"]
farmers=["Farmer Joe","Upland Bros.","Smith Gardening",
        "Agrifun","Organiculture","BioGoods Ltd.","Cornylee Corp."]

harvest=np.array([[0.8,2.4,2.5,3.9,0.0,4.0,0.0],
                  [2.4,0.0,4.0,1.0,2.7,0.0,0.0],
                  [1.1,2.4,0.8,4.3,1.9,4.4,0.0],
                  [0.6,0.0,0.3,0.0,3.1,0.0,0.0],
                  [0.7,1.7,0.6,2.6,2.2,6.2,0.0],
                  [1.3,1.2,0.0,0.0,0.0,3.2,5.1],
                  [0.1,2.0,0.0,1.4,0.0,1.9,6.3]])

fig,ax=plt.subplots(figsize=(5,5))          # 创建图形和轴对象
im=ax.imshow(harvest)                       # 绘制热图

# 显示所有刻度，并使用对应的列表条目进行标注
ax.set_xticks(np.arange(len(farmers)))
ax.set_yticks(np.arange(len(vegetables)))
ax.set_xticklabels(farmers)
ax.set_yticklabels(vegetables)

# 旋转刻度标签并设置对齐方式
plt.setp(ax.get_xticklabels(),rotation=30,ha="right",
        rotation_mode="anchor")

# 循环遍历数据维度并创建文本注释
for i in range(len(vegetables)):
    for j in range(len(farmers)):
        text=ax.text(j,i,harvest[i,j],ha="center",va="center",color="w")

# 设置标题和调整布局
ax.set_title("Harvest of local farmers (in tons/year)")
fig.tight_layout()
plt.show()
```

上述代码创建了一个 2D 数组 harvest，包含蔬菜的收成量，通过 imshow() 函数绘制了热图，对 X 轴和 Y 轴的刻度进行了设置和标注，对刻度标签进行了旋转和对齐处理，并在热图上

添加了文本注释，表示收成量。最后，设置了标题并调整了布局。输出的结果如图 10-7 所示。

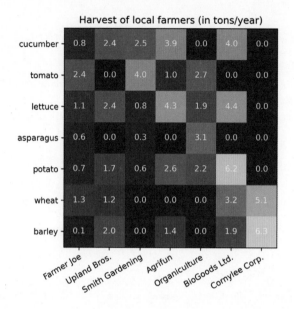

图 10-7 热图 7

10.2 矩阵散点图

矩阵散点图（Matrix Scatter Plot）是一种用于可视化多个变量之间的关系的图表。它通过在一个矩阵中绘制多个散点图的组合来展示变量之间的相互作用和相关性。

矩阵散点图的优点是可以同时展示多个变量之间的关系，帮助我们观察和发现不同变量之间的模式、趋势和相关性。通过矩阵散点图，我们可以更全面地了解变量之间的相互作用，以发现潜在的关联和趋势。

然而，当变量数量较多时，矩阵散点图可能会变得复杂且难以解读。因此，在使用矩阵散点图时，应谨慎选择变量数量，并根据可视化目的选择合适的变量和展示方式，以确保图表的可读性和准确传达变量之间的关系。

在矩阵散点图中，每个变量都会沿着轴的方向占据一行或一列，图中的每个小格子代表一个变量对。对角线上的小格子通常展示的是该变量自身的分布情况，而其他位置的小格子则展示了两个变量之间的关系，即散点图。通过观察这些散点图，可以直观地了解各个变量之间的相关性、趋势以及异常值。

矩阵散点图对于探索性数据分析非常有用，因为它能够同时显示多个变量之间的关系，帮助研究人员发现变量之间的相互作用和规律。在数据集中存在多个变量时，使用矩阵散点图可以更全面地了解数据的特征，并为进一步的分析提供线索。

利用 Seaborn 库中的 pairplot() 函数可以绘制矩阵散点图。

【例 10-7】绘制一个散点矩阵图，展示 iris 数据集中各个特征两两之间的关系，并根据花的种类进行着色区分。

```python
import matplotlib.pyplot as plt          # 导入 matplotlib.pyplot 模块
import seaborn as sns                     # 导入 seaborn 模块

df=sns.load_dataset('iris')               # 加载 iris 数据集
sns.pairplot(df,kind="reg")               # 绘制带回归线的矩阵散点图
plt.show()

sns.pairplot(df,kind="scatter")           # 绘制不带回归线的矩阵散点图
plt.show()
```

上述代码使用 Seaborn 库加载了 iris 数据集，并绘制了带有回归线和不带回归线的矩阵散点图。首先，通过 sns.load_dataset('iris') 加载了 iris 数据集。然后，分别使用 sns.pairplot(df,kind="reg") 和 sns.pairplot(df,kind="scatter") 绘制了带有回归线和不带回归线的矩阵散点图。输出的结果如图 10-8 所示。

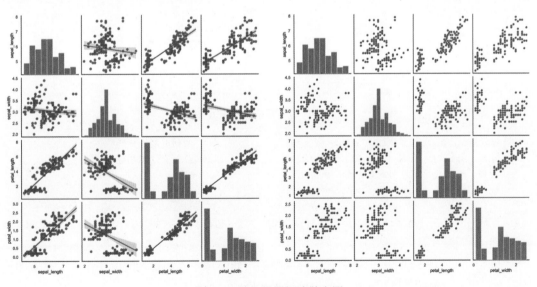

图 10-8　默认设置矩阵散点图

```
# 绘制左边图：矩阵散点图，并按照 'species' 列进行着色
sns.pairplot(df,kind="scatter",hue="species",        # hue 定义数据子集的变量
             markers=["o","s","D"],                  # markers 标记形状列表
             palette="Set2")                         # palette 用于映射色调变量的颜色集
plt.show()

# 绘制右边图：矩阵散点图，并按照 'species' 列进行着色，同时设置绘图参数
sns.pairplot(df,kind="scatter",hue="species",
             plot_kws=dict(s=80,edgecolor="white",linewidth=2.5))
                           # plot_kws 用于修改情节的关键字参数字典
plt.show()
```

上述代码使用 Seaborn 库绘制了两个矩阵散点图，左边的图根据 'species' 列进行着色，使用不同的标记形状和颜色集；右边的图同样根据 'species' 列进行着色，并通过 plot_kws 参数自定义了标记的大小、边缘颜色和线宽。输出的结果如图 10-9 所示。

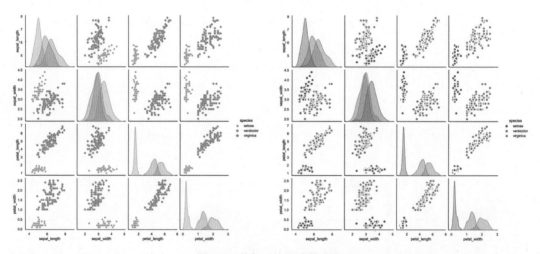

图 10-9 着色后的矩阵散点图

```
sns.pairplot(df,diag_kind="kde")             # 绘制密度图矩阵
sns.pairplot(df,diag_kind="hist")            # 绘制直方图矩阵
# 将其自定义为密度图或直方图
sns.pairplot(df,diag_kind="kde",
             diag_kws=dict(shade=True,bw_adjust=.05,vertical=False))
             # diag_kind 设置对角子图的类型（包括 'auto'、'hist'、'kde'、None）
plt.show()
```

上述代码使用 Seaborn 库绘制了不同类型的对角子图矩阵，包括密度图矩阵、直方图矩阵以及自定义参数的密度图矩阵。输出的结果如图 10-10 所示。

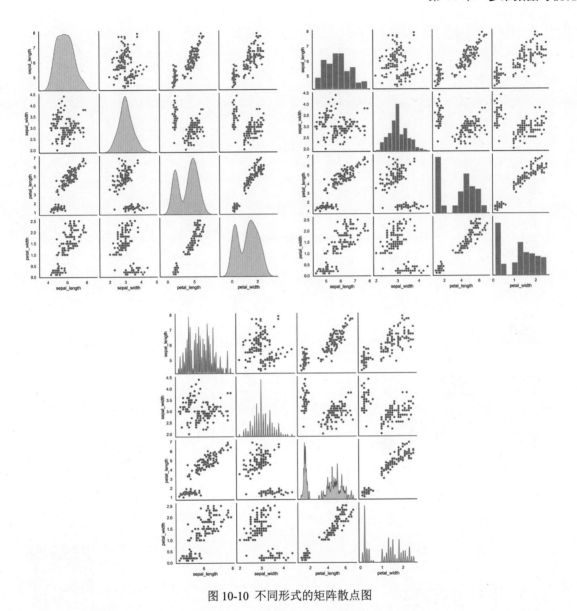

图 10-10 不同形式的矩阵散点图

【**例 10-8**】绘制一个散点矩阵图，展示 iris 数据集中各个特征两两之间的关系，并根据花的种类进行着色区分。

```
import matplotlib.pyplot as plt
from mlxtend.data import iris_data
from mlxtend.plotting import scatterplotmatrix
```

```
X,y=iris_data()
scatterplotmatrix(X,figsize=(10,8))
plt.tight_layout()
plt.show()

names=['sepal length [cm]','sepal width [cm]',
       'petal length [cm]','petal width [cm]']

fig,axes=scatterplotmatrix(X[y==0],figsize=(10,8),alpha=0.5)
fig,axes=scatterplotmatrix(X[y==1],fig_axes=(fig,axes),alpha=0.5)
fig,axes=scatterplotmatrix(X[y==2],fig_axes=(fig,axes),alpha=0.5, ames=names)
plt.tight_layout()
plt.show()
```

上述代码使用 Mlxtend 库中的 scatterplotmatrix() 函数绘制了两个散点图矩阵。第一个散点图矩阵展示了 iris 数据集中所有特征的散点图关系。接着，根据类别标签绘制了三个子图矩阵，每个子图矩阵中展示了特定类别的样本点。输出的结果如图 10-11 所示。

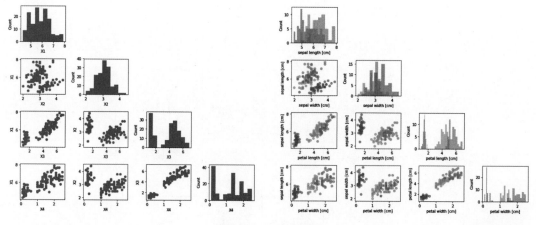

图 10-11 矩阵散点图

10.3 平行坐标图

平行坐标图（Parallel Coordinate Plot）是一种用于可视化多个连续变量之间关系的图表。它通过在一个平行的坐标系中绘制多条平行的线段来表示每个数据点在各个变量上的取值。通过观察线段之间的交叉和趋势，可以揭示变量之间的关系。

平行坐标图方便观察和比较不同变量之间的趋势和关系，适用于可视化较多的连续变量。然而，当变量数量较多时，图形可能变得复杂且难以解读。因此，在使用平行坐标图时，应选择合适的变量和展示方式，以确保图表的可读性和有效地传达变量之间的关系。

在平行坐标图中，每个连续变量被表示为一个垂直的轴线，连接各个轴线的折线表示每个数据点。通过观察折线的形状和走势，可以推断出不同变量之间的关系和趋势。

平行坐标图适用于比较多个连续变量之间的关系和差异，观察变量之间的交叉效应和相互影响，检测异常值和离群点，以及识别数据聚类和模式。它具有可以同时可视化多个连续变量的优点，提供更全面的数据视图，发现变量之间的相关性和趋势，支持比较不同数据点之间的差异和相似性。

【例 10-9】利用 Matplotlib 包绘制平行坐标图 1。输入如下代码：

```
# 导入绘制平行坐标图所需的库
from pandas.plotting import parallel_coordinates
import matplotlib.pyplot as plt

# 导入鸢尾花数据集
from sklearn import datasets
import pandas as pd

# 载入鸢尾花数据集
iris=datasets.load_iris()
# 将数据集转换为 DataFrame 格式，仅保留前 4 个特征，并为列命名
X=pd.DataFrame(iris.data[:,:4],
    columns=['sepal length','sepal width','petal length','petal width'])
X['class']=iris.target                          # 添加鸢尾花的类别列

parallel_coordinates(X,'class')                 # 绘制平行坐标图
plt.show()
```

上述代码使用 Pandas 库的 parallel_coordinates() 函数绘制了平行坐标图，展示了鸢尾花数据集中 4 个特征在不同类别下的分布情况。输出的结果如图 10-12 所示。

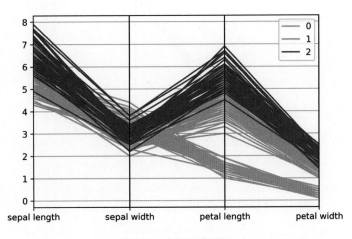

图 10-12　平行坐标图 1

【例 10-10】利用 Matplotlib 包绘制平行坐标图 2。输入如下代码：

```
from pandas.plotting import parallel_coordinates
import pandas as pd
import matplotlib.pyplot as plt

df_final=pd.read_csv("D:/DingJB/PyData/diamonds_filter.csv")      # 导入数据

# 绘制平行坐标图
plt.figure(figsize=(10,6),dpi=200)
parallel_coordinates(df_final,'cut',colormap='Dark2')

# 设置边框透明度
plt.gca().spines["top"].set_alpha(0)
plt.gca().spines["bottom"].set_alpha(.3)
plt.gca().spines["right"].set_alpha(0)
plt.gca().spines["left"].set_alpha(.3)

plt.title('Parallel Coordinated of Diamonds',fontsize=18)      # 设置标题
plt.grid(alpha=0.3)                              # 设置网格线透明度
plt.xticks(fontsize=12)                          # 设置 X 轴刻度标签字体大小
plt.yticks(fontsize=12)                          # 设置 Y 轴刻度标签字体大小
plt.show()
```

上述代码利用 Pandas 库的 parallel_coordinates() 函数绘制了平行坐标图，展示了钻石数据集中不同切割质量下各个特征的分布情况。输出的结果如图 10-13 所示。

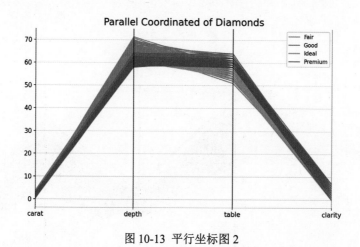

图 10-13 平行坐标图 2

【例 10-11】利用 Altair 包绘制平行坐标图 1。输入如下代码：

```
import altair as alt
from vega_datasets import data
```

```
from altair import datum

source=data.iris()                              # 加载鸢尾花数据集
# 创建图表，并进行数据转换
alt.Chart(source).transform_window(
    index='count()'                             # 在数据集中添加一个索引列，用于绘制多条线
).transform_fold(
    ['petalLength','petalWidth','sepalLength',
     'sepalWidth']                              # 将特征列展开成长格式，以便进行后续处理
).transform_joinaggregate(
    min='min(value)',                           # 计算每个特征的最小值
    max='max(value)',                           # 计算每个特征的最大值
    groupby=['key']                             # 按照特征名称分组
).transform_calculate(
    minmax_value=(datum.value-datum.min)/(datum.max-datum.min),
                                                # 计算每个特征的最小 – 最大归一化值
    mid=(datum.min+datum.max)/2                 # 计算每个特征的中间值
).mark_line().encode(
    x='key:N',                                  # X 轴为特征名称
    y='minmax_value:Q',                         # Y 轴为最小 – 最大归一化值
    color='species:N',                          # 颜色编码为鸢尾花的类别
    detail='index:N',                           # 详细编码为索引列，用于绘制多条线
    opacity=alt.value(0.5)                      # 设置线条透明度
).properties(width=500)                         # 设置图表宽度为 500 像素
```

　　上述代码使用 Altair 库创建了一个图表，展示了鸢尾花数据集中各个特征的最小－最大归一化值的变化情况，并根据鸢尾花的类别进行了颜色编码。输出的结果如图 10-14 所示。

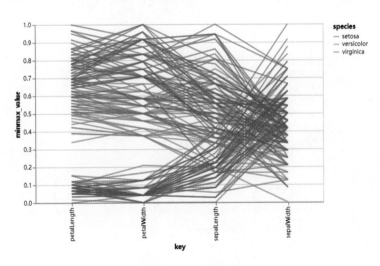

图 10-14　平行坐标图 3

【例 10-12】利用 Altair 包绘制平行坐标图 2。输入如下代码：

```
import altair as alt
from vega_datasets import data

source=data.iris()                                    # 载入数据集
# 创建图表，进行窗口转换
alt.Chart(source).transform_window(
    index='count()'                                   # 计算索引
).transform_fold(
    ['petalLength','petalWidth','sepalLength','sepalWidth']    # 折叠数据
).mark_line().encode(
    x='key:N',                                        # X轴
    y='value:Q',                                      # Y轴
    color='species:N',                                # 颜色编码
    detail='index:N',                                 # 详细信息编码
    opacity=alt.value(0.5)                            # 设置透明度
).properties(width=500)                               # 设置图表宽度
```

上述代码使用 Altair 库创建了一个平行坐标图，展示了鸢尾花数据集中各个特征的数值变化情况，并根据鸢尾花的类别进行了颜色编码。输出的结果如图 10-15 所示。

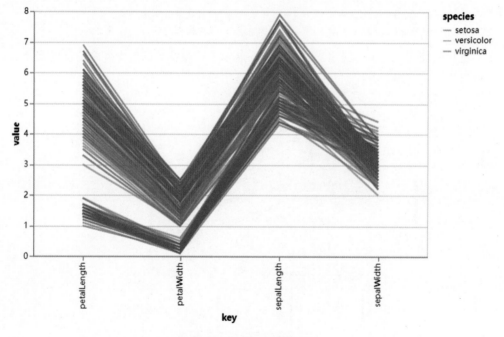

图 10-15 平行坐标图 4

10.4 安德鲁斯曲线

安德鲁斯曲线（Andrews Curves）是一种用于可视化多维数据的技术，通过将每个数据点映射到一个多维空间中，并将每个维度的值视为一个正弦曲线的振幅，然后将这些曲线叠加在一起，从而形成安德鲁曲线。这样每个样本的曲线都会在同一个图上绘制，因此可以直观地比较不同样本之间的相似性和差异性。

绘制安德鲁斯曲线时，对于给定的数据集，每个样本的特征值被视为一组函数的系数。定义一组三角函数（通常是正弦或余弦函数），对于每个样本，将其特征值与三角函数相乘，然后将结果相加，得到一个关于角度的函数。将每个样本的角度函数绘制在同一个图上，形成安德鲁斯曲线图。

如果两个样本在特征空间中相似，则它们的安德鲁斯曲线图在图上会有相似的形状；如果两个样本在特征空间中差异较大，则它们的安德鲁斯曲线图在图上会有明显的区别。

安德鲁斯曲线通常用于可视化多维特征的数据集，以便直观地比较样本之间的相似性和差异性。在聚类分析和异常检测等任务中，可以帮助理解数据的结构和分布情况。

在绘制安德鲁斯曲线时，可以根据特征之间的重要性和关联性，对不同的特征值进行不同的缩放和权重设置，以更好地反映样本之间的差异。

【例 10-13】绘制安德鲁斯曲线。输入如下代码：

```python
from pandas.plotting import andrews_curves
import pandas as pd
import matplotlib.pyplot as plt

# 导入数据
df=pd.read_csv("D:/DingJB/PyData/mtcars1.csv")
df.drop(['cars','carname'],axis=1,inplace=True)

# 绘制安德鲁斯曲线
plt.figure(figsize=(8,4),dpi=80)
andrews_curves(df,'cyl',colormap='Set1')

# 设置边框透明度
plt.gca().spines["top"].set_alpha(0)
plt.gca().spines["bottom"].set_alpha(.3)
plt.gca().spines["right"].set_alpha(0)
plt.gca().spines["left"].set_alpha(.3)
```

```
plt.title('Andrews Curves of mtcars',fontsize=18)   # 设置标题
plt.xlim(-3,3)                                       # 设置 X 轴范围
plt.grid(alpha=0.3)                                  # 设置网格线透明度
plt.xticks(fontsize=12)                              # 设置 X 轴刻度标签字体大小
plt.yticks(fontsize=12)                              # 设置 Y 轴刻度标签字体大小
plt.show()
```

上述代码利用 Pandas 库中的 andrews_curves() 函数绘制了安德鲁斯曲线，展示了 mtcars 数据集中的汽车样本在不同特征上的变化情况。曲线的颜色根据汽缸数量（cyl）进行了编码。输出的结果如图 10-16 所示。

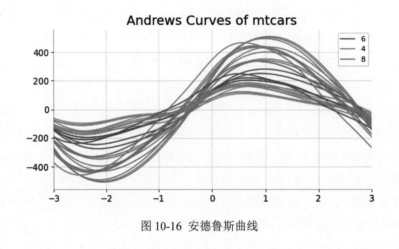

图 10-16 安德鲁斯曲线

10.5 本章小结

本章主要展示多维数据在 Python 中的可视化方法。通过本章的学习，读者可以获得处理和呈现多维数据的可视化方法，包括热图、矩阵散点图、平行坐标图等可视化方法。无论是初学者还是有一定经验的 Python 读者，都可以获取在多维数据可视化方面的实用知识和工具。

第11章

网络关系数据可视化

　　网络关系数据描述了个体或实体之间的相互联系，这些联系可以是社交网络中的友谊关系、互联网上的网页链接、生物学中的蛋白质相互作用，或者是任何其他形式的关系。本章探讨如何使用 Python 来实现网络关系数据的可视化，希望读者在面对网络关系数据时，能够灵活、准确地选择合适的可视化方法，并从中获得有价值的见解和发现。

11.1 节点链接图

　　节点连接图（Node-Link Diagram）也称为网络图或关系图，是一种用于可视化节点之间关系的图表类型。它通过使用节点和连接线表示数据中的实体和它们之间的关系，以帮助用户观察和分析复杂的网络结构。

　　节点链接图的优点是能够直观地显示节点之间的连接关系和结构。它可以帮助观察数据的网络、集群或关联模式，并揭示数据中隐藏的关系和趋势。

　　【例 11-1】利用 igraph 包绘制节点链接图示例。输入如下代码：

```
import plotly.graph_objects as go
```

```
import networkx as nx

# 创建一个具有 200 个节点和连接概率为 0.125 的随机几何图形图
G=nx.random_geometric_graph(200,0.125)
# 初始化边的坐标列表
edge_x=[]
edge_y=[]
# 遍历图中的每条边，提取节点坐标信息
for edge in G.edges():
    x0,y0=G.nodes[edge[0]]['pos']
    x1,y1=G.nodes[edge[1]]['pos']
    # 添加边的起点和终点的坐标到对应的列表中，并使用 None 分隔每条边
    edge_x.extend([x0,x1,None])
    edge_y.extend([y0,y1,None])

# 创建边的散点图
edge_trace=go.Scatter( x=edge_x,y=edge_y,
    line=dict(width=0.5,color='#888'),          # 设置边的样式
    hoverinfo='none',mode='lines')

# 初始化节点的坐标列表
node_x=[]
node_y=[]
# 遍历图中的每个节点，提取节点坐标信息
for node in G.nodes():
    x,y=G.nodes[node]['pos']
    # 添加节点的坐标到对应的列表中
    node_x.append(x)
    node_y.append(y)

# 创建节点的散点图
node_trace=go.Scatter(x=node_x,y=node_y,mode='markers',hoverinfo='text',
    # 设置节点的颜色和大小
    marker=dict( showscale=True,
        colorscale='YlGnBu',                    # 颜色映射
        reversescale=True,
        color=[],                               # 存储节点的连接数
        size=10,
        colorbar=dict( thickness=15,title='Node Connections',
                xanchor='left',titleside='right'),
        line_width=2))

# 存储每个节点的邻接节点数和文本信息
node_adjacencies=[]
node_text=[]
for node,adjacencies in enumerate(G.adjacency()):
```

```
    node_adjacencies.append(len(adjacencies[1]))
    node_text.append('# of connections:'+str(len(adjacencies[1])))

# 将节点的邻接节点数赋予节点的颜色属性，将文本信息赋予节点的悬停文本属性
node_trace.marker.color=node_adjacencies
node_trace.text=node_text

# 创建图形对象
fig=go.Figure(data=[edge_trace,node_trace],
        layout=go.Layout(
        title='<br>Network graph made with Python',        # 设置图的标题
        titlefont_size=16,showlegend=False,hovermode='closest',
        margin=dict(b=20,l=5,r=5,t=40),
        # 添加注释
        annotations=[dict(text="Python code",showarrow=False,
                        xref="paper",yref="paper",x=0.005,y=-0.002 )],
        xaxis=dict(showgrid=False,zeroline=False,showticklabels=False),
        yaxis=dict(showgrid=False,zeroline=False,showticklabels=False)))
fig.show()
```

上述代码使用 NetworkX 和 Plotly 库创建了一个具有 200 个节点和连接概率为 0.125 的随机几何图形图，并绘制了节点和边的散点图。节点的颜色根据其邻接节点数进行了编码，节点的大小表示其在图中的重要性。输出的结果如图 11-1 所示。

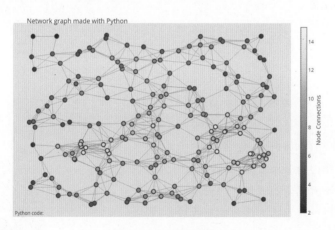

图 11-1　节点链接图 1

【例 11-2】使用 Bokeh 绘制一个图形交互演示，展示一个社交网络图。输入如下代码：

```
import networkx as nx
from bokeh.models import MultiLine,Scatter
from bokeh.plotting import figure,from_networkx,show
```

```
G=nx.karate_club_graph()          # 创建一个 Karate Club 图
# 定义同一俱乐部和不同俱乐部的边颜色
SAME_CLUB_COLOR,DIFFERENT_CLUB_COLOR="darkgrey","red"

edge_attrs={}
# 遍历每条边，设置边的颜色属性
for start_node,end_node,_ in G.edges(data=True):
    edge_color=SAME_CLUB_COLOR if G.nodes[start_node]["club"]\
        ==G.nodes[end_node]["club"]else DIFFERENT_CLUB_COLOR
    edge_attrs[(start_node,end_node)]=edge_color

# 设置边的颜色属性
nx.set_edge_attributes(G,edge_attrs,"edge_color")

# 创建 Bokeh 图表对象，并将背景设置为白色
plot=figure(width=400,height=400,x_range=(-1.2,1.2),y_range=(-1.2,1.2),
            x_axis_location=None,y_axis_location=None,
            toolbar_location=None,
            title="Graph Interaction Demo",background_fill_color="white",
            tooltips="index: @index,club: @club")
plot.grid.grid_line_color=None

# 从 NetworkX 图创建图渲染器
graph_renderer=from_networkx(G,nx.spring_layout,scale=1,center=(0,0))
# 设置节点渲染器
graph_renderer.node_renderer.glyph=Scatter(size=15, fill_color="lightblue")
# 设置边渲染器
graph_renderer.edge_renderer.glyph=MultiLine(line_color="edge_color",
                                             line_alpha=1,line_width=2)
# 将图渲染器添加到图表中
plot.renderers.append(graph_renderer)
show(plot)
```

上述代码使用 NetworkX 创建了一个
Karate Club 图，并利用 Bokeh 库将其绘制出
来。图中的节点表示俱乐部成员，边表示成
员之间的联系。同一俱乐部的成员由灰色边
连接，不同俱乐部的成员由红色边连接。当
鼠标悬停在节点上时，会显示节点的索引和
俱乐部。输出的结果如图 11-2 所示。

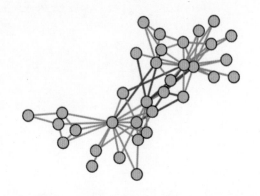

图 11-2 节点链接图 2

11.2　弧线图

弧线图（Arc Diagram）是一种用于可视化关系和连接的图表类型。它通过使用弧线来表示数据中的连接关系，帮助展示复杂网络的结构和模式。

弧线图的优点是能够简明地显示节点之间的关系和连接，帮助观察数据中的模式和趋势。它常用于显示关系网络、时间序列数据、进化树等。

【例 11-3】简单弧线图的绘制示例。输入如下代码：

```
import pandas as pd
from arcplot import ArcDiagram                          # 导入绘制弧线图的模块

df=pd.read_csv('D:/DingJB/PyData/connections.csv')      # 读取数据
# 定义创建弧线图的函数，添加背景色和颜色映射
def createArcDiagram(df,node1,node2,bg_color='white',
                                cmap='viris',title='Ding Diagram'):
    # 获取所有节点
    nodes=df[node1].unique().tolist()+df[node2].unique().tolist()
    nodes=list(set(nodes))
    arcdiag=ArcDiagram(nodes,title)                     # 创建弧线图对象
    # 连接节点
    for connection in df.iterrows():
        arcdiag.connect(connection[1][node1],connection[1][node2])
    # 自定义背景颜色和颜色映射
    arcdiag.set_background_color(bg_color)
    arcdiag.set_color_map(cmap)
    arcdiag.show_plot()                                 # 绘制弧线图

# 调用函数创建带有自定义背景色和颜色映射的弧线图
createArcDiagram(df,node1='from',node2='to',
    bg_color='#f5e0c4',cmap='inferno')

# 更新函数，添加权重和位置信息的功能
def createArcDiagram(data,node1,node2,weights=None,positions=None,
                        bg_color='white',cmap='viris',title='Ding Diagram'):
    df=data.copy()
    # 获取所有节点
    nodes=df[node1].unique().tolist()+df[node2].unique().tolist()
    nodes=list(set(nodes))
    arcdiag=ArcDiagram(nodes,title)                     # 创建弧线图对象
    # 处理位置信息
    if positions:
```

```
        if df[positions].nunique()!= 2:
            raise ValueError('positions must have 2 unique values')
        else:
            posMap={ df[positions].unique()[0]:'below',
                    df[positions].unique()[1]:'above'}
                df['position']=df[positions].map(posMap)
    else:
        df['position']='above'
    if not weights: df['weights']=0.1              # 处理权重信息
    # 连接节点
    for connection in df.iterrows():
        arcdiag.connect( connection[1][node1],connection[1][node2],
            linewidth=connection[1][weights],
            arc_position=connection[1]['position'])
    # 自定义背景颜色和颜色映射
    arcdiag.set_background_color(bg_color)
    arcdiag.set_color_map(cmap)
    arcdiag.show_plot()                            # 绘制弧线图
# 调用函数创建带有权重和位置信息的弧线图，并指定颜色映射
createArcDiagram(df,node1='from',node2='to',
                weights='weights',positions='position',cmap='inferno')
```

上述代码定义了两个函数来创建弧线图，并在第二个函数中添加了处理权重和位置信息的功能。第一个函数 createArcDiagram() 用于创建简单的弧线图，可以设置背景色和颜色映射。第二个函数 createArcDiagram() 在第一个函数的基础上添加了处理权重和位置信息的功能，其中权重用于控制弧线的粗细，位置信息用于控制弧线的位置。输出的结果如图 11-3 所示。

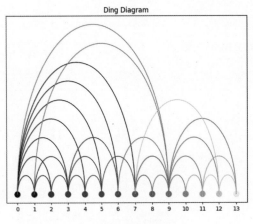

（a）常规弧线图

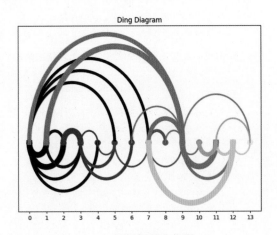

（b）添加权重和位置

图 11-3 弧线图

11.3　蜂巢图

蜂巢图（Hive Plot）是一种用于可视化多变量之间关系的图表类型。它通过使用多个轴线和连接线在一个蜂巢形状的布局中显示数据变量和它们之间的关系，帮助观察和分析多变量之间的模式和趋势。

蜂巢图的优点是能够同时显示多个变量之间的关系，并将它们组织在一个紧凑且可视化明确的布局中，常用于可视化复杂的关系网络、多维数据分析等。

【例 11-4】利用 Hiveplotlib 库绘制蜂巢图。输入如下代码：

```
import matplotlib.pyplot as plt
import networkx as nx
import numpy as np
from hiveplotlib import hive_plot_n_axes      # 用于创建蜂巢图
from hiveplotlib.converters import networkx_to_nodes_edges
                                            # 用于将 NetworkX 图转换为节点和边
from hiveplotlib.node import split_nodes_on_variable  # 用于根据变量拆分节点
from hiveplotlib.viz import hive_plot_viz            # 用于可视化蜂巢图

# 生成具有指定块大小和概率的随机块模型图
G=nx.stochastic_block_model(sizes=[10,10,10],
         p=[[0.1,0.5,0.5],[0.05,0.1,0.2],[0.05,0.2,0.1]],
         directed=True,seed=0)

# 将图转换为节点和边
nodes,edges=networkx_to_nodes_edges(G)

# 根据变量将节点拆分为块
blocks_dict=split_nodes_on_variable(nodes,variable_name="block")
splits=list(blocks_dict.values())

# 不关心轴上的模式，将节点随机放置在轴上
rng=np.random.default_rng(0)
for node in nodes:
    node.add_data(data={"val": rng.uniform()})

# 创建蜂巢图，并指定节点、边、轴的分配情况以及排序变量
hp=hive_plot_n_axes(node_list=nodes,edges=edges,axes_assignments=splits,
                    sorting_variables=["val"]* 3)
fig,ax=hive_plot_viz(hp)
ax.set_title("Stochastic Block Model,Base Hive Plot Visualization",
             y=1.05,size=20)
plt.show()
```

```
# 在可视化函数中更改节点和轴的参数
fig,ax=hive_plot_viz(hp,node_kwargs={"color":"C1","s":80},
             axes_kwargs={"color":"none"},color="C0",ls="dotted")
ax.set_title("Stochastic Block Model,Changing Kwargs in Viz Function",
             y=1.05,size=20)
plt.show()

# 将所有 3 个组的重复轴打开
hp=hive_plot_n_axes( node_list=nodes,edges=edges,
    axes_assignments=splits,
    sorting_variables=["val"]* 3,
    repeat_axes=[True,True,True],
    all_edge_kwargs={"color": "darkgrey"},
    repeat_edge_kwargs={"color": "C0"},
    ccw_edge_kwargs={"color": "C1"},)

# 在图中添加文本说明
fig,ax=hive_plot_viz(hp)
fig.text(0.12,0.95,"Less",ha="left",va="bottom",fontsize=20,color="black")
fig.text( 0.19,0.95,"intra-group activity",weight="heavy",
          ha="left",va="bottom",fontsize=20,color="C0",)
fig.text(0.5,0.95,"relative to",ha="left",va="bottom",
          fontsize=20,color="black")
fig.text( 0.65,0.95,"inter-group activity",weight="heavy",
          ha="left",va="bottom",fontsize=20,color="darkgrey",)
plt.show()
```

上述代码通过 NetworkX 库生成了一个随机块模型图，然后将其转换为节点和边。接着，根据节点的属性将节点分组，并随机分配节点在轴上的位置。通过调用 hive_plot_n_axes() 函数创建了蜂巢图，并指定了节点、边和轴的分配情况，以及排序变量。最后，调用 hive_plot_viz() 函数进行可视化，可以根据需要更改节点和轴的参数，以及设置重复轴的显示。输出的结果如图 11-4 所示。

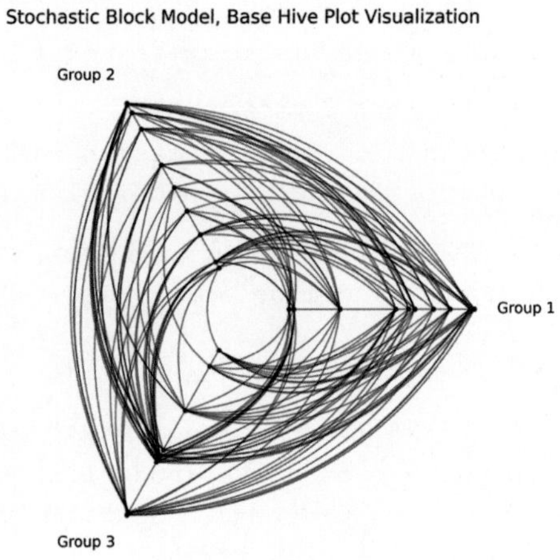

Stochastic Block Model, Base Hive Plot Visualization

（a）基础蜂巢图

图 11-4 蜂巢图

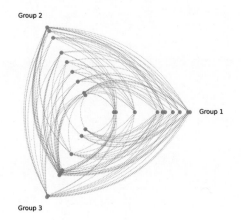

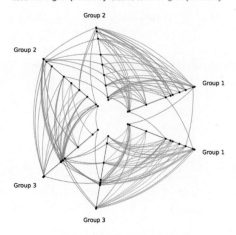

（b）优化后的蜂巢图　　　　　　　　　　（c）分组内边缘和组间边缘

图 11-4　蜂巢图（续）

11.4　和弦图

　　和弦图（Chord Diagram）是一种用于可视化关系和流量的图表类型。它通过使用弦和节点来表示数据中的实体和它们之间的关系，帮助展示复杂网络中的交互和连接模式。

　　弦的宽度和颜色可以用来表示关系的强度或流量的大小，较宽或较深的弦可能表示较强的关系或较大的流量。

　　弦图的优点是能够直观地显示实体之间的关系和流量，并帮助观察数据中的交互模式。它常用于显示社交网络、流量分析、组织结构等。

　　【例 11-5】使用 Pycirclize 库创建和弦图 1。输入如下代码：

```
from pycirclize import Circos          # 导入 Pycirclize 库中的 Circos 类
import pandas as pd                    # 导入 Pandas 库

# 创建矩阵数据框（3 行 6 列）
row_names=["S1","S2","S3"]            # 行名称
col_names=["E1","E2","E3","E4","E5","E6"]   # 列名称
matrix_data=[                          # 矩阵数据
    [4,14,13,17,5,2],
    [7,1,6,8,12,15],
    [9,10,3,16,11,18],
```

```
]
matrix_df=pd.DataFrame(matrix_data,index=row_names,
                       columns=col_names)              # 使用 Pandas 创建数据框

# 从矩阵初始化和弦图（也可以直接加载 TSV 格式的矩阵文件）
circos=Circos.initialize_from_matrix(
    matrix_df,
    start=-265,                                         # 起始角度
    end=95,                                             # 结束角度
    space=5,                                            # 每个扇形之间的间隔
    r_lim=(93,100),                                     # 设置半径范围
    cmap="tab10",                                       # 颜色映射
    label_kws=dict(r=94,size=12,color="white"),         # 标签参数
    link_kws=dict(ec="black",lw=0.5),                   # 连接线参数
)

print(matrix_df)                                        # 打印矩阵数据框
fig=circos.plotfig()                                    # 绘制和弦图
```

上述代码首先创建了一个包含数字的矩阵数据框，然后使用该数据初始化了 Circos 对象。通过指定一些参数，如起始角度、结束角度、半径范围、颜色映射等，创建了和弦图。输出的结果如图 11-5 所示。

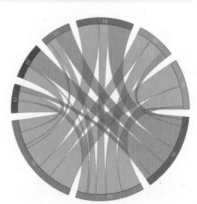

图 11-5 和弦图 1

【例 11-6】使用 Pycirclize 库创建和弦图 2。输入如下代码：

```
from pycirclize import Circos               # 导入 Pycirclize 库中的 Circos 类
import pandas as pd                         # 导入 Pandas 库

# 创建矩阵数据（10 行 10 列）
row_names=list("ABCDEFGHIJ")                # 行名称
col_names=row_names                         # 列名称与行名称相同
matrix_data=[                               # 矩阵数据
            [51,115,60,17,120,126,115,179,127,114],
            [108,138,165,170,85,221,75,107,203,79],
            [108,54,72,123,84,117,106,114,50,27],
```

```
            [62,134,28,185,199,179,74,94,116,108],
            [211,114,49,55,202,97,10,52,99,111],
            [87,6,101,117,124,171,110,14,175,164],
            [167,99,109,143,98,42,95,163,134,78],
            [88,83,136,71,122,20,38,264,225,115],
            [145,82,87,123,121,55,80,32,50,12],
            [122,109,84,94,133,75,71,115,60,210],
]
matrix_df=pd.DataFrame(matrix_data,index=row_names,
            columns=col_names)                        # 使用 Pandas 创建数据框

# 从矩阵初始化和弦图（也可以直接加载 TSV 格式的矩阵文件）
circos=Circos.initialize_from_matrix(
    matrix_df,
    space=3,                                          # 每个扇形之间的间隔
    r_lim=(93,100),                                   # 设置半径范围
    cmap="tab10",                                     # 颜色映射
    ticks_interval=500,                               # 刻度间隔
    label_kws=dict(r=94,size=12,color="white"),       # 标签参数
)

print(matrix_df)                                      # 打印矩阵数据框
fig=circos.plotfig()                                  # 绘制和弦图
```

上述代码首先创建了一个包含数字的矩阵数据框，然后使用该数据初始化了 Circos 对象。通过指定一些参数，如每个扇形之间的间隔、半径范围、颜色映射等，创建了和弦图。输出的结果如图 11-6 所示。

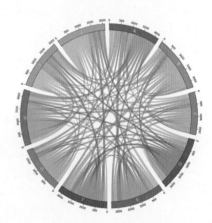

图 11-6　和弦图 2

【例 11-7】使用 Pycirclize 库创建和弦图 3。输入如下代码：

```
from pycirclize import Circos             # 导入 Pycirclize 库中的 Circos 类
from pycirclize.parser import Matrix      # 导入 Pycirclize 库中的 Matrix 解析器
import pandas as pd                       # 导入 Pandas 库
```

```
# 创建 from-to 表格数据框并转换为矩阵
fromto_table_df=pd.DataFrame([["A","B",10],["A","C",5],
        ["A","D",15],["A","E",20],["A","F",3],
        ["B","A",3],["B","G",15],["F","D",13],
        ["F","E",2],["E","A",20],["E","D",6],],
        columns=["from","to","value"],)      # 列名（可选）

matrix=Matrix.parse_fromto_table(fromto_table_df)
                                    # 从 from-to 表格数据框解析矩阵

# 从矩阵初始化和弦图
circos=Circos.initialize_from_matrix(matrix,
    space=3,                            # 每个扇形之间的间隔
    cmap="viridis",                     # 颜色映射
    ticks_interval=5,                   # 刻度间隔
    label_kws=dict(size=12,r=110),      # 标签参数
    link_kws=dict(direction=1,ec="black",lw=0.5),)  # 连接线参数

print(fromto_table_df.to_string(index=False))   # 打印 from-to 表格数据框
fig=circos.plotfig()                            # 绘制和弦图
```

上述代码首先创建了一个包含 from-to 信息的表格数据框，并使用 Matrix 解析器将其转换为矩阵。然后使用该矩阵初始化了 Circos 对象。通过指定一些参数，如每个扇形之间的间隔、颜色映射等，创建和弦图。输出的结果如图 11-7 所示。

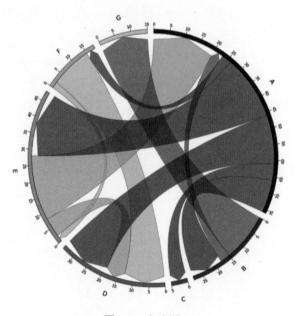

图 11-7 和弦图 3

11.5　切尔科斯图

切尔科斯图（Circos）是一种用于可视化循环数据的强大工具，它的特点是将数据以圆环的形式展示出来，便于观察和理解数据之间的关系。通常情况下，切尔科斯图用于展示染色体的结构、基因组之间的相互作用、基因表达数据等循环性质的数据。切尔科斯图由以下 4 个部分组成。

（1）圆环结构：切尔科斯图以一个圆环的形式展示数据，圆环被分为若干扇形区域，每个区域代表数据中的一个部分或者数据集。

（2）数据编码：切尔科斯图通过将数据映射到圆环的不同区域来展示数据，这些区域可以代表不同的实体、样本或者特征。数据可以通过扇形区域的长度、颜色、弧度等来编码，以表达不同的属性或者数值。

（3）连接线：切尔科斯图还可以显示数据之间的连接关系，这些连接关系通过连接扇形区域的方式展示。连接线的粗细、颜色等属性可以反映连接的强度、类型或者其他信息。

（4）标签和刻度：切尔科斯图通常会在圆环的外部添加标签和刻度，用于标识不同的区域或者提供数据的附加信息。

【例 11-8】使用 Pycirclize 库创建一个切尔科斯图。输入如下代码：

```
from pycirclize import Circos          # 导入 Pycirclize 库中的 Circos 类
import numpy as np                      # 导入 NumPy 库
np.random.seed(0)                       # 设置随机数种子，确保每次运行结果一致

# 初始化切尔科斯图的扇形区域
sectors={"A": 10,"B": 15,"C": 12, "D": 20,"E": 15}
circos=Circos(sectors,space=5)          # 创建 Circos 对象，指定扇形区域和间隔

for sector in circos.sectors:           # 循环遍历每个扇形区域
    # 绘制扇形区域的名称
    sector.text(f"Sector: {sector.name}",r=110,size=15)
    # 创建 X 坐标位置和随机的 Y 值
    x=np.arange(sector.start,sector.end)+ 0.5
    y=np.random.randint(0,100,len(x))

    # 绘制线条
    track1=sector.add_track((80,100),r_pad_ratio=0.1)   # 在扇形区域内添加轨道
    track1.xticks_by_interval(interval=1)               # 设置刻度间隔
    track1.axis()                                        # 添加轨道的坐标轴
```

```
    track1.line(x,y)                                            # 绘制线条

    # 绘制散点
    track2=sector.add_track((55,75),r_pad_ratio=0.1)            # 添加轨道
    track2.axis()                                               # 添加坐标轴
    track2.scatter(x,y)                                         # 绘制散点图

    # 绘制条形图
    track3=sector.add_track((30,50),r_pad_ratio=0.1)            # 添加轨道
    track3.axis()                                               # 添加坐标轴
    track3.bar(x,y)                                             # 绘制条形图

# 绘制连接线
circos.link(("A",0,3),("B",15,12))                              # 连接扇形区域A和B
circos.link(("B",0,3),("C",7,11),color="skyblue")
                                    # 连接扇形区域B和C，指定颜色为天蓝色
circos.link(("C",2,5),("E",15,12),color="chocolate",direction=1)
            # 连接扇形区域C和E，指定颜色为巧克力色，设置方向为逆时针
circos.link(("D",3,5),("D",18,15),color="lime",
            ec="black",lw=0.5,hatch="//",direction=2)
            # 连接扇形区域D和D，指定颜色为酸橙色，边缘颜色为黑色，填充样式为斜线
circos.link(("D",8,10),("E",2,8),color="violet",
            ec="red",lw=1.0,ls="dashed")
            # 连接扇形区域D和E，指定颜色为紫罗兰色，边缘颜色为红色，线型为虚线

circos.savefig("example01.png")                # 将绘制好的切尔科斯图保存为图片文件
fig=circos.plotfig()                           # 绘制切尔科斯图
```

上述代码展示如何在不同的扇形区域内
绘制线条、散点和条形图，以及如何添加连
接线。通过这些可视化操作，可以直观地展
示循环数据之间的关系和分布情况。输出的
结果如图 11-8 所示。

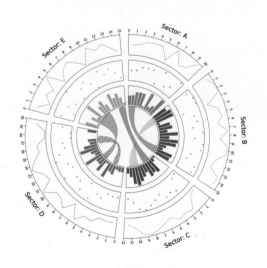

图 11-8 切尔科斯图 1

【例 11-9】利用 Pycirclize 库创建一个切尔科斯图，用于展示大肠杆菌质粒（NC_002483）的基因组结构信息，包括基因的分布和定位。输入如下代码：

```python
from pycirclize import Circos
from pycirclize.utils import fetch_genbank_by_accid  # 用于下载 GenBank 数据
from pycirclize.parser import Genbank                # 用于解析 GenBank 数据

# 下载大肠杆菌质粒（NC_002483）的 GenBank 数据
gbk_fetch_data=fetch_genbank_by_accid("NC_002483")
gbk=Genbank(gbk_fetch_data)                          # 使用 GenBank 数据初始化 Genbank 解析器

# 使用基因组大小初始化 Circos 实例
circos=Circos(sectors={gbk.name: gbk.range_size})
circos.text(f"Escherichia coli K-12 plasmid F\n\n{gbk.name}",
            size=14)                                 # 在图中添加文本信息
circos.rect(r_lim=(90,100),fc="lightgrey",ec="none",
            alpha=0.5)                               # 绘制一个灰色矩形
sector=circos.sectors[0]                             # 获取第一个扇形区域

# 绘制正向链 CDS
f_cds_track=sector.add_track((95,100))
f_cds_feats=gbk.extract_features("CDS",target_strand=1)
f_cds_track.genomic_features(f_cds_feats,plotstyle="arrow",
                             fc="salmon",lw=0.5)

# 绘制反向链 CDS
r_cds_track=sector.add_track((90,95))
r_cds_feats=gbk.extract_features("CDS",target_strand=-1)
r_cds_track.genomic_features(r_cds_feats,plotstyle="arrow",
                             fc="skyblue",lw=0.5)

# 绘制 'gene' qualifier 标签（如果存在）
labels,label_pos_list=[],[]
for feat in gbk.extract_features("CDS"):
    start=int(feat.location.start)
    end=int(feat.location.end)
    label_pos=(start + end)/ 2
    gene_name=feat.qualifiers.get("gene",[None])[0]
    if gene_name is not None:
        labels.append(gene_name)
        label_pos_list.append(label_pos)
f_cds_track.xticks(label_pos_list,labels,label_size=6,
                   label_orientation="vertical")
```

```
# 绘制 X 轴刻度（间隔为 10Kb）
r_cds_track.xticks_by_interval(10000,outer=False,
               label_formatter=lambda v: f"{v/1000:.1f} Kb")
fig=circos.plotfig()                            # 绘制 Circos 图
```

上述代码首先下载 GenBank 数据，使用 Genbank 解析器进行解析。然后，利用 Circos 类初始化一个 Circos 实例，根据基因组大小创建了相应的扇形区域，并在图中添加了相关文本信息和灰色矩形。接着，根据正向链和反向链的 CDS 数据绘制了箭头表示的基因区域。最后，根据基因名称绘制了刻度标签。输出的结果如图 11-9 所示。

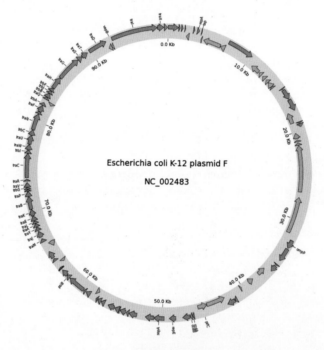

图 11-9 切尔科斯图 2

11.6 本章小结

本章聚焦于展示网络关系数据在 Python 中的可视化方法，内容包括节点链接图、弧线图、蜂巢图、和弦图、切尔科斯图等不同类型的图形。这些可视化方法将使数据的组织结构和层级关系更加明确，帮助分析师、决策者以及其他相关人员更好地理解数据的内在关系。